高等学校统编精品规划教材

水力发电机组辅助设备

主　编　李郁侠
副主编　程云山　李延频

U0280768

中国水利水电出版社
www.waterpub.com.cn

内 容 提 要

　　本书阐述了水力发电机组辅助设备及其系统的基本原理，介绍了辅助设备系统的设计与计算方法。全书共分 7 章。主要内容包括：绪论，水轮机进水阀及常用阀门，油系统，压缩空气系统，供水系统，水电站的排水系统，水力机组参数监测等。本书系统地论述了水力发电机组辅助设备与监测装置的工作原理、设备选择计算和自动操作系统的组成，主要介绍我国大、中型水电站水力发电机组辅助设备与量测技术的目前状况，并介绍了有关先进技术在该领域的应用及其发展趋势。

　　本书为高等学校热能与动力工程专业（水利水电动力工程方向）的统编教材，也可作为能源动力类其他相关专业的教学参考书，亦可供有关工程技术人员参考。

图书在版编目（ＣＩＰ）数据

　　水力发电机组辅助设备 / 李郁侠主编. -- 北京：
中国水利水电出版社，2013.1（2017.7重印）
　　高等学校统编精品规划教材
　　ISBN 978-7-5170-0613-8

　　Ⅰ．①水… Ⅱ．①李… Ⅲ．①水轮发电机－发电机组
－附属装置－高等学校－教材 Ⅳ．①TM312

　　中国版本图书馆CIP数据核字(2013)第014495号

书　　名	高等学校统编精品规划教材 **水力发电机组辅助设备**
作　　者	主编　李郁侠　　副主编　程云山　李延频
出版发行	中国水利水电出版社 （北京市海淀区玉渊潭南路 1 号 D 座　　100038） 网址：www.waterpub.com.cn E - mail：sales@waterpub.com.cn 电话：(010) 68367658（营销中心）
经　　售	北京科水图书销售中心（零售） 电话：(010) 88383994、63202643、68545874 全国各地新华书店和相关出版物销售网点
排　　版	中国水利水电出版社微机排版中心
印　　刷	北京瑞斯通印务发展有限公司
规　　格	184mm×260mm　16 开本　15.5 印张　368 千字
版　　次	2013 年 1 月第 1 版　2017 年 7 月第 2 次印刷
印　　数	3001—6000 册
定　　价	**35.00 元**

高等学校统编精品规划教材编审委员会

（水利水电动力工程专业方向）

序

能源是人类赖以生存的基本条件，人类历史的发展与能源的获取与使用密切相关。人类对能源利用的每一次重大突破，都伴随着科技进步、生产力迅速发展和社会生产方式的革命。随着现代社会与经济的高速发展，人类对能源的需求急剧增长。大量使用化石燃料不仅使有限的能源资源逐渐枯竭，同时给环境造成的污染日趋严重。如何使经济、社会、环境和谐与可持续发展，是全世界面临的共同挑战。

水资源是基础性的自然资源，又是经济性的战略资源，同时也是维持生态环境的决定性因素。水力发电是一种可再生的清洁能源，在电力生产中具有不可替代的重要作用，日益受到世界各国的重视。水电作为第一大清洁能源，提供了全世界 1/5 的电力，目前有 24 个国家依靠水力发电提供国内 90％的电力，55 个国家水力发电占全国电力的 50％以上。

我国河流众多，是世界上水力资源最丰富的国家。全国水能资源的理论蕴藏量为 6.94 亿 kW（不含台湾地区），年理论发电量 6.08 万亿 kW·h，技术可开发装机容量 5.42 亿 kW，技术可开发年发电量 2.47 万亿 kW·h，经济可开发装机容量 4.02 亿 kW，经济可开发年发电量 1.75 万亿 kW·h。经过长期的开发建设，到 2008 年全国水电装机总容量达到 17152 万 kW，约占全国总容量的 21.64％；年发电量 5633 亿 kW·h，约占全部发电量的 16.41％。水电已成为我国仅次于煤炭的第二大常规能源。目前，中国水能资源的开发程度为 31.5％，还有巨大的发展潜力。

热能与动力工程专业（水利水电动力工程方向）培养我国水电建设与水能开发的高级工程技术人才，现用教材基本上是 20 世纪 80 年代末、90 年代中期由水利部科教司组织编写的统编教材，已使用多年。近年来随着科学技术和国家水电建设的迅速发展，新技术、新方法在水力发电领域广泛应用，该专业的理论与技术已经发生了巨大的变化，急需组织力量编写和出版新的教材。

2008 年 10 月由西安理工大学、武汉大学、河海大学、华北水利水电学院在北京联合召开了《热能与动力工程专业（水利水电动力工程方向）教材编写会议》，会议决定编写一套适用于专业教学的"高等学校统编精品规划教材"。新教材的编写，注重继承历届统编教材的经典理论，保证内容的系统性与条理性。新教材将大量吸收新知识、新理论、新技术、新材料在专业领域的应用，努力反映专业与学科前沿的发展趋势，充分体现先进性；新教材强调紧密结合教学实践与需要，合理安排章节次序与内容，改革教材编写方法与版式，具有较强的实用性。希望新教材的出版，对提高热能与动力工程专业（水利水电动力工程方向）人才培养质量、促进专业建设与发展、培养符合时代要求的创新型人才发挥积极的作用。

教育是一个非常复杂的系统工程，教材建设是教育工作关键性的一环，教材编写是一项既清苦又繁重的创造性劳动，好的教材需要编写者广泛的知识和长期的实践积累。我们相信通过广大教师的共同努力和不断实践，会不断涌现出新的精品教材，培养出更多更强的高级人才，开拓能源动力学科教育事业新的天地。

教育部能源动力学科教学指导委员会主任委员
中国工程院院士

2009 年 11 月 30 日

前　言

　　随着我国水电建设的发展，水电站运行水平不断提高，水力机组辅助设备的功能日益完善。近年来，从事能源动力类专业教学实践的教师深感缺乏适应水力发电机组辅助设备技术发展的本科教材。在教育部能源动力学科教学指导委员会的支持下，经过相关高等学校部分教师的认真讨论，决定编写本书，并作为热能与动力工程专业（水利水电动力工程方向）的统编教材。

　　本书是按照热能与动力工程专业（水利水电动力工程方向）培养目标的要求而编写的。新教材的编写，紧密结合水电厂生产实际，大量吸收新理论、新技术、新设备、新工艺在专业领域的应用，反映专业与学科前沿的发展趋势，努力体现新教材的先进性；同时也保持了本课程的传统教学内容，保证了教材的系统性与条理性；紧密结合教学实践与需要，合理安排章节次序与内容，力图使新教材具有较强的实用性。

　　全书共分7章，包括绪论、水轮机进水阀及常用阀门、油系统、压缩空气系统、供水系统、水电站的排水系统以及水力机组参数监测等。

　　全书由李郁侠教授担任主编。其中第1章、第5章和附录由西安理工大学李郁侠编写，第2章、第6章由武汉大学蔡天富编写，第3章由华北水利水电学院任岩编写，第4章由河海大学程云山、西安理工大学李郁侠编写，第7章由华北水利水电学院李延频编写。全书由李郁侠统稿。

　　全书由武汉大学范华秀审阅。审阅中范华秀教授提出了许多中肯的修改意见，在此表示衷心的感谢！

　　本书在编写过程中得到了教育部能源动力学科教学指导委员会、西安理工大学水利水电学院的各级领导和同仁的大力支持与帮助，有关科研、设计单位、水电设备制造企业及高等院校提供了参考资料并提出了宝贵意见，在此一并表示感谢。

　　由于编者水平有限，书中不妥或错误之处在所难免，敬请读者批评指正。

编　者

2012 年 6 月

目 录

第1章 绪 论

电力系统中的电源（站）有火电厂、水电厂、核电站以及风力、地热、潮汐、太阳能发电站等。我国电力系统目前以火电厂和水电厂为主，同时已有多座核电站投入运行。

水力发电即利用水能发电，是一种调节方便、成本低、效率高、运行管理简单、环境污染小的电能生产方式。我国是世界上水力资源最丰富的国家，水能资源理论蕴藏量为6.94亿kW，年发电量6.08万亿kW·h；其中技术可开发容量5.42亿kW，占74.2%，经济可开发容量4.02亿kW，占57.9%，相应年发电量1.75万亿kW·h，蕴藏量和可开发容量均居世界首位。从1912年中国第一座水电站—石龙坝水电站（装机2×240kW）在云南滇池出口的螳螂川建成发电，水电建设艰难发展，到1949年，全国的水电装机容量仅为16.3万kW。中华人民共和国成立后，水电建设发展迅速，到2005年，全国水电总装机容量达到1.15亿kW，跃居世界第一位，占全国电力工业总装机容量的20%；水电发电量位于世界第四，仅次于加拿大、美国和巴西。近年来随着国家对三峡、溪洛渡等长江流域的特大型水电厂的开发和建设，我国的水电事业呈现了蓬勃发展的态势。到2011年底，我国电力装机总容量达到了10.56亿kW，其中水电装机容量为2.31亿kW（含抽水蓄能1836万kW），占全部装机容量的21.83%，继续稳居世界第一；水电年发电量6626亿kW·h，占全部发电量的14.03%。随着工业、农业、国防和科学技术现代化的加速实现，今后我国水电厂的建设必将得到更快的发展。

1.1 水电站的动力设备

水电站是利用水能生产电能的工厂，它先利用水轮机把水流的能量转换为旋转机械能，再利用发电机把旋转机械能转换为电能，最后通过电网把电能送给用户。

1.1.1 电能生产过程

为实现水能到电能的转换，需要借助水工建筑物和动力设备来完成。水电站的水工建筑物包括拦河坝、厂房、引水管道、排水管道等。首先利用拦河坝形成水库，以获得集中的水能，并利用厂房来布置和安装能量转换及输送设备；其次是通过引水和排水管道、进水阀及有关流量调节机构调节水能，控制能量转换；再利用水轮机把具有一定落差和流量的水能转换为旋转的机械能，进而带动发电机把机械能转换为电能，最后经过变压器和输电线路送给电力系统或用户。

1.1.2 水电站的动力设备

水电站里承担电能生产的设备称为水电站动力设备，包括水轮发电机组、调速系统和辅助设备系统等。

1. 水轮发电机组

水轮发电机组是水轮机和发电机两者的合称，是在水能到电能的转换过程中最主要的动力设备。水轮机是水电站的水力原动机，当具有势能和动能的水流通过水轮机时，把水流的能量传给了水轮机转轮，促使水轮机转动，从而形成旋转的机械能。旋转的机械能又通过水轮机主轴带动发电机旋转，励磁后的发电机转子随发电机轴一起旋转，形成一个旋转的磁场，发电机定子绕组因切割磁力线而产生电能。在水轮机调节系统和发电机励磁系统的控制下，发电机产生的电能以稳定的频率和电压输送到电力系统或电能用户。

2. 水轮机调速器

当电力系统的负荷发生变化时，应当及时调节机组发出电能的多少，以获得电力系统中发电量与用电量的平衡。如果不能及时调整系统能量的平衡，会导致水轮机转速不稳定，供电频率变化过大，威胁各种用电设备的安全，严重影响工农业生产、社会经济活动和人们的正常生活。为此，必须通过水轮机调速器，根据机组转速的变化，自动地调节进入水轮机的流量，使水轮发电机组在维持额定转速的同时不断适应外界负荷的变化。同时，水轮机调速器还担负着开机、停机及调整机组所带负荷的作用。

3. 辅助设备系统

辅助设备系统是水电站的油、水、气系统等的统称，对水电厂的安全运行来说是不可缺少的。油系统的主要作用有：机组转动部分轴承润滑，调速器和进水阀等油压设备操作，电气设备绝缘和灭弧等；水系统包括技术供水和排水两个系统，供水系统主要供给机组运行时所需要的冷却、润滑、消防和生活用水，排水系统主要是将厂房和设备的渗漏及生产用过的废水排出厂房，同时完成机组检修时设备内积水的排除；气系统一般包括高压气系统和低压气系统，其中高压气系统主要提供油压装置用气，低压气系统则主要提供机组制动、主轴及阀门密封、风动工具等用气。

1.2　水力发电机组辅助设备

1.2.1　水力发电机组辅助设备的作用

水力发电机组辅助设备是附属于水轮机和发电机等主机设备的附属设备，是为了确保机组正常运行而设置的相关设备，也是水力发电机组正常运行过程中实施操作、控制、维护、检修和运行管理必须具备的设备系统。

水力发电机组辅助设备必须以主机设备最优与安全运行的需要为前提，综合考虑实施操作、保护、控制、维护、检修和运行管理，根据机组设备和电站的具体条件设置。只有各辅助设备系统之间、辅助设备与主机设备之间相互协调、有机地结合，给主机设备运行创造最佳环境，并为辅助设备本身的运行、管理、维护和检修创造良好的条件，才能完成水电站电能的生产任务。

1.2.2　水力发电机组辅助设备的内容

水力发电机组辅助设备包括水轮机主阀、油气水系统、水力监测系统等内容。

1. 水轮机主阀

水轮机主阀是机组和电站的一种重要安全保护设备。对于压力水管为分组供水及联合供水的电站机组，水轮机前必须设置主阀以作紧急事故关闭、切断水流之用。压力水管为单元供水的较长管道，也应设置主阀。水轮发电机组发生事故时，主阀必须能够快速关闭以防机组飞逸时间过长。

2. 油气水系统

水轮发电机组的主机设备在运行过程中，必须具有油压设备的液压用油及轴承等润滑用油、设备转动部件和变压器的散热用油、电气设备的绝缘用油、消弧用油等调相压水用气、水轮发电机组制动用气、水导轴承检修密封围带充气用气、蝶阀止水围带充气用气及检修吹扫用气和油压装置用气等、发电机空气冷却器冷却用水、所有轴承油槽冷却用水、水冷式变压器的冷却用水、水冷式空气压缩机的冷却用水、油压装置集油槽冷却器冷却用水等，生产用水的排水、水轮发电机组厂房水下部分的检修排水、渗漏排水等，分别组成了油系统、气系统、技术供水系统、排水系统。

3. 水力监测系统

为满足水轮发电机组安全、可靠、经济运行以及自动控制和试验测量的要求，考查已经运行机组的性能，促进水力机械基础理论的发展，提供和积累必要的数据资料，就必须对水电站和水力机组运行参数进行测量和监视。水力监测系统就是为了监测水轮机水力系统的有关参数，如水头、上下游水位、流量、压力、水温、振动、摆度以及其他需要检测的项目而设置的量测系统，包括量测仪器、管路、阀门等。

《水力发电机组辅助设备》是热能与动力工程（水利水电动力工程方向）、能源与动力工程专业的重要专业课程之一。课程的研究对象是在水能到电能的转换过程中水电站的辅助设备系统，主要介绍大、中型水电站的水轮发电机组辅助设备和水力监测装置的基本原理和工程应用，系统介绍辅助设备与监测装置的构造、基本理论、工作原理、设计计算、测试技术和自动操作系统，包括水轮机进水阀的类型、结构及其操作系统，水电站油系统、压缩空气系统、技术供水系统、排水系统的作用、组成、设备与工作原理、系统图，以及水电站机组水力参数的测量、水轮机流量的测量、水力监测系统的设计等。

本书力求加强课程内容之间的联系，注重基本理论和概念的阐述，培养和提高学生分析和解决实际工程问题的能力。本课程的主要任务是使学生深入了解、正确选择与使用发电厂辅助设备，掌握辅助设备系统与监测装置的基本原理、设计原则和方法，掌握辅助设备系统与监测装置运行管理的理论和方法，培养学生分析、设计辅助设备系统以及解决工程实践中技术问题的能力。

习 题 与 思 考 题

1-1 水电站动力设备包括哪些设备？其作用是什么？

1-2 水力发电机组辅助设备的内容与作用是什么？

1-3 学习《水力发电机组辅助设备》课程的要求是什么？

第 2 章 水轮机进水阀及常用阀门

2.1 水轮机进水阀的作用及设置条件

2.1.1 进水阀的作用

水轮机的进水阀是指安装在水轮机进口处的阀门，多位于压力引水钢管的末端与蜗壳进口之间。进水阀又称为主阀。进水阀的作用如下。

（1）作为机组过速的后备保护。当机组甩负荷又恰逢调速器发生故障不能动作时，进水阀可以迅速在动水情况下关闭，切断水流，防止机组过速的时间超过允许值，避免事故扩大。

（2）减少停机时的漏水量和缩短重新启动时间。进水阀的密封性能比导叶要优越很多。水轮发电机组在停机时，如果仅仅关闭水轮机的导叶，则通过导叶而引起的漏水是不可避免的，而且漏水的流量还随着机组投产时间的延续会逐渐增大，如果导叶发生空蚀则漏水将更为严重。一般情况下导叶在全关时的漏水量约占机组最大流量的 2%～3%，严重时可达 5%。导叶的漏水直接造成水能资源的浪费，而当漏水量过大时，还可能出现停机状态下的机组恢复低速转动和停机过程中长时间低速转动而无法完成停机的情况，低速转动将造成机组轴瓦磨损的加剧甚至烧瓦。通过装设进水阀后，在机组长时间停机时关闭进水阀可有效减少漏水量，而对于导叶漏水量过大的机组，停机时关闭进水阀，有利于机组停机过程的顺利完成，并使停机后的机组能保持稳定状态。

（3）提高水轮机运行的灵活性和速动性。对于装置水头高、引水管道长的电站，如果机组未设置进水阀，则在机组停机后，为减少因导叶漏水而造成的水量损失，需关闭引水管进水口闸门，这样将导致整个引水管道被放空。当机组需要重新开启时，必须先对引水管道进行充水，这将延长机组启动时间。设置进水阀后，机组停机时只需关闭进水阀而无需关闭进水口闸门，引水管道始终保持充水状态，使机组能快速启动并带上给定负荷。

（4）对于岔管引水的电站，可截断水轮机上游的水流，构成检修机组的安全工作条件。当电站由一根压力输水总管同时向几台机组供水时，每台机组前均装设进水阀。当某一机组需要检修时，只需关闭水轮机前的进水阀，而不会影响其他机组的正常运行。

2.1.2 进水阀的设置条件

基于上述作用，设置进水阀是必要的，但因其设备价格高，安装工作量大，同时还需考虑土建费用，并非所有电站都必须设置进水阀。是否设置进水阀应根据实际情况，并做相关的技术经济比较后，在电站的设计中予以确定。对轴流式低水头机组，因过水流道较短，一般采用单管单机布置，在进水口设置快速闸门和在水轮机上装设防飞逸设备后，不再装设进水阀；对灯泡贯流式水轮发电机组，因水头更低，一般由水轮机进水口或尾水管出口的快速闸门来取代进水阀；对中高水头的大中型水轮机和水泵水轮机，进水阀的设置一般应符合下列条件：

（1）对于由一根压力输水总管分岔供给几台水轮机/水泵水轮机用水时，每台水轮机/水泵水轮机都应装设进水阀。

（2）管道较短的单元压力输水管，水轮机宜不设置进水阀。对于多泥沙河流水电厂的单元压力输水管或压力管道较长的单元输水管，为水轮机装设的进水阀的型式应经过技术经济论证后确定。

（3）对水头大于150m的单元引水式机组，应在水轮机前设置进水阀，同时在进水口设置快速闸门；而最大水头小于150m且压力管道较短的单元式机组，如坝后式电站的机组，一般仅在进水口设置快速闸门。

（4）单元输水系统的水泵水轮机宜在每台机组蜗壳前装设进水阀。

（5）对进水口仅设置了事故闸门并采用移动式启闭机操作的单元引水式电站，若无其他可靠的防飞逸措施，一般需设置进水阀，以保证机组的安全及减少导叶在停机状态下的磨蚀。

2.1.3　进水阀的技术要求

进水阀是机组和水电站的重要安全保护设备，对其结构和性能有较高的要求：

（1）工作可靠，操作方便。

（2）全开时，水力损失应尽可能的小，以提高机组对水能的利用率。

（3）尽可能使其结构简单，重量轻，外形尺寸小。

（4）止水性能好，应有严密的止水装置以减少漏水量。

（5）进水阀及其操作机构的结构和强度应满足运行要求，能够承受各种工况下的水压力和振动，而且不能有过大的形变。

（6）当机组发生事故时，能在动水条件下迅速关闭，使机组的过速时间和压力管道的水击压力都不超过允许值。关闭时间一般为1～3min。如采用油压操作，进水阀可在30～50s内紧急关闭。仅用作检修用的进水阀启闭时间由运行方案决定，一般在静水中动作的时间为2～5min。

进水阀通常只有全开或全关两种运行工况，不允许部分开启来调节流量，否则将造成过大的水力损失和影响水流稳定，从而引起过大的振动。进水阀也不允许在动水情况下开启，因为这样需要更大的操作力矩，同时还会产生很大振动，另外从运行方面考虑也没有必要。

2.2　水轮机进水阀的型式及其结构

大中型水轮机的进水阀，常用的有蝴蝶阀、球阀和筒形阀等；中小型水轮机的进水阀也有采用闸阀和转筒阀的。

2.2.1　蝴蝶阀

蝴蝶阀，简称蝶阀，是用圆形蝶板作启闭件并随阀轴转动来开启、关闭流体通道的一种阀门。蝴蝶阀主要由圆筒形的阀体和可在其中绕轴转动的活门以及阀轴、轴承、密封装置及操作机构等组成，如图2.1所示。阀门关闭时，活门的四周与圆筒形阀体接触，切断和封闭水流的通路；阀门开启时，水流绕活门两侧流过。

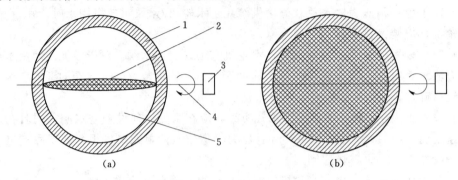

图 2.1　蝶阀结构示意图

(a) 全开；(b) 全关

1—阀体；2—活门；3—操作机构；4—阀轴；5—流体通道

蝶阀按阀轴的布置型式，分立式和卧式两种型式，如图 2.2 和图 2.3 所示。

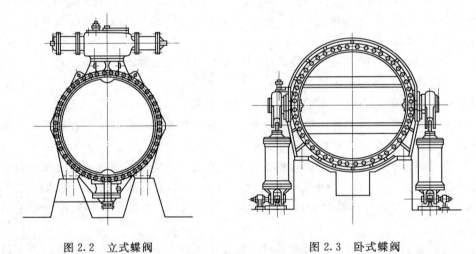

图 2.2　立式蝶阀　　　　　　　　　图 2.3　卧式蝶阀

立式和卧式蝶阀各有优点，都得到了广泛的应用。

(1) 分瓣组合的立式蝶阀，其组合面大多在水平位置上，在电站安装及检修时装拆比卧式蝶阀方便。卧式蝶阀的组合面大多在垂直位置，在电站安装时往往要在安装间装配好后，整体吊到安装位置，因此使蝶阀在电站安装和检修较为复杂。

(2) 立式蝶阀结构紧凑，所占厂房面积较小，其操作机构位于阀的顶部，有利于防潮和运行人员的维护检修，但要有一刚度很大的支座把操作机构固定在阀体上，在下端轴承端部需装一个推力轴承，以支持活门重量，结构较为复杂。卧式蝶阀则不需设推力轴承，同时，其操作机构可利用混凝土地基作基础，布置在阀的一侧或两侧，所以结构比较简单。

(3) 立式蝶阀的下部轴承容易沉积泥沙，需定期清洗，否则轴承容易磨损，甚至引起阀门下沉，影响其密封性能。卧式蝶阀则无此问题。由于立式蝶阀下部轴承的泥沙沉积问题很难防止且危害很大，因此在一般情况下，特别是在河流泥沙较多的电站，宜优先选用卧式蝶阀。

（4）作用在卧式蝶阀活门上的水压力的合力在阀轴中心线以下，水压力作用在活门上的力矩为有利于动水关闭的力矩，故当活门离开中间位置时，将受到有利于蝶阀关闭的水力矩。制造厂往往利用这一水力特性，上移阀轴以加大活门在阀轴中心线以下部分所占比例，从而减少操作机构的操作力矩，缩小操作机构的尺寸。

下面分别介绍蝶阀的主要部件。

1. 阀体

阀体是蝶阀的重要部件，由于其本身要承受水压力，支持蝶阀的全部部件，承受操作力和力矩，因此它要有足够的刚度和强度。直径较小、工作水头不高的阀体，可采用铸铁铸造。大中型阀体多采用铸钢或钢板焊接结构，但由于大型蝶阀铸钢件质量不易保证，因此，采用钢板焊接结构为宜。

阀体分瓣与否取决于运输、制造和安装条件。当活门与阀轴为整体结构或不易装拆时，则可采用两瓣组合。直径在 4m 以上的阀体，受运输条件限制，也需做成两瓣或四瓣组合。分瓣面布置在与阀轴垂直的平面或偏离一个角度。阀体的宽度要根据阀轴轴承的大小、阀体的刚度和强度、组合面螺钉分布位置等因素综合考虑决定。

阀体下半部的地脚螺钉，承受蝶阀的全部重量和操作活门时传来的力和力矩，但不承受作用在活门上的水推力，此水推力由上游或下游侧的连接钢管传到基础上。因此，在地脚螺钉和孔的配合处，应按水流方向留有 30～50mm 的间隙，此间隙是安装和拆卸蝶阀所必需的。

2. 活门、阀轴和轴承

活门在全关位置时，承受全部水压，在全开位置时处于水流中心，因此，它不仅要有足够的刚度和强度，而且要有良好的水力性能。常见的活门形状如图 2.4 所示。

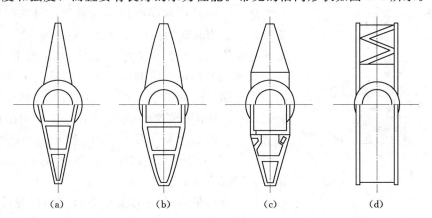

图 2.4　活门形状
(a) 菱形；(b) 铁饼形；(c) 平斜形；(d) 双平板形

菱形活门与其他形状的活门比较，其水力阻力系数最小，但其强度较弱，适用于工作水头较低的电站；铁饼形活门，其断面外形由圆弧或抛物线构成，其水力阻力系数较菱形和平斜形大，但强度较好，适用于高水头电站；平斜形活门，其断面中间部分为矩形，两侧为三角形，适用于直径大于 4m 的分瓣组合蝶阀，其水力阻力系数介于菱形和铁饼形之间；双平板形活门，其封水面与转轴不在同一平面上，活门两侧各有一块圆形平板，密封设在平板的外缘，两平板间由若干沿水流方向的筋板连接，活门全开时，两平板之间也能通过水流，其特点是水力阻力系数小，且当活门全关后封水性能好，但由于它不便做成分瓣组合式结构，并受加工、运输等条件的限制，一般用于直径小于 4m 的蝶阀。

大中型活门为一中空壳体，按照水头高低采用铸铁或铸钢，大型活门则用焊接结构。活门在阀体内绕阀轴转动，其转轴轴线大多与直径重合。卧式蝶阀也有采用不与直径重合的偏心转轴，轴线两侧活门的表面积差约为 8%～10%，以利于形成一定的关闭水力矩。

阀轴与活门的连接方式常见的有三种：当直径较小、水头较低时，阀轴可以贯穿整个活门；当水头较高时，阀轴可以分别用螺钉固定在活门上；当活门直径大于 4m，且采用分瓣组合时，如阀轴与活门也是分件组合的，可将活门分成两件组成，如阀轴与活门中段做成一件则活门分三件组成。把阀轴与活门做成整体或装配的结构，在制造上各有特点，设计时应根据制造厂的具体情况选定。

阀轴由装在阀体上的轴承支持。卧式蝶阀有左、右两个轴承，立式蝶阀除上、下两个轴承外，在阀轴下端还设有支承活门重量的推力轴承。阀轴轴承的轴瓦一般采用锡青铜制造，轴瓦压装在钢套上，钢套用螺钉固定在阀体上，以便检修铜瓦。

3. 密封装置

活门关闭后有两处易出现漏水，一处是阀体和阀轴连接处的活门端部；另一处是活门外圆的圆周。这些部位都应装设密封装置。

（1）端部密封。端部密封的形式很多，效果较好的有涨圈式和橡胶围带式两种。涨圈式端部密封适用于直径较小的蝶阀，橡胶围带式端部密封适用于直径较大的蝶阀。

（2）周圈密封。周圈密封也有两种主要形式。一种是当活门关闭后依靠密封体本身膨胀，封住间隙。使用这种结构的密封时活门全开至全关转角为 90°，常用的密封体为橡胶围带，此种密封结构如图 2.5 所示。

橡胶围带装在阀体或活门上，当活门关闭后，围带内充入压缩空气而膨胀，封住周圈间隙。如欲开启活门应先排气，待围带缩回后方可进行。围带内的压缩空气压力应大于最高水头（不包括水锤压力升压值）0.2～0.4MPa，在不受气压或水压状态下，围带与活门（或阀体）的间隙为 0.5～1.0mm。

另一种是依靠关闭的操作力将活门压紧在阀体上，这时活门由全开至全关的转角为 80°～85°，适用于小型蝶阀。密封环采用青铜板或硬橡胶板制成，阀体和活门上的密封接触处加不锈钢板，如图 2.6 所示。

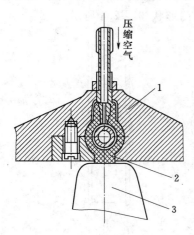

图 2.5　围带式周圈密封
1—阀体；2—橡胶围带；3—活门

4. 锁锭装置

由于蝶阀活门在稍偏离全开位置时即作用有自关闭的水力矩，因此在全开位置必须有可靠的锁锭装置。同时，为了防止因漏油或液压系统事故以及水的冲击作用而引起误开或误关，一般在全开和全关位置都应投入锁锭装置。

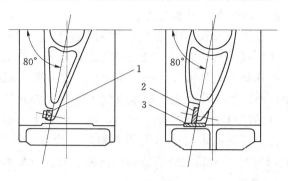

图 2.6 压紧式周圈密封
1—橡胶密封环；2—青铜密封环；3—不锈钢衬板

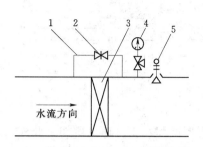

图 2.7 进水阀的附属部件
1—旁通管；2—旁通阀；3—进水阀；
4—压力信号器；5—空气阀

5. 附属部件

（1）旁通管与旁通阀。蝶阀可以在动水下关闭，但在开启时为了减小开启力矩，消除动水开启的振动，一般要求活门两侧的压力相等（平压）后才能开启。为此在阀体上装设旁通管，其上装有旁通阀，如图 2.7 所示。开启蝶阀前，先开启旁通阀对蝶阀后充水，然后在静水中开启蝶阀。旁通管的断面面积，一般取蝶阀过流面积的 1%～2%，但经过旁通管的流量必须大于导叶的漏水量，否则无法实现平压。旁通阀一般用油压操作，有的也用电动操作。

（2）空气阀。在蝶阀下游侧的钢管顶部设置空气阀，作用是在蝶阀关闭时，向蝶阀后补给空气，防止钢管因产生内部真空而遭到破坏；也可在开启蝶阀前向阀后充水时，排出蝶阀后的空气。图 2.8 为空气阀原理示意图。该阀有一个空心浮筒悬挂在导向活塞之下，浮筒浮在蜗壳或管道中的水面上，空气阀的通气孔与大气相通。当水未充满钢管时，空气阀的空心浮筒在自重作用下开启，使蜗壳内的空气在充入水体的排挤下，经空气阀排出；当管道和蜗壳充满水后，浮筒上浮

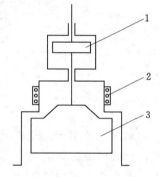

图 2.8 空气阀原理示意图
1—导向活塞；2—通气孔；3—浮筒

至极限位置，蜗壳和管道与大气隔断，防止水流外溢。当进水阀和旁通阀关闭后进行蜗壳排水时，随着钢管内的水位下降，空气阀的空心浮筒在自重作用下开启，自由空气经空气阀向蜗壳进气。

（3）伸缩节。伸缩节安装在蝶阀的上游或下游侧，使蝶阀能沿管道水平方向移动一定距离，以利于蝶阀的安装检修及适应钢管的轴向温度变形。伸缩节与蝶阀以法兰螺栓连接，伸缩缝中装有 3～4 层油麻盘根或橡胶盘根，用压环压紧，以阻止伸缩缝漏水，如图 2.9 所示。如数台机组共用一根输水总管，且支管外露部分不太长，伸缩节最好装设在蝶阀的下游侧，这样既容易检修伸缩节止水盘根，又不影响其他机组的正常运行。

蝶阀一般适用水头在 250m 以下、管道直径 1～6m 的水电站，更高水头时应和球阀作

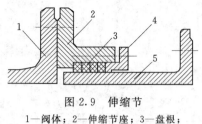

图 2.9　伸缩节

1—阀体；2—伸缩节座；3—盘根；

4—压环；5—伸缩管

选型比较。目前，世界上已制成的蝶阀最大直径达 8.23m，最高工作水头达 300m。

在大中口径、中低压力的使用场合，蝶阀是主要选择的阀门形式之一。蝶阀的优点是比其他型式的阀门结构简单，外形尺寸小，重量轻，造价低，操作方便，驱动力矩小，能在动水下快速关闭。蝶阀的缺点是其活门对水流流态有一定的影响，引起水力损失和空蚀，这在高水头电站尤为明显，因为水头增高时，活门厚度和水流流速也增加。此外，蝶阀密封不如其他型式的阀门严密，有少量漏水，围带在阀门启闭过程中容易擦伤而使漏水量增加。

2.2.2　球阀

球阀主要由两个半球组成的可拆卸的球形阀体和转动的圆筒形活门组成，此外还有阀轴、轴承、密封装置及阀的操作机构等。图 2.10 为球阀的结构示意图，球阀通常采用卧式结构。

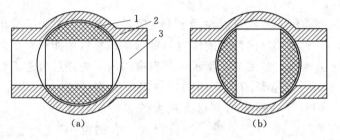

图 2.10　球阀结构示意图

(a) 全开；(b) 全关

1—阀体；2—活门；3—流体通道

球阀主要用于截断或导通流体，也可用于流体的调节与控制。与其他类型的阀门相比，球阀中流体阻力很小，几乎可以忽略。球阀开关迅速、方便，只要阀轴转动 90°，球阀就可完成全开或全关动作，很容易实现快速启闭，而且密封性能好。

高水头水电站在水轮机前需要设置关闭严密的进水阀。蝶阀用在水头 200m 以上时，不仅结构笨重，漏水量大，而且水力损失大，所以已不适宜。球阀一般用于管道直径 2～3m 以下、水头高于 200m 的机组，国内使用的球阀最高水头已超过 1000m，最大直径 2.4m。目前世界上已制成的球阀最大直径达 4.96m。

球阀根据其所需操作功的不同，可选择手动操作、电动操作或液压操作方式。操作机构依操作方式的不同而异。手动操作阀门采用手柄或齿轮传动装置，电动或液压操作球阀由电动装置或液压装置驱动，使圆筒形活门旋转 90°开启或关闭阀门。

1. 阀体与活门

阀体通常由两件组成。组合面的位置有两种：一种是偏心分瓣，组合面放在靠近下游侧，阀体的地脚螺栓都布置在靠上游侧的大半个阀体上，其优点是分瓣面螺栓受力均匀。采用这种结构，阀轴和活门必须是装配式的，否则活门无法装入阀体。另一种是对称分瓣，将分瓣面放在阀轴中心线上，如图 2.11 所示。这时阀轴和活门可以采用整体结构，重量可以减轻，制造时可采用铸钢整体铸造或分别铸造后焊在一起。

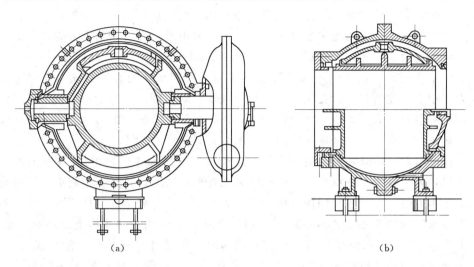

(a)   (b)

图 2.11 球阀

球阀的活门为圆筒形。球阀处于开启位置时，圆筒形活门的过水断面就与引水钢管直通，所以阀门对水流不产生阻力，也就不会发生振动，这对提高水轮机的工作效率特别有益，如图 2.11（b）所示上半部分。关闭时，活门旋转 90°截断水流，如图 2.11（b）所示下半部分。在活门上设有一块可移动的球面圆板止漏盖，它在由其间隙进入的压力水作用下，推动止漏盖封住出口侧的孔口，随着阀后水压力的降低，形成严密的水封。为了防止止漏面锈蚀，止漏盖与阀体的接触面铺焊不锈钢。由于承受水压的工作面为球面，改善了受力条件，这不仅使球阀能承受较大的水压力，还能节省材料，减轻阀门自重。阀门开启前，应打开卸压阀，排除球面圆板止漏盖内腔的压力水，同时开启旁通阀，使球阀后充水，止漏盖则在弹簧和阀后水压力的作用下脱离与阀体的接触，这样用不大的开启力矩就可使球阀开启。

2. 密封装置

球阀的密封装置有单侧密封和双侧密封两种结构。单侧密封，是在圆筒形活门的下游侧设有密封盖和密封环组成的密封装置，也称为球阀的工作密封，如图 2.12 右侧所示；双侧密封，是在活门下游侧设置工作密封的同时，在活门上游侧再设一道密封，以便于对阀门的工作密封进行检修。设置在活门上游侧的密封，也称为球阀的检修密封，如图 2.12 左侧所示。

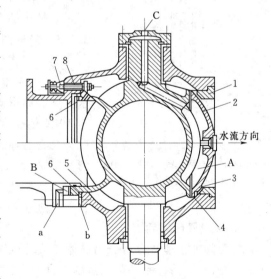

图 2.12 球阀的密封装置
1—密封环；2—密封盖；3—密封面；4—护圈；
5—密封面；6—密封环；7—螺母；8—螺杆

11

早期的球阀都采用单侧密封，这样在一些重要的高水头水电站通常需设置两个球阀：一个工作球阀；另一个检修球阀。现在多采用双侧密封的球阀，以便于检修。

（1）工作密封。工作密封位于球阀下游侧，主要由密封环、密封盖等组成，其动作程序如下：球阀开启前，在用旁通阀向下游充水的同时，将卸压阀打开使密封盖内腔 A 处的压力水由 C 孔排出，由于旁通阀的开启使球阀下游侧水压力逐渐升高，在弹簧力和阀后水压力作用下，逐渐将密封盖压入，密封口脱开，此时即可开启活门。相反，当活门关闭后，此时 C 孔已关闭，压力水由活门和密封盖护圈之间的间隙流入密封盖的内腔 A，随着下游水压的下降，密封盖逐渐突出，直至将密封口压严为止。

（2）检修密封。检修密封有机械操作的，也有用水压操作的。图 2.12 左上侧为机械操作的密封，利用分布在密封环一周的螺杆和螺母调整密封环，压紧密封面。这种结构零件多，操作不方便，而且容易因周围螺杆作用力不均，造成偏卡和动作不灵，现已被水压操作代替。水压操作的密封结构如图 2.12 左下侧所示，它由设在阀体上的环形压水腔 B、压水管 b 和 a、密封环和设在活门上的密封面构成。当需打开密封时，管 b 接通压力水，管 a 接通排水，则密封环向左后退，密封口张开；反之，管 b 接通排水，管 a 接通压力水，则密封环向右前伸出，密封口贴合。

球阀的优点是：承受的水压高，关闭严密，漏水极少；密封装置不易磨损，活门全开时，几乎没有水力损失；启闭时所需操作力矩小，而且由于球阀活门的刚性比蝶阀活门的刚性好，所以在动水关闭时的振动比蝶阀小，这对动水紧急关闭有利。缺点是其体积大、结构复杂、重量大、造价高。为了节省投资，球阀可采用较高的流速以缩小球阀的尺寸。

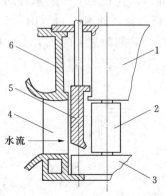

图 2.13　筒形阀的布置
1—顶盖；2—活动导叶；3—底环；
4—固定导叶；5—筒体；6—座环

2.2.3　筒形阀

筒形阀作为水轮机的进水阀，可广泛应用于水头在 60～400m 的水电站，尤其是水头在 150～300m 的单元引水式水电站。筒形阀由法国的 Neyrpid 公司于 1947 年提出，并于 1962 年在 Monteynard 水电站首次应用，之后经过不断改进与完善而逐步得到认可。筒形阀在国内于 1993 年在漫湾水电站成功投运，正越来越多地受到水电行业的重视。筒形阀从结构、布置方式和作用等方面来说，均与常规意义上的进水阀有一定的差异。

1. 筒形阀的结构

筒形阀的主体部分可分为筒体、操动机构和同步控制机构三大部分，筒形阀的布置如图 2.13 所示。筒体是一薄而短的大直径圆筒。筒形阀在关闭位置时，筒体位于水轮机固定导叶与活动导叶之间，由顶盖、筒体和底环所构成的密封面起到截流止水的作用。在全开位置时，筒体退回座环与顶盖之间形成的腔体内，筒体底部与顶盖下端齐平，筒体不会干扰水流的正常流动。操动机构用于控制筒体上下运动以启闭筒形阀。为保证筒体受力均匀，筒形阀一般需设置多套操动机构，而受顶盖上方空间位置的制约，通常对称布置四套操动机构，当筒体直径过大时，操动机构的数量可适当增加。各操动机构的动作需由同步控制机构进行协调，以实现所有操动机构动作一致，从而保证筒形阀的平稳启闭，并避免在动水关闭时受水流冲击引起筒体晃动。

　　筒形阀的操作力矩、零部件的结构强度和刚度必须满足动水关闭的要求。动水关闭中阀门的行程达 90% 左右时，筒体的下端面开始脱流，而筒体的上端面仍承受动水压力，上下端面的压力差即为作用于阀门操动机构上的下拉力，该力可达阀门重量的 10 倍左右。实验表明，筒形阀筒体的下端面存在一定的倾斜角时，下拉力的值可有效降低。下拉力随倾斜角的增大而减小，但倾斜角越大，则筒体下端面与顶盖、座环之间过流面的平滑性越差，对水流的影响也就越大。实际应用中对倾斜角一般在 2°～6°范围内进行选择，如漫湾水电站筒形阀筒体的下端面倾斜角为 4°。

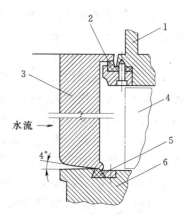

图 2.14　筒形阀的密封

1—顶盖；2—上密封；3—筒体；4—活动导叶；5—下密封；6—底环

　　筒体与顶盖、筒体与底环间都设有密封，以减少阀门的漏水量。筒体与顶盖之间的密封称为筒形阀的上密封，筒体与底环之间的密封称为筒形阀的下密封。筒形阀的密封如图 2.14 所示。上密封是由水轮机顶盖底部外缘处的环形橡胶板和压板组成，下密封是由设在水轮机底环外缘的环形橡胶条和压板组成。当阀门关闭后，筒形阀上、下缘与密封橡胶压紧，实现止水。实践证明这种密封不但止水性能好，而且使用寿命也较长。

　　2. 筒形阀的作用

　　筒形阀研发的最初目的在于减小主厂房的宽度。中、高水头的混流式水轮机，需要设置进水阀以减少导叶的漏水量和空蚀。无论是装设蝴蝶阀还是球阀，都将导致水电站厂房宽度的增加。筒形阀安装在固定导叶与活动导叶之间，而加装筒形阀后的厂房宽度与不装任何形式的进水阀时的厂房宽度几乎一样。机组停机时通过关闭筒形阀来减少导叶的漏水量和空蚀。筒形阀还可以替代蝶阀和球阀，用于机组正常停机时的截流止水和事故停机时的过速保护，在一定情况下也可替代进口快速闸门的作用。对多泥沙河流电站中承担调峰调频任务的机组，采用筒形阀操作机组的启停可有效降低导叶的磨损与空蚀。筒形阀受其结构特点和安装位置的制约，目前还无法作为机组的检修阀门使用。

　　3. 筒形阀的优点

　　与蝶阀和球阀等进水阀相比，筒形阀具有以下优点：

　　(1) 装置简单，布置方便。一些水电站受厂房宽度的限制，布置大直径的蝶阀或球阀非常困难。筒形阀结构简单，筒体安装于固定导叶与活动导叶之间，不占用压力引水管道，不需要安装伸缩节、连接管、旁通阀和空气阀等复杂的附属设备，所需安装空间较小，可有效减小电站主厂房的宽度，对于地下电站则可大大减少土建工程的开挖量。机组配置筒形阀时，需要对水轮机座环和顶盖等部件进行改造，导致水轮机外形尺寸有所增大，但增加十分有限，可以忽略。对于大尺寸筒形阀的筒体，便于分瓣制造、运输和现场组装。

　　(2) 造价较低。筒形阀自身成本较低，价格便宜，采用筒形阀能降低电站建设的总投资。筒形阀的成本仅为蝶阀成本的 1/3～1/2，约为球阀成本的 1/4。

（3）水力损失小。机组正常运行时，筒形阀的筒体退回座环与顶盖之间的腔体内，筒体底部与顶盖下端齐平，对水流几乎不产生任何阻碍。筒形阀动水关闭时，对水流的扰动程度也没有蝶阀和球阀严重，而且水流沿机组轴心对称分布，水轮机的固定和转动部件所承受的动载荷和不平衡载荷都较小，机组关闭时产生的振动也较小。

（4）可有效减轻导叶的空蚀和泥沙磨损。对于高水头、多泥沙河流上的水电站，活动导叶关闭时漏水量较大、水射流速度高，极易造成导叶的空蚀与泥沙磨损。筒形阀具有启闭时间短、投入快和关闭严密的特点。当机组承担调峰调频任务需频繁启停时，可通过操作筒形阀的启闭来实现，从而减少泥沙对导叶的磨损和空蚀作用。

（5）操作灵活、方便。筒形阀的投入比快速闸门的投入迅速，也比蝶阀、球阀的投入简单。筒形阀可以直接开启，不需要充水平压，因而启闭迅速，一般筒形阀启、闭时间均不超过 60s。对于承担峰荷的机组，采用筒形阀可实现机组的快速启动和并网。当机组事故停机时，筒形阀的快速关闭可对水轮发电机组进行有效的保护。

4. 筒形阀的缺点

（1）筒形阀总体结构较复杂，有些零部件的加工精度要求高、难度大。筒形阀的安装难度大，水轮机的安装时间相应较长。

（2）筒形阀目前只能用作事故防飞逸和截流止水，不能作为检修闸门和防管道爆裂事故阀门使用。从筒形阀的结构可以看出，筒形阀是依靠顶盖、筒体和底环形成的密封面进行止水的，筒形阀关闭时顶盖处于承压状态，不能用作检修阀门，因此筒形阀只适用于单元引水的电站，而由一根输水总管同时向几台水轮机输水的岔管引水电站则不宜采用。另外，筒形阀安装于活动导叶前，与蝶阀和球阀一样无法用来对压力引水管道进行保护，因此对于高水头长引水管道的电站，仍需设置快速闸门以防引水管道的爆裂。

（3）筒形阀的筒体靠近活动导叶，当有较长异物（如钢筋、长形木条）卡住活动导叶时，筒体下落关闭亦容易被卡住，使之不能完全关闭，从而不能很好地保护机组。

（4）国内目前尚无筒形阀的设计、制造、安装等方面的标准规范，水电站应用的经验较少。

2.2.4 闸阀

对输水管直径相对较小而工作水头又较高的小型水电站，通常采用闸阀作为检修和事故闸门。

闸阀是指启闭件（闸板）的运动方向与流体方向相垂直的阀门。闸阀全开时，闸板上移至阀盖的空腔中，整个流道直通，此时流体的压力损失几乎为 0。闸阀关闭时，闸板下移阻断流道，同时闸板上的密封面依靠闸板两侧流体的压力差实现密封。闸板处于部分开启时，流体的压力损失较大并会引起闸门振动，可能损伤闸板和阀体的密封面，因此闸阀不适于作为调节或节流使用，一般只有全开和全关两种工作位置，且不需要经常启闭。

1. 闸阀的结构

闸阀由阀体、阀盖、阀杆、闸板和操作机构等部件组成，如图 2.15 所示。闸板是闸阀的启闭件，闸阀的开启与关闭是通过操作与闸板相连的阀杆来实现的。闸阀操作一般为手动和电动，也有采用液压操作的。手动和电动操作的闸阀，阀杆上通常设有螺纹，而在阀盖或闸板上设有螺母，两者的配合可将操作机构的旋转运动变为闸板的直线运动，从而使闸板实现升降。根据螺母所处位置的不同，闸阀分为明杆式和暗杆式两种。为了减少闸板移动时的摩擦，在较大闸阀的闸板上设有滚轮。为了降低闸门开启时闸板两侧的压力差，可增设旁通阀以便开启前充水平压。

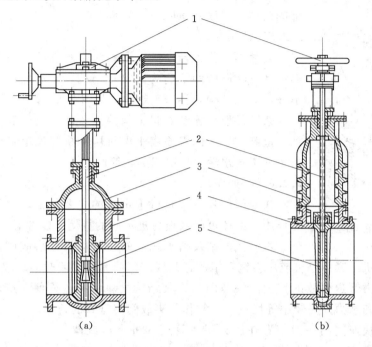

图 2.15 闸阀的结构

(a) 明杆式；(b) 暗杆式

1—操作机构；2—阀杆；3—阀盖；4—阀体；5—闸板

明杆式闸阀的螺母设在阀盖外，阀杆与闸板之间为固定连接，闸阀启闭时，操作机构驱动螺母旋转，使阀杆上下移动，并带动与之相连的闸板上下移动，如图 2.15 (a) 所示。暗杆式闸阀的螺母固定在闸板上，闸阀启闭时，操作机构驱动阀杆旋转，使螺母上下移动，并带动与之相连的闸板上下移动，如图 2.15 (b) 所示。明杆式闸阀的机械啮合面在阀盖外，工作条件不受流体影响，但阀门全开时，阀杆上移使其工作所需空间高度较大。暗杆式闸阀在启闭过程中阀杆不上下移动，其工作所需的空间高度固定。

2. 闸阀的优点

(1) 闸阀结构简单，制造工艺成熟，运行维护方便。

(2) 闸阀阀体内部的流道是直通的，水流阻力损失较小。

(3) 闸阀结构长度较短，有利于设备布置。

(4) 闸阀全开时闸板提升至过水流道之外，闸板密封面受冲蚀较小；全关时闸板两侧的水压差有利于减小闸门漏水。

3. 闸阀的缺点

(1) 闸阀启闭时闸板密封面与阀体之间的摩擦，易造成密封件的损伤，且维修比较困难，因此多用于不经常进行启闭操作的场合。

(2) 闸阀的外形尺寸高、重量大，安装及运行所需空间高度较大。

（3）闸阀启闭时所需操作力大，启闭时间较长。

（4）闸阀动水关闭时振动大，密封面容易磨损和脱落。

（5）阀杆处的止水盘根需经常处理，以减少漏水；闸板下部的门槽被泥沙淤积后阀门关闭不严。

2.2.5 转筒阀

转筒阀又称为转动阀，是专为密封性要求较高的流道截流而设计。转筒阀的活门为圆筒形结构，圆筒的内圆与过水流道平齐，其他结构则类似于球阀，如图 2.16 所示。转筒阀因其结构复杂、外形尺寸和重量大等原因，使用场合和产品研发均受到严重制约，国内仅原南平电机厂和杭州发电设备厂曾生产过用于冲击式水轮发电机组的转筒阀。

2.2.6 快速闸门

快速闸门具有水轮机进水阀的主要特征，也可起到进水阀的作用，因此可将其作为进水阀的特例予以考虑。

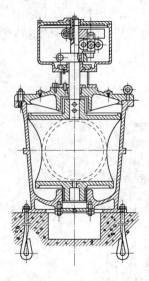

图 2.16 转筒阀

坝后式电站及引水式电站一般均设置事故闸门，用于导水机构失灵需要机组紧急停机或压力钢管承压过高要求闸门紧急关闭时的事故保护，以防止机组飞逸或压力管道事故的扩大。快速闸门因其结构简单、制造方便、造价低、操作方便、运行可靠和水力损失较小等优点，通常作为事故闸门型式的首选。

水电站的快速闸门一般布置在压力引水管道的进水口或调压室，通常采用直升式平面闸门。快速闸门一般由闸板、闸室和启闭设备等部分组成。闸室中设有凹槽型轨道，用于约束闸板的上下移动，并在闸门关闭时与闸板之间形成可靠的止水密封。启闭设备为闸板的启闭提供操作动力。

快速闸门的启闭设备主要有两种型式：卷扬式启闭机和液压式启闭机。图 2.17 为采用卷扬式启闭机的快速闸门。卷扬式启闭机多用于中、小型电站，目前大多数电站的快速闸门采用的是液压启闭机。为保证闸门操作的可靠性，快速闸门的启闭设备通常设有就地操作和远方操作两套系统，同时还配置有可靠的电源和准确的闸门开度指示控制器。为保证闸门能快速关闭，机组正常运行时快速闸门的闸板一般悬挂在进水口闸孔之上，以备事故时快速关闭。当快速闸门位于进水口孔口之上时，需采取相应措施以保证机组正常运行时闸板不因下降而遮堵进水口。

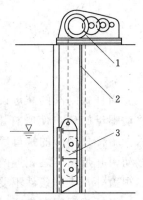

图 2.17 快速闸门

1—卷扬机；2—闸室；3—闸板

2.3 水轮机进水阀的操作

2.3.1 进水阀的操作方式

进水阀的操作系统，按操作动力的不同，一般有手动操作、电动操作、液压操作三种方式。大直径的进水阀及事故用阀门，为保证其关闭速度，均采用液压通过接力器来操作；低水头、小直径以及用作检修的阀门，可采用电动操作，同时设手动操作机构，以保证操作的可靠性；不要求远方操作的小型阀门，因所需操作力矩小，为节省投资也可采用手动操作。

采用手动和电动操作的阀门，所需操作力矩小，一般通过简单的机械变换甚至无需变换，即可实现对阀门的启闭操作，其操作机构的构成比较简单。下面仅对液压操作方式进行介绍。

液压操作通常又分为油压操作和水压操作两种。当电站水头大于 $120\sim150m$ 时，进水阀的液压操作系统可引用压力钢管中高压水进行操作，以简化能源设备；当水头较低时，通常采用油压操作，以减小接力器的尺寸。采用水压操作时，为了防止配压阀和活塞受到严重磨损和阻塞，所引入的压力水必须是清洁的，同时操作机构中与压力水接触的部分需采用耐磨和防锈材料；采用油压操作时，为提高进水阀操作的可靠性，油压操作的压力油源除工作油源外，还需设置备用油源。压力油源可由专用的油压装置、油泵或调速器的油压装置取得。若采用调速系统的油压装置作为进水阀的压力油源，还需采取措施防止水分混入压力油中而影响压力油的油质。具体采用哪种操作方式，应根据电站特点慎重选择。

进水阀的液压操作机构主要有导管式接力器、摇摆式接力器、刮板接力器和环形接力器等几种型式。

图 2.18 为装在立轴阀门上的导管式接力器。该接力器布置在一个盆状的控制箱上，而控制箱固定在阀体上。根据操作力矩的大小，导管式接力器的液压操作机构，可以采用单个接力器或一对对称接力器。操作容量较大时，接力器的固定部分一般布置在建筑物的基础上。

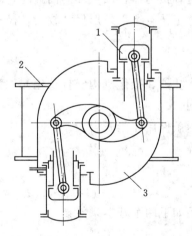

图 2.18 导管式接力器
1—接力器；2—阀体；3—控制箱体

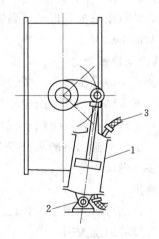

图 2.19 摇摆式接力器
1—接力器；2—铰链；3—软管接头

图 2.19 为装在卧轴阀门上的摇摆式接力器。接力器下部用铰链和地基连接，工作时随着转臂摆动，这样就不需要导管进行导向，因此在同样的操作力矩下，接力器的活塞直径比导管式的要小。摇摆式接力器的输油管必须适应缸体的摆动，常用高压软管接头或铰

链式刚性管接头与油压装置进行连接。从制造和运行来看，摇摆式接力器有很多优点，对大中型横轴蝶阀或球阀都很适用。

图 2.20 为刮板式接力器示意图。接力器缸固定在阀体上，缸内用隔板分成三个油腔，活塞体装在阀轴上，其上装有三个刮板，压力油驱动刮板，使活塞体相对于接力器缸转动，以操作活门。刮板式接力器结构紧凑，外形尺寸小，重量轻，在阀体上布置比较方便。刮板式接力器工作时，上部轴颈上没有附加的径向力，但零件较多，加工精度要求高，特别是刮板和缸体之间的密封结构尤为重要，这样给制造带来不少困难，所以过去没有得到广泛的应用。

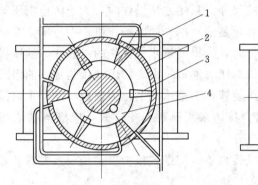

图 2.20　刮板式接力器　　　　　　　图 2.21　环形接力器
1—隔板；2—缸体；3—刮板；4—活塞体　　　1—缸体；2—活塞（兼转臂）

图 2.21 为蝶阀或球阀上采用的环形接力器的结构型式。接力器缸固定在阀体上，接力器的活塞和转臂做成（或装配成）一体。这种接力器在加工环形油缸时，需要特殊的工艺设备。它的零件数量虽少，但加工精度高，工艺复杂，外形尺寸较大，操作时缸体和活塞变形量大，漏油量也大。

2.3.2　进水阀的操作系统

各水电站所采用的进水阀的形式、结构、功能、操作机构、自动化元件和启闭程序各不相同，因此，进水阀的操作系统也不尽相同。

正常运行时进水阀必须满足以下三个基本条件后才能开启：

（1）进水阀上、下游两侧的水压基本相等。

（2）密封装置退出工作位置。

（3）锁锭退出。

进水阀在正常运行时如需关闭，也应满足如下两个基本条件：

（1）水轮机导叶完全关闭。

（2）锁锭退出。

以上所述为进水阀在静水中开启和关闭的情况。

在发生事故时，进水阀可进行动水紧急关闭，即进水阀在接到事故关闭信号后，则只需将锁锭退出后，就可在水轮机导水叶没有完全关闭的情况下进行关闭。

当进水阀运转到达全开或全关位置后，则锁锭必须重新投入。

以下介绍几种典型的进水阀操作系统。

1. 蝶阀的操作系统

如图 2.22 所示为水电站采用较多的蝶阀机械液压操作系统图，其各元件位置相应于蝶阀全关状态。

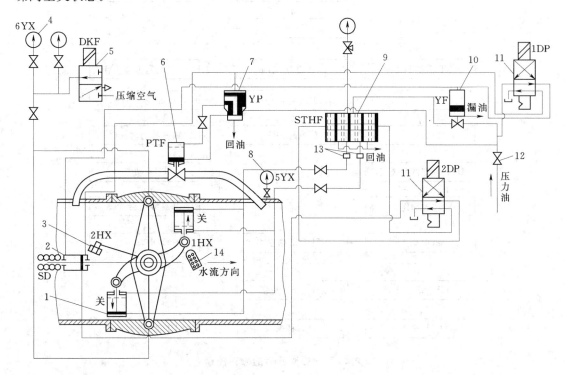

图 2.22 蝶阀机械液压操作系统图

1—接力器；2、3、14—行程开关；4、8—压力信号器；5—电磁空气阀；6—旁通阀；7—液动配压阀；
9—四通滑阀；10—油阀；11—电磁配压阀；12—供油总阀；13—节流阀

（1）开启蝶阀。当发出开启蝶阀的信号后，电磁配压阀 1DP 动作，活塞向上移动，使与油阀 YF 相连的管路与回油接通，油阀 YF 上腔回油，使油阀 YF 开启，压力油通至四通滑阀 STHF。同时，由于电磁配压阀 1DP 活塞向上移动，压力油进入液动配压阀 YP，将其活塞压至下部位置，从而使压力油进入旁通阀 PTF 活塞的下腔，而旁通阀 PTF 活塞的上腔接通回油，该活塞上移，旁通阀 PTF 开启。与此同时，锁锭 SD 的活塞右腔接通压力油，左腔接通排油，于是将蝶阀的锁锭 SD 拨出。压力油经锁锭 SD 通至电磁配压阀 2DP，待蜗壳水压上升至压力信号器 5YX 的整定值时，电磁空气阀 DKF 动作，活塞被吸上，空气围带排气。排气完毕后，反映空气围带气压的压力信号器 6YX 动作，使电磁配压阀 2DP 动作，活塞被吸上，压力油进入四通滑阀 STHF 的右端，并使四通滑阀 STHF 的左端接通回油，四通滑阀 STHF 活塞向左移动，从而切换油路方向，压力油经四通滑阀 STHF 到达蝶阀接力器开启侧，将蝶阀开启。当开至全开位置时，行程开关 1HX 动作，将蝶阀开启继电器释放，电磁配压阀 1DP 复归，旁通阀 PTF 关闭，锁锭 SD 落下，同时关闭油阀 YF，切断总油源。开启蝶阀的操作流程如图 2.23 所示。

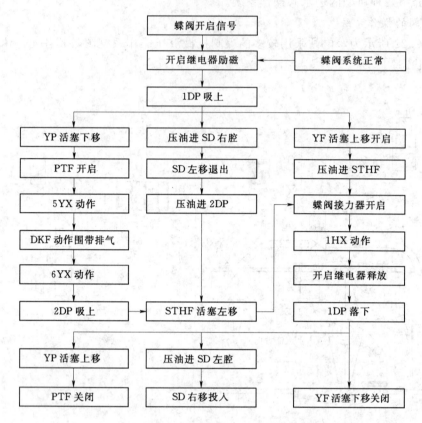

图 2.23　蝶阀开启的操作流程

（2）关闭蝶阀。当机组自动化系统发出关闭蝶阀的信号后，电磁配压阀 1DP 励磁而产生吸上动作，油阀 YF 开启，旁通阀 PTF 开启，锁锭 SD 拔出，随即电磁配压阀 2DP 复归而脱扣，压力油进入四通滑阀 STHF 的左端，推动活塞向右移动切换油路方向，压力油进入蝶阀接力器关闭侧，将蝶阀关闭。当蝶阀关至全关位置后，行程开关 2HX 动作，将蝶阀关闭继电器释放。电磁空气阀 DKF 复归，围带充入压缩空气。同时电磁配压阀 1DP 复归，关闭旁通阀 PTF，投入锁锭 SD，并关闭油阀 YF，切断总油源。关闭蝶阀的操作流程如图 2.24 所示。

蝶阀的开启和关闭速度，可通过节流阀进行调整。

2. 球阀的操作系统

如图 2.25 所示为一球阀机械液压操作系统图，其各元件位置相应于球阀全关状态。该球阀可以在现场手动操作，在现场或机旁盘自动操作，以及在中控室和机组联动操作。

（1）开启球阀。发出球阀开启命令后，电磁配压阀 1DP 动作，活塞上移，压力油进入卸压阀 XYF 的左腔，卸压阀 XYF 右腔排油，卸压阀 XYF 开启，止漏盖内腔开始降压。同时，总油阀 YF 的上腔经 1DP 与排油管接通，总油阀 YF 在下腔油压的作用下上升而打开，向球阀操作系统供压力油。电磁配压阀 2DP 动作，压力油进入旁通阀 PTF 的下腔，其上腔经 2DP 排油，使旁通阀 PTF 打开，向蜗壳充水。蜗壳充满水后止漏盖外压力

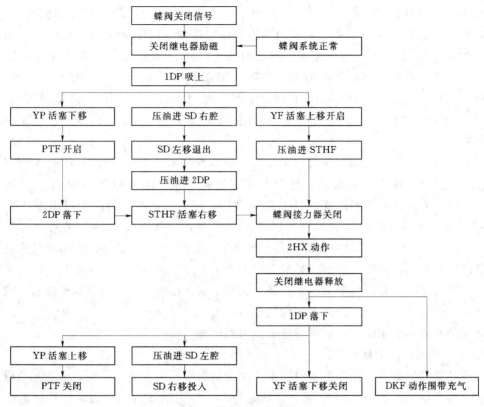

图 2.24 蝶阀关闭的操作流程

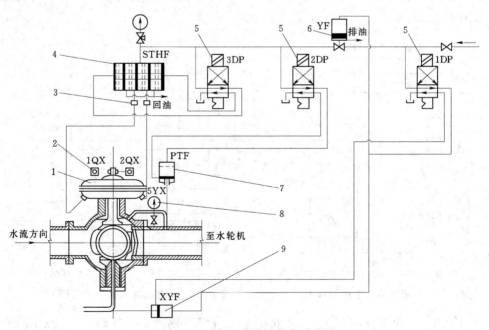

图 2.25 球阀机械液压操作系统图

1—环形接力器；2—行程开关；3—节流阀；4—四通滑阀；5—电磁配压阀；
6—油阀；7—旁通阀；8 压力信号器；9—卸压阀

21

大于内压力，止漏盖自动缩回，与阀体上的止水环脱离。当球阀前后压力平衡后，压力信号器动作使电磁配压阀 3DP 动作，压力油进入四通滑阀 STHF 的右侧，同时使四通滑阀 STHF 的左侧经 3DP 与排油管相连，四通滑阀 STHF 活塞左移，压力油通过四通滑阀 STHF 进入接力器开启腔，而接力器的关闭腔则通过四通滑阀 STHF 排油，球阀开启。待球阀全开后，行程开关 1QX 动作，使电磁配压阀 1DP 及 2DP 复归，卸压阀 XYF 与旁通阀 PTF 关闭，同时压力油经 1DP 至总油阀 YF 上腔，关闭总油阀 YF，球阀操作的油源被切断。

（2）关闭球阀。当发出球阀关闭命令后，电磁配压阀 1DP 动作，卸压阀 XYF 打开，总油阀 YF 开启，操作油源接通。复归电磁配压阀 3DP，压力油经 3DP 进入四通滑阀 STHF 活塞的左腔，使四通滑阀 STHF 活塞右移。压力油经四通滑阀 STHF 进入接力器关闭腔，同时使开启腔经四通滑阀 STHF 排油，球阀关闭。待球阀全关后，行程开关 2QX 动作，使电磁配压阀 1DP 复归，卸压阀 XYF 及总油阀 YF 关闭。压力水经止漏盖与活门缝隙进入止漏盖内腔，这时如果蜗壳压力有所下降，止漏盖自动压出与阀体上的止水环紧贴，严密止水。若蜗壳中水压未降低，为使止漏盖压出止水，可将蜗壳排水阀或水轮机导水叶略微打开，使止漏盖内外造成压差而压出。

球阀的开启和关闭时间，也可通过节流阀来调整。

3. 筒形阀的操作系统

水电站筒形阀的液压操作系统主要由一套控制阀组、一个分流模块、多套配油模块和多套接力器等组成，如图 2.26 所示。系统运行时，压力油罐内的压力油经控制阀组和分流模块产生多路等流量的液压油，进入配油模块，最后进入接力器，实现筒形阀的启闭操作，如图 2.27 所示。

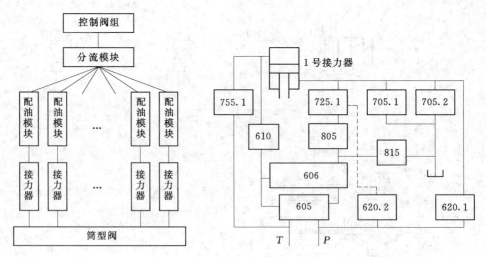

图 2.26　筒形阀液压系统结构图　　　图 2.27　筒形阀液压控制原理图

控制阀组主要由速控阀 605、稳压阀组 606、减压阀组 610、球阀 815、液压同步马达 805、电磁阀 620.1 和 620.2 组成，用于筒形阀开启和关闭过程中不同过程的控制，并实现压力油在多套接力器中的平均分配。

分流模块用于实现控制管路的集成布置。

配油模块用于精确调整进入每个接力器油缸的油量，从而保证多套接力器的运动保持同步。以一个接力器为例，配油模块主要包括电气同步电磁阀705.1（微调）和705.2（粗调）、电磁阀755.1和液控单向阀725.1等组成，实现对接力器的精确调整，每个配油模块服务于一台接力器。

（1）开启筒形阀。筒形阀在全关位置时，需要较大的提升力才能使其开始运动。其开启程序如下：PLC发出开启筒形阀命令后，电磁阀755.1和620.1励磁，压力油不经速控阀直接进入接力器下腔，以较大的压力提升筒形阀，使其阀体与密封脱离。密封脱离后，电磁阀620.1失磁关闭，同时速控阀605开始工作，其开启线圈励磁，根据PLC输入信号大小控制提升速度。筒形阀全开后，速控阀605失磁，回复中位。

（2）关闭筒形阀。PLC发出关闭筒形阀命令后，速控阀605动作使关闭线圈励磁，阀芯向关侧移动。同时电磁阀620.2励磁，液控单向阀725.1全开。速控阀605根据PLC的输入信号，控制接力器下腔的回油速度。筒形阀全关后，速控阀605失磁，回复中位。

（3）紧急关闭筒形阀。筒形阀紧急关闭分两种情况：

当机组发生事故、油压装置工作正常时，速控阀605动作使关闭线圈励磁，阀芯向关闭侧移动，同时电磁阀620.2励磁，其输出油压作用于液控单向阀725.1使其全开，接力器下腔快速回油，使筒形阀在动水中快速关闭。

当机组发生事故且油压装置失压时，手动打开常闭球阀815，电动操作（当PLC失电时可手动操作）电磁阀620.2，电磁阀620.2的供油管与一储压罐相连，所以此时仍可输出压力油，打开液控单向阀725.1，将接力器下腔直接排入回油箱，回油箱中的油将沿着一根装有单向阀的油管进入接力器上腔，消除接力器上腔的真空，使筒形阀在动水中靠自重快速关闭。

4. 闸阀的操作系统

图2.28为闸阀的Z型电动操作系统传动原理图。

（1）开启闸阀。向开阀控制回路发出信号，接通电动机3的电源，电动机向开阀方向旋转，经离合器齿轮1、离合器18、花键轴15、蜗杆套11、蜗轮6、输出轴7，带动闸阀的阀杆转动，使阀门开启。当阀门达到全开位置时，行程控制器14中的微动开关动作，切断电动机3的电源。若在开启过程中阀门卡住，或到达全开位置时行程控制机构失灵不能切断电源，将会产生电动机过载。为此转矩限制机构10能根据预先的整定值，在出现过载时限制蜗轮6的转动，同时转矩限制机构10中的微动开关动作，切断电动机3的电源，以保护闸门的操作系统不遭破坏。

（2）关闭闸阀。关闭闸阀的动作过程与开启相同，仅通过关阀控制回路发出信号、传动机构动作方向与开阀相反。

（3）手动操作。Z型电动操作系统设有自动的手—电动切换机构。当需手动操作时，转动手轮5则自动切断电动机3的电源，继续转动手轮，则偏心拨头4拨动活动支架19，使离合器18右移，压缩弹簧17而与离合器齿轮16啮合，经花键轴15使阀门动作，进入手动状态。离合器18的位置靠卡钳20撑住活动支架19保持。

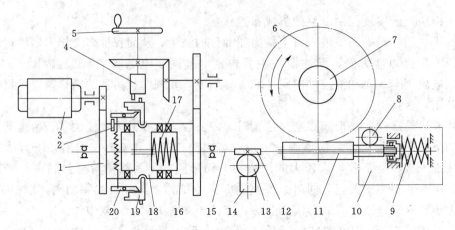

图 2.28　闸阀的 Z 型电动操作系统传动原理图

1、16—离合器齿轮；2—圆销；3—电动机；4—偏心拨头；5—手轮；6—蜗轮；7—输出轴；8—齿轮；
9—蝶形弹簧；10—转矩限制机构；11—蜗杆套；12—控制蜗杆；13—中间传动轮；14—行程控制器；
15—花键轴；17—弹簧；18—离合器；19—活动支架；20—卡钳

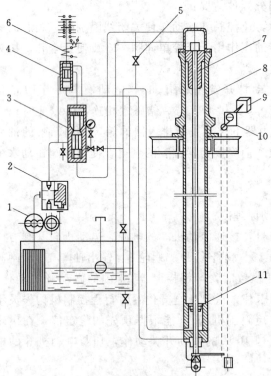

图 2.29　快速闸门液压操作系统

1—油泵；2—阀组（含起动阀、逆止阀和安全阀）；3—差
动配压阀；4—操作配压阀；5—闸门（手动关闸用）；
6—电磁线圈；7—接力器活塞；8—接力器缸；
9—制动装置；10—操纵机构；
11—闸门高度指示器

当需恢复电动操作时，接通电动机电源并带动离合器齿轮转动，使其上面的圆销 2 在离心力作用下将卡钳 20 左端向外顶起，卡钳右端收缩，离合器在弹簧 17 作用下自动左移，重新与离合器齿轮 1 啮合，进入电动状态。

5. 快速闸门的操作系统

小型孔口的快速闸门，可用机械起重机（卷扬机）操作。大中型孔口的快速闸门，则广泛使用液压启闭机操作，因为液压启闭机起重量大，升降速度快，结构紧凑，在经济方面和运转方面也较优越。液压启闭机在制造工艺方面的要求比机械启闭机要高。机械起重机操作的快速闸门，其操作系统结构简单，此处从略。以下仅介绍快速闸门的液压操作系统。

为便于操作快速闸门，液压启闭机常构成一完善的液压操作系统，它主要由接力器、操作配压阀、位置指示器、油泵机组、管道和电气设备等部分组成，如图 2.29 所示。

进水口闸门的操作系统必须满足以下要求：

（1）快速闸门在正常提升时，应满足充水开度的要求。

（2）当机组事故时，应在两分钟内自动紧急关闭闸门。

（3）闸门全开后，由于某种原因使闸门下降到一定位置，可自动将闸门重新提升到全开。

下面介绍快速闸门在不同情况下的操作过程。

（1）闸门正常开启。当需要开启闸门时，可操作开启闸门的按钮使带掣销的电磁线圈6通电，操作配压阀4的针杆受电磁力而抬起，使之与差动配压阀3的上腔接通，同时油泵1起动。

油泵起动时，油首先通过阀组2中的起动阀使油泵空载起动，当油泵内油压达到设定值时起动阀关闭而止回阀开启，将压力油分成两路，一路输入差动配压阀的下腔；另一路则经过操作配压阀输入差动配压阀的上腔。由于差动配压阀上下活塞面积大小的差别，差动配压阀的活塞在油压作用下下移，使其压力油口与接力器缸8的下腔相通，接力器的活塞11在压力油的作用下上升，从而带动与之相连的闸门上升。

闸门上升的过程中，闸门提升高度指示器10和操纵机构（主令控制器）9的轴均随闸门高度的变化而转动。当闸门达到全开后，操纵机构的触头便切除油泵，闸门即停止上升。同时阀组中的止回阀因油泵出口失压而关闭，闸门在接力器缸内的油压作用下保持全开位置。

（2）闸门正常关闭。操作关闭闸门的按钮，使带掣销的电磁线圈6的脱扣线圈通电，电枢离开掣销，并依靠弹簧力和操作配压阀4的针杆一起下移，差动配压阀3的上腔通过操作配压阀与排油管相通，在弹簧的作用下差动配压阀的活塞上移，使其压力油口与接力器的上腔相通，接力器活塞11在压力油的作用下下移，带动闸门下降。由于接力器的下腔失压，在闸门自重的作用下，接力器下腔的油被压入上腔，有利于加速闸门的下降速度，在事故时能更有效地发挥事故闸门快速关闭的性能。当闸门降落至接近全关位置时，接力器的制动装置8动作，使闸门下降的速度减慢，以避免闸门下落时对闸室造成的损坏。

快速闸门中装设有阀门5，用于手动关闭快速闸门。不论快速闸门处于何种工作位置，差动配压阀3及电磁线圈6处于什么工作状态，打开该阀门，则接力器缸8下腔的油都可在闸门自重作用下流向上腔，并最终实现闸门的完全关闭。

（3）闸门紧急关闭。当水轮机导叶或调速系统事故时，要求快速关闭闸门。为此快速闸门的操作回路中并联有机组事故引出继电器的触点，当机组出现事故时，机组事故引出继电器励磁，直接使电磁线圈6的脱扣线圈通电，其后动作与闸门正常关闭相同。

（4）闸门自降提升。快速闸门处于开启状态时，接力器缸8的下腔内油会因各种原因出现泄漏，引起闸门逐渐下沉，如不采取措施，则机组最终将因闸门下落而停机。在快速闸门的液压操作系统中，一般都装设有闸门下沉后的自动提升机构。在图2.29系统中，当闸门下沉到一定程度时（例如200mm），操纵机构10的触头便会接通油泵1的电动机，压力油经由差动配压阀3的下腔进入接力器缸8的下腔，使闸门回升，直至闸门全开。

2.4　水电站其他常用阀门

在水电站辅助设备中常用的阀门可分为两大类：

（1）截断阀。这种阀门需由手动、电动、液压或气压等驱动，主要用于截断或接通流体。截断阀的种类较多，除了本章第二节所介绍的蝶阀、球阀和闸阀以外，还有截止阀、旋塞阀和针型阀等。

（2）自动阀。自动阀门不需要外力来驱动，用于自动控制流体的方向和压力。常用的自动阀包括止回阀、安全阀、减压阀和水力控制阀等。

2.4.1　截止阀

1. 概述

截止阀是指其关闭元件（阀瓣）沿阀座中心线移动的阀门。根据阀瓣的这种移动形式，阀座通口的变化是与阀瓣行程成正比例关系。由于该类阀门的阀瓣启闭行程相对较短，这种类型的阀门非常适合于作为切断或调节流量使用。截止阀在开启和关闭过程中，由于阀瓣与阀体密封面间的摩擦力比闸阀小，因而耐磨性较好。截止阀的开启高度比闸阀小得多，一般仅为阀座通道直径的 1/4。截止阀常用于高温、高压流体的管路或装置，以及对流动阻力要求不严的管路。

2. 结构

截止阀主要由阀体、阀盖、阀杆、阀瓣、阀杆螺母和操作手轮等组成，阀体一般有直通式、直流式和角式三种形式，如图 2.30 所示。截止阀可手动或电动操作，使阀杆上升、下降，从而带动阀瓣上、下运动，以开启或关闭阀门。一般情况下，阀杆顺时针方向旋转时阀门关闭，逆时针方向旋转时阀门开启。

3. 优缺点

（1）对流量的调节性能较好，但无法直观通过调整机构掌握调节量的大小。

（2）截止阀只有一个密封面，因而制造工艺性较好，便于维修。

（3）截止阀阀体中流道不平直，水力阻力较大。

（4）密封性能一般，若流体中含机械杂质，关闭阀门时易出现关闭不严或损伤密封面。

（5）截止阀关闭时，阀瓣的运动需克服流体的压力，所需操作力矩较大。

（6）截止阀为单向阀，流体在阀门中的流动有方向限制，安装时要求流体的流动方向与阀门上的标示一致。如图 2.30（a）和图 2.30（b）所示截止阀中流体运动方向为从左至右，图 2.30（c）所示截止阀中流体则从下方进入，从右侧流出。

2.4.2　旋塞阀

1. 概述

旋塞阀是用带通孔的塞体作为启闭件，塞体绕垂直于通道轴线的阀杆旋转，从而达到启闭流道的目的。旋塞阀的塞体多为圆锥体，也有圆柱体的，启闭时的角位移小，在事故等紧急状态下，能快速连通或切断管路。与闸阀和截止阀相比，旋塞阀操作更灵活，开关更迅速。

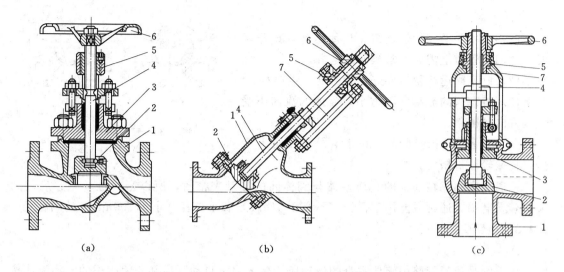

图 2.30 截止阀

（a）直通式；（b）直流式；（c）角式

1—阀体；2—阀瓣；3—阀盖；4—阀杆；5—阀杆螺母；6—操作手轮；7—支柱架

2. 结构

旋塞阀主要由阀体、塞体、阀杆、阀盖和操作机构等组成。旋塞阀按结构形式可分为紧定式、自封式、填料式和注油式等。按通道形式分可分为直通式、三通式和四通式等。

直通式旋塞阀的结构如图 2.31 所示。直通式旋塞阀多用于开启和关闭管道中的流体，有时也用于节流。

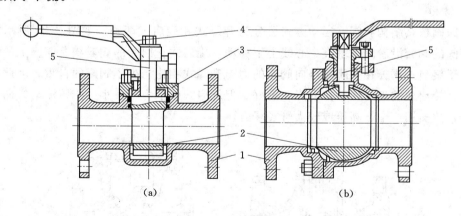

图 2.31 直通式旋塞阀与球阀

（a）旋塞阀；（b）球阀

1—阀体；2—塞体（球体）；3—阀盖；4—手柄；5—阀杆

三通式和四通式旋塞阀主要用于流体的分配和换向。其中三通式旋塞阀根据阀塞通道形状又有 L 型和 T 型两种，如图 2.32 所示。旋转旋塞阀的塞体，可以改变流体通路。在水电站的辅助设备中，三通旋塞阀多用于测量仪表中，作为测量、放气和切断之用。

3. 优缺点

（1）旋塞阀的密封性能好，启闭迅速，操作轻便，适用于管道上需要经常操作的地方。

（2）旋塞阀运行稳定性好，无振动，噪声小。

（3）旋塞阀的流动体阻力小，流体的流向不受安装方向的限制。

（4）旋塞阀结构简单，相对体积小，便于维修，重量轻，价格低。

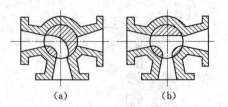

图 2.32　三通阀塞的形状

（a）L 型；（b）T 型

普通旋塞阀靠精加工的金属塞体与阀体间的接触来密封，所以密封性较差，启闭力大，容易磨损，通常只能用于低压（不高于 1MPa）和小口径（小于 100mm）的场合。

2.4.3　止回阀

1. 概述

止回阀是依靠管路中流体本身的流动所产生的力来自动开启和关闭阀瓣的。当流体按阀体箭头所示流向进入阀体正向流动时，流体作用在阀瓣上产生向上的推力，当该推力（或推力力矩）大于阀瓣重力（或重力力矩）时，阀门打开。当流体反向流动时，阀后流体作用在阀瓣上的力（或力矩）与阀瓣自身重力（或重力力矩）大于阀前流体作用在阀瓣上的力（或力矩）时，阀门关闭，阻止流体倒流。止回阀用于管路系统，其主要作用是防止流体倒流、防止泵及其驱动电机反转，以及防止容器内流体的泄放。在具有两种不同工作压力的系统之间，通过加装止回阀，可实现低压系统向高压系统进行预充的目的，并避免高压部分的流体进入低压系统而损坏低压系统的设备（如气系统中低压储气罐可经止回阀向高压储气罐预充气，但高压储气罐不能向低压储气罐充气）。

2. 结构

止回阀按其结构和阀瓣运动方式可分为升降式和旋启式两种，如图 2.33 所示。升降式止回阀的阀瓣沿着阀体垂直中心线上下移动，旋启式止回阀的阀瓣绕着阀座上的销轴旋转。由于旋启式阀瓣在关闭时压向阀座的力与升降式相比，少了阀瓣的自重，因此在低压情况下，旋启式的密封性不如升降式的好。但旋启式的水力损失小，流体流动方向没有大的改变，故多用于中、高压或较大管径场合。

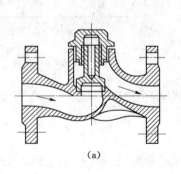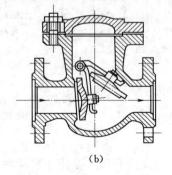

（a）　　　　　　　　　　　　　（b）

图 2.33　止回阀

（a）升降式；（b）旋启式

止回阀为单向阀，只允许流体在阀中单向流动，因此在安装时应注意使流体流动方向与阀体所示箭头方向一致。升降式止回阀，应根据阀瓣的形式决定其安装方向。水平阀瓣的应安装在水平管道上，而垂直阀瓣的应安装在垂直管道上。旋启式止回阀可安装在水平、垂直甚至倾斜的管道上，非水平方向安装时，应保证流体流向为由低到高。安装时应保证阀瓣销轴的水平。在止回阀前后一般还需要装设闸阀或截止阀。

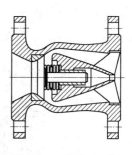

图 2.34 梭式止回阀

除上述两种基本类型外，在水电站使用较多的还有梭式止回阀（或静音止回阀），常安装于水泵出水口处，以防止停泵时水倒流及水击压力对水泵造成损害。梭式止回阀基本结构如图 2.34 所示，其内部水流通路为流线型，开启时水头损失极小，阀瓣的关闭行程很短，停泵时阀门关闭迅速，可有效降低水击的危害，避免因水击而产生较大噪声。

2.4.4 安全阀

1. 概述

安全阀用于承受内压的设备、管道和容器上，起着防止压力过高造成设备事故、保证运行安全的作用。安全阀的基本工作原理是在阀瓣上外加一定压力，当被保护系统的介质压力升高至超过外加在阀瓣上的压力（即安全阀的开启压力）时，阀瓣即被顶起，阀门打开，排放部分介质，防止压力继续升高；当介质压力降低至规定数值（即安全阀的回座压力）时，安全阀又能自动关闭以避免压力过度降低，从而保证水电厂生产的正常进行。

2. 结构

安全阀的结构形式按阀瓣开启的高度分为微启式和全启式，按加于阀瓣的压力方式又分为杠杆重锤式、弹簧式和先导式。在水电站的辅助设备中，广泛采用弹簧式，其中水系统多为封闭弹簧微启式，气系统多为封闭弹簧全启式。所谓封闭是指排除的介质全部沿着出口流动到指定的地方而不外泄。如图 2.35 所示为水系统中所使用的弹簧微启式安全阀。它是利用压缩弹簧的力来平衡阀瓣的压力并使之密封，通过调节弹簧的压缩量来调整压力。弹簧式安全阀具有体积小、重量轻、灵敏度高及安装位置不受严格限制等优点。

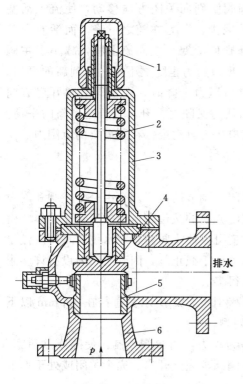

排水

图 2.35 安全阀
1—调节螺母；2—弹簧；3—阀盖；
4—塞柱；5—阀座；6—阀体

2.4.5 减压阀

1. 概述

减压阀用于设备所需压力低于压力源压力的管路中，以保证设备的安全正常工作。减压阀是通过敏感元件（弹簧、膜片等）来改变阀瓣开度，将进口压力减至所需要的出口压力，并使其自动保持在允许范围内的一种压力调节阀门。

2. 结构

减压阀有正作用式、反作用式、卸荷式和复合式等。正作用式减压阀多用于小口径，其中流体的作用力使阀瓣趋于开启；反作用式减压阀通常用于中等口径，其中流体的作用力使阀瓣趋于关闭；卸荷式减压阀适用范围较广，其中流体作用于阀瓣上的合力趋于零；带有副阀的复合式减压阀则适用于高压和较大口径的场合。水电站中常用的是复合式减压阀，如图 2.36 所示。其动作原理如下：调整螺钉顶开副阀瓣，流体由进口通道经副阀进入活塞上腔，活塞因其面积大于主阀瓣的面积受向下力而下移，使主阀瓣开启，流体流向出口并同时进入膜片的下方，出口压力逐渐上升直至与弹簧力平衡。如果出口压力增高，膜片下方的流体压力大于调节弹簧的压力，膜片即向上移，副阀瓣则向关闭方向移动，使流入活塞上腔的流体减少，压力亦随之下降。而活塞上腔的压力下降则使活塞与主阀瓣上移，减小了主阀瓣的开度，出口压力也随之下降，达到新的平衡。反之，当出口压力下降时，则主阀瓣向开启方向移动，出口压力又随之上升，直至达到新的平衡。

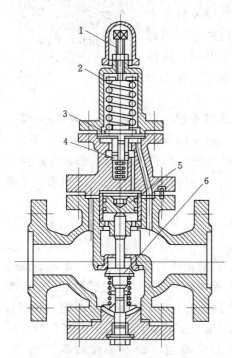

图 2.36　复合式减压阀
1—调节螺母；2—弹簧；3—膜片；
4—副阀瓣；5—活塞；6—主阀瓣

因此，只要将调整螺钉的位置调整适当，就可使出口压力自动维持在所需要的范围内。

2.4.6　水力控制阀

1. 概述

水力控制阀是以管道流体的压力为动力进行启闭、调节的阀门。它由一个主阀和附设的导管、导阀、针阀、球阀和压力表等组成。导阀随介质的液位和压力的变化而动作，由于导阀种类很多，可以单独使用或几个组合使用，就可以使主阀获得对水位和水压及流量等进行单独和复合调节的功能。水力控制阀的主阀类似于截止阀，因其主阀内设有许多附属元件，阀门全开时的水力损失一般比截止阀要大得多。

水力控制阀分隔膜型和活塞型两类，如图 2.37 和图 2.38 所示。通径在 300mm 以下的多采用隔膜型，而通径在 300mm 以上的采用活塞型。

水力控制阀的工作原理是以阀门两侧的压力差为动力，由导阀控制，使隔膜（活塞）液压差动操作，并完全由水力自动调节，从而使主阀阀盘完全开启、完全关闭或处于调节状态。图 2.39 为隔膜型水力控制阀的工作原理。

当主阀外部的球阀关闭后，主阀进口端的压力水分别进入阀体及控制室，隔膜（活塞）上、下方的压力相互抵消，隔膜（活塞）在弹簧力的作用下使阀盘保持完全关闭的状

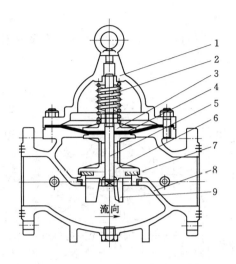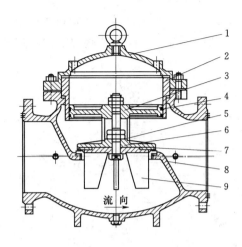

图 2.37 隔膜型水力控制阀
1—阀盖；2—弹簧；3—膜片压板；4—膜片；5—阀杆；
6—阀盘；7—密封垫；8—阀体；9—密封垫压板

图 2.38 活塞型水力控制阀
1—阀盖；2—活塞缸；3—活塞；4—O 形圈；5—阀杆；
6—阀盘；7—密封垫；8—阀体；9—密封垫压板

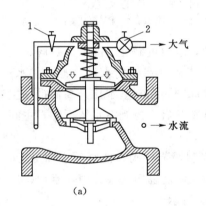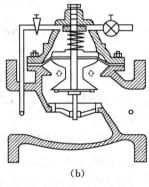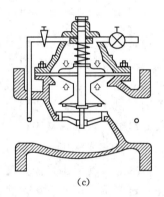

（a）　　　　　　　　　（b）　　　　　　　　　（c）

图 2.39 水力控制阀
（a）全关；（b）全开；（c）浮动
1—针阀；2—球阀

态；当主阀外部的球阀全开后，进入隔膜（活塞）上方控制室内的压力水被排到大气或下游低压区，作用在阀盘底部和隔膜下方的水压力就大于隔膜（活塞）上方的压力，从而将阀盘推到完全开启的位置；调节球阀的开度，使流经针阀与球阀的水流达到平衡，这时隔膜（活塞）上方控制室内的水压力处于进口压力与出口压力之间，主阀阀盘就处于浮动的调节状态，其浮动位置取决于导管系统中针阀和导阀的联合控制作用。导阀可以根据下游压力的变化而开大或关小其自身的小阀口，从而改变隔膜（活塞）上方控制室的压力，以控制主阀阀盘的浮动位置。

水力控制阀多用于工业供给水、消防供水及生活供水系统。根据所使用的目的、功能和场所的不同，水力控制阀可分为遥控浮球阀、可调式减压阀、缓闭消声止回阀、流量控制阀、泄压/持压阀、水力电动控制阀、水泵控制阀、压差旁通平衡阀和紧急关闭阀等。

2. 常用水力控制阀

（1）遥控浮球阀。遥控浮球阀适用于自动控制设定的水塔或水池的水位，使水位不受水压变化的干扰。遥控浮球阀的结构原理如图 2.40 所示。

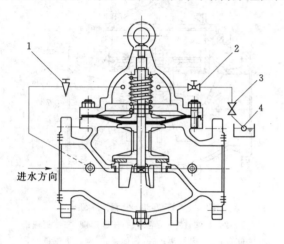
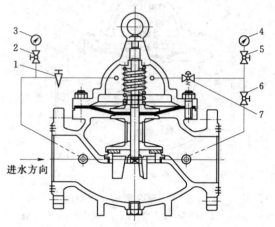

图 2.40　遥控浮球阀
1—针阀；2—球阀；3—浮球阀；4—浮球

图 2.41　可调式减压阀
1—针阀；2、5、6—球阀；3、4—压力表；7—导阀

当管道从进水端给水时，由于球阀、浮球阀是常开的，水通过微型过滤器、针阀、主阀控制室、球阀、浮球阀进入水池，控制室不形成压力，主阀开启，向水塔（池）供水；当水塔（池）的水位上升至设定高度时，浮球浮起关闭浮球阀，控制室水压升高而推动主阀关闭，供水停止；当水塔（池）水位下降后，浮球阀重新开启，控制室水压下降，主阀再次开启继续供水，从而保持液面的设定高度。

（2）可调式减压阀。可调式减压阀利用水的作用力控制调节导阀，使阀后水压降低，当进口水压波动或出口流量变化时，保持出口的静压和动压都能稳定在设定值，且出口压力在一定范围内可调。可调式减压阀的结构原理如图 2.41 所示。

当阀门进口端给水时，水流经过针阀进入主阀控制室，出口压力通过导管作用到导阀上。当出口压力高于导阀弹簧设定值时，导阀关闭，控制室停止排水，此时主阀控制室内压力升高并关闭主阀，使出口压力不再升高；当主阀出口压力下降到导阀弹簧设定压力时，导阀开启，控制室向下游排水，由于导阀排水量大于针阀的进水量，主阀控制室压力下降，进口压力使主阀开启。在稳定状态下，控制室进水、排水相同，主阀开度不变，出口压力保持稳定。出口压力的设定通过调节导阀的弹簧实现。

（3）缓闭消声止回阀。缓闭消声止回阀利用水的作用力控制导阀，使主阀以最佳的速度开启或关闭，防止水击现象的产生，以达到缓闭消声的效果。缓闭消声止回阀的结构原理如图 2.42 所示。

当阀门从进口端给水时，水通过微型过滤器、针阀、单向阀进入主阀控制室，再经过球阀排水至下游。因为针阀开度小于球阀开度，即主阀控制室的排水速度大于进水速度，因此控制室压力降低，作用于主阀盘下端的压力水打开主阀向下游供水。当管道突然停止供水时，进水口失压，主阀在弹簧的作用下先行快速关闭至一小开度（如 10%），此时下游水开始回流，一部分回流水经球阀进入主控制室，由于单向阀作用，回流水不能从主控制室流出，致使主阀控制室逐渐升压，阀盘在控制室水压的作用下，继续缓慢关闭主阀最后 10% 的开度，以避免水锤的发生。

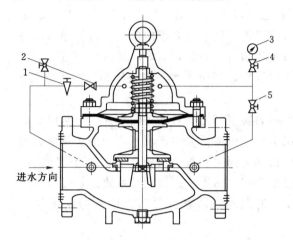

图 2.42 缓闭消声止回阀

1—针阀；2—止回阀；3—压力表；4、5—球阀

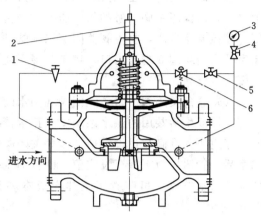

图 2.43 流量控制阀

1—针阀；2—调节器；3—压力表；4、5—球阀；6—导阀

（4）流量控制阀。流量控制阀利用水的作用力控制调节器，使进口压力波动时出口流量保持在设定值不变。流量控制阀常用于流量需要控制的管道上。流量控制阀的结构原理如图 2.43 所示。当阀门从进口端给水时，水通过微型过滤器、针阀进入主阀控制室，并经过导阀、球阀流出，此时主阀处于全开或浮动状态。调节主阀上部的流量调节器，可将主阀设为一定开度。调节针阀开度和调节导阀弹簧压力，就可使主阀开度保持在设定开度，并在压力变化时导阀进行自动调节，保持流量不变。该阀安装于输配水管路中，可预先设定其先导阀于某一固定流量，使其主阀上游的压力变化不会影响到下游流量。

（5）泄压/持压阀。阀门的泄压/持压在一定范围内可以调节。泄压/持压阀的结构原理如图 2.44 所示。

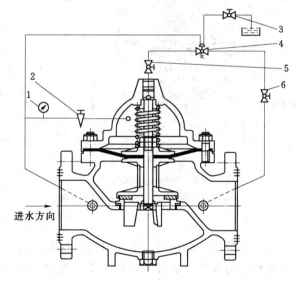

图 2.44 泄压/持压阀

1—压力表；2—针阀调节器；3、5、6—球阀；4—导阀

泄压阀（需将泄压/持压导阀调整为泄压状态）可将管中超过先导阀安全设定值的压力释放，并维持供水管路压力在设定的安全值之下，以防止管道中水压过高毁损管线或设备。当供水管路压力在安全值以下时，水通过针阀、主阀控制室、球阀 5、泄压导阀、球

阀 6 流向出口,此时主阀处于开启状态。当进口压力超过设定的安全值时,泄压导阀会自动开启,通过球阀 3 放出部分水,使管路泄压。当压力恢复到安全值时,泄压导阀自动关闭。作泄压阀时,各球阀常开。

持压阀(需将泄压/持压导阀调整为持压状态)可维持主阀上游供水压力在某一设定值之上,以保障主阀上游的供水压力。当主阀进口水压低于导阀设定值时,持压导阀即关闭,使控制室升压,将主阀关闭。当主阀进口水压超过导阀设定值时,持压导阀打开,控制室的水经球阀 6 排至出口,控制室降压使主阀开启,开始供水。作持压阀用时,球阀 3 常闭或用丝堵换下。

(6)紧急关闭阀。紧急关闭阀利用水的作用力实现阀门的自动关闭和开启,常用于消防与生产或生活共用的供水系统中。正常情况下管道供生活或生产用水,当消防系统启动时,管道压力升高超过设定值,紧急关闭阀能自动关闭生产和生活用水管道。当消防供水结束后,管道压力下降至设定值,则自动恢复生产与生活供水。该阀使系统无须另设专门的消防供水管网,可节省工程建设成本和日常的用水量。紧急关闭阀的结构原理如图 2.45 所示。

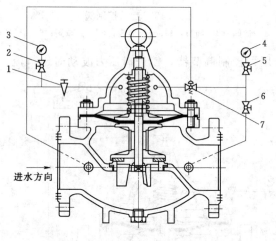

图 2.45　紧急关闭阀
1—针阀;2、5、6—球阀;3、4—压力表;7—导阀

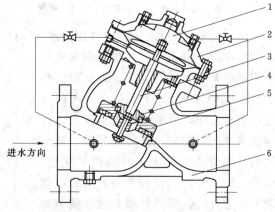

图 2.46　水泵出口控制阀
1—导向阀;2—阀盖;3—中心轴;4—小阀瓣;
5—大阀瓣;6—阀体

(7)水泵出口控制阀。水泵出口控制阀一般安装在水泵出口处。该阀除具有一般止回阀功能外,当水泵起动时能缓慢开启,避免水压突然升高损毁管道或设备;当水泵停止时,可先行快速关闭至 90%,其余 10% 则缓慢关闭,防止产生过大的水击压力。

水泵出口控制阀属于水力控制阀的一种,完全由水力控制,不需其他动力源。水泵出口控制阀主要由阀体、大小阀瓣、阀盖、中心轴和导向套等组成,如图 2.46 所示。

水泵出口控制阀在水泵启动和停止时,可依靠辅阀的作用,实现阀门启闭时的缓开和缓闭。在水泵启动时,阀门处于关闭状态,当压力上升到设定值时,阀门才缓慢开启,避免水泵空载启动产生的大电流冲击,从而实现离心泵的闭阀启动功能。停泵时,阀门关闭分快闭、缓闭两阶段进行:第一阶段,即停泵瞬间,迅速关闭大阀瓣,管道中倒流的水可从大阀瓣上的泄流孔流回水泵，避免阀门关闭过快而产生水锤；第二阶段，小阀瓣在倒流进入上控制腔的水的作用下，缓慢地完全关闭大阀瓣上的泄流孔。小阀瓣的关闭速度可根据现场工况进行调节，从而有效地保护水泵，防止水锤、水击噪声以及水泵倒转。在水泵正常运行过程中，由于压力的作用，阀门全开，水泵出水管道水力损失很小。

图2.47为水泵出口控制阀的安装示意图。

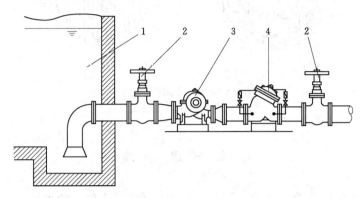

图 2.47　水泵出口控制阀安装示意图
1—水池；2—闸阀；3—水泵；4—水泵出口控制阀

2.4.7　盘形阀

盘形阀的阀板形如盘状，依靠阀板与阀座间的环形接触面实现密封，阀座在阀门关闭时有一定的吸振和缓冲作用。

水电站一般采用盘形阀作为机组检修的排水阀，以排除蜗壳、压力引水钢管和尾水管中的积水，阀门的直径比较大，可避免因泥沙淤积而造成闸门关闭不严。盘型阀的安装位置比较低，周围环境十分潮湿，不宜采用电动机操作，多采用液压操作。当尾水管排水采用盘形阀时，一般每台机组设两个盘形阀，以确保其排水的可靠性。如图2.48所示为某水电站的水轮机盘形阀。机组检修时，打开盘型阀，使机组过水系统中高于下游尾水位的积水通过自流方式排除，待过水系统中的积水与下游尾水位平齐后再予以关闭。水电站混凝土蜗壳的盘形阀，由水轮机制造厂配套供应，其他部位所需盘形阀，一般由业主单位自行解决。

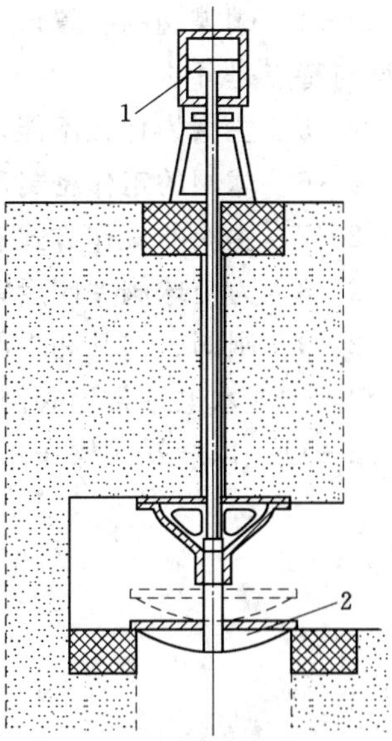

2.4.8　水泵底阀

底阀安装在水泵吸水管的底端，可防止管道内水体倒流，是一种单向阀门。底阀由阀盖、阀瓣、密封圈等部件组

图 2.48　水轮机盘形阀
1—液压操作机构；2—盘形阀瓣

成。阀盖上设有进水孔和加强筋，可防止污杂物堵塞管道和起支承作用。底阀的阀瓣有旋启式和活塞式两种，如图2.49所示。水泵工作时，水从阀盖进入阀体，在水压力的作用下阀瓣打开，使水通过底阀进入水泵吸水管；水泵停止工作时，阀瓣受自重和反向水压力作用迅速关闭，从而阻止管道内的水体倒流。

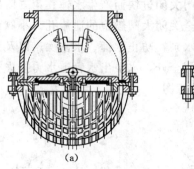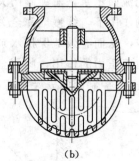

图 2.49　底阀结构

(a) 旋启式；(b) 活塞式

习 题 与 思 考 题

2-1　主阀的作用与设置条件是什么？在什么条件下主阀要动水关闭？

2-2　蝴蝶阀的组成及其各部分的作用是什么？

2-3　水轮机进水阀的附属部件有哪些？其作用各是什么？

2-4　蝴蝶阀的装置形式及其特点是什么？其活门形式与特点是什么？其轴承密封的类型与特点是什么？

2-5　主阀为什么不能用来调节流量？在什么情况下才能开启主阀？

2-6　球阀的工作密封和检修密封是怎样正常工作的？

2-7　主阀的操作方式有哪几种？

2-8　为使球阀关闭后密封，如何进行启闭操作？

2-9　闸阀、球阀和蝶阀的特点与适用场合各是什么？

2-10　水电站常用阀门的种类与特点是什么？

2-11　以蝴蝶阀操作系统图为例，说明蝴蝶阀开启时的动作过程。

第3章 油 系 统

3.1 水电站用油种类及其作用

3.1.1 用油种类

水电站的水轮发电机组及电气设备在电能生产、转换和操作控制过程中，为了保证设备的安全和正常运行，在进行负荷调节的能量传递、机组运转的润滑散热以及电气设备的绝缘消弧时，都是用油作为介质来完成的。由于设备的特征、要求和工作条件不同，需要使用各种性能的油。水电站用油主要有润滑油和绝缘油两大类。

1. 润滑油

常用的润滑油有以下几种：

(1) 透平油（又称汽轮机油）。供机组轴承润滑和调速系统、进水阀、调压阀、液压操作阀的液压操作用。GB/T 498—87 将"润滑剂和有关产品"规定为 L 类产品，1989 年制定的 GB 11120L—TSA 汽轮机油（防锈汽轮机油）标准，将汽轮机油按 40℃ 运动黏度中心值分为 32、46、68、100 四个黏度等级（牌号），并分为优等品、一等品和合格品三个质量等级，其中优等品为国际先进水平，一级品为国际一般水平。

(2) 机械油。供电动机、水泵轴承和起重机等润滑用。GB/T 7631.1—2008 润滑剂、工业用油和有关产品（L 类）的分类将 L 类产品按应用场合分为 18 个组，其中 A、C、D、F、G、H、P、T 和 Z 组属于工业机械用润滑油。L—AN 油按其 40℃ 时的运动黏度中心值分为 5、7、10、15、22、32、46、68、100、150 十个黏度等级，主要用于轻载、普通机械的全损耗润滑系统或换油周期较短的润滑系统，不适用于循环润滑系统。

(3) 空气压缩机油。空气压缩机油主要用于压缩机气缸运动部件及排气阀的润滑，并起防锈、防腐、密封和冷却作用。GB 12691—90 压缩机、冷冻机和真空泵（L 类 D 类）将空气压缩机油按使用负荷和 40℃ 时的运动黏度中心值分为 L—DAA 和 L—DAB 两个品种，每个品种按黏度等级又各分为 32、46、68、100、150 五个牌号。

(4) 润滑脂（俗称黄油）。润滑脂是润滑油与稠化剂的膏状混合物，供滚动轴承润滑及小型机组导水叶轴承润滑用油，也对机组部件起防锈作用。常用润滑脂有钙基和钠基两种。

2. 绝缘油

常用的绝缘油有以下几种：

(1) 变压器油。供变压器及电流互感器、电压互感器用，一般有 DB—10、DB—25 和 DB—45 三个牌号，符号后的数值表示油的凝固点（℃，负值）。

(2) 断路器油。供油断路器用，一般有 DU—45，符号后的数值表示油的凝固点（℃，负值）。

（3）电缆油。供充油电缆用，根据电缆的绝缘强度分为 DL—35、DL—110、DL—220、DL—330 四个牌号，符号后面的数值表示以 kV 计的耐压值。

水电站用量最大的为透平油和变压器油，一般大型水电站用油量可达几百吨甚至几千吨，中小型水电厂用油量也有几十吨到百余吨。为了保证水电厂机组运行时用油的需要，需要有储油容器、输油管道、控油阀门及油供应维护设备等所组成的油系统。

3.1.2　油的作用

1. 透平油的作用

透平油在机组运行中的作用主要是润滑、散热和液压操作。

（1）润滑作用。油在机组的运动部件（轴）与约束部件（轴承）之间的间隙中形成油膜，以润滑油膜内部的液态摩擦代替固体之间的干摩擦，从而降低摩擦系数，减少设备的磨损和发热，以延长设备的使用寿命，保证设备的功能和运行安全。

（2）散热作用。设备在运行中，由于油的润滑作用，减少了磨损，但仍有摩擦作用而产生热量，这些热量对设备及润滑油的寿命和功能都有很大的影响，因此必须设法散出。根据油的润滑理论，润滑油在对流作用下将热量传出，再经过油冷却器将其热量传导给冷却水，从而使油和设备的温度不致升高到超过规定值，以保证设备的安全运行。

（3）液压操作。水电厂中有许多设备的操作需要很大的能量，如水轮机调速器对不同形式水轮机的导水叶、桨叶和针阀的操作，以及水轮机进水阀、放空阀和液压操作阀的操作等，都需要用高液压来操作，常用透平油作为传递能量的工作介质。

2. 绝缘油的作用

绝缘油在设备中的作用是绝缘、散热和消弧。

（1）绝缘作用。由于绝缘油的绝缘强度比空气大得多，因而用绝缘油作绝缘介质可大大提高电气设备的运行可靠性，并可缩小设备尺寸，使设备布置紧凑。同时，绝缘油还对棉纤维的绝缘材料起到一定的保护作用，使其不受空气和水分的侵蚀而变质，从而提高它的绝缘性能。

（2）散热作用。变压器运行时，由于线圈本身具有电阻，当通过强大电流时，会产生大量的热，此热量若不及时散发，温升过高将损害线圈绝缘，甚至烧毁变压器。绝缘油吸收了这些热量，在油流温差作用下利用油的对流作用，把热量传递给冷却器（例如水冷式变压器的水冷却器或自冷式、风冷式变压器外壳的散热片）而散发出去，使变压器温度维持在正常水平，保证变压器的功能和安全运行。

（3）消弧作用。当油开关切断电力负荷时，在触头之间发生电弧。电弧的温度很高，如果不设法很快将热量传出，使之冷却，弧道分子的高温电离就会迅速扩展，电弧也就会不断地发生，这样就可能烧坏设备。此外，电弧的继续存在，还可能使电力系统发生振荡，引起过电压，击穿设备。绝缘油在受到电弧作用时，发生分解，产生约含 70% 的氢。氢是一种活泼的消弧气体，它在油被分解过程中从弧道带走大量的热，同时也直接钻进弧柱地带，将弧道冷却，限制弧道分子的离子化，而且使离子结合成不导电的分子，使电弧熄灭。

为了正确地选择与使用油，需要了解油的性质，以及在设备中工作时可能发生的变化，油劣化的原因及劣化后对设备运行的影响，防止油劣化的措施和油劣化后的处理。

3.2 油的基本性质及其对运行的影响

3.2.1 物理性质

1. 黏度

（1）含义。黏度是流体黏滞性的一种度量，是流体流动力对其内部摩擦现象的一种表示。当液体质点受外力作用而相对移动时，在液体分子间产生的阻力称为黏度，即液体的内摩擦力。黏度是流体抵抗变形的能力，也表示流体黏稠的程度。

油的黏度表示油分子运动时阻止剪切和压力的能力。

（2）油的黏度大小的度量指标。油的黏度分为动力黏度、运动黏度和相对黏度。动力黏度和运动黏度也称为绝对黏度。

1）动力黏度。液体中有面积各为 $1cm^2$ 和相距 $1cm$ 的两层液体，当其以 $1cm/s$ 速度作相对移动时液体分子间产生的阻力，即为此液体的动力黏度，以 μ 表示，单位为 $Pa \cdot s$ 或 $mPa \cdot s$。$1Pa \cdot s = 1000mPa \cdot s$。在 CGS 制中，动力黏度以泊（P）或厘泊（cP）表示，1 泊等于 100 厘泊。以上两种单位的关系为 $1P = 0.1Pa \cdot s$。

在温度为 $20.2℃$ 时，水的动力黏度 $\mu_0 = 0.001Pa \cdot s$。

2）运动黏度。在相同的试验温度下，液体的动力黏度与它的密度比，称为运动黏度，以 ν 表示，$\nu = \mu/\rho$，单位为 m^2/s 或 mm^2/s。在 CGS 制中以沲（St）或厘沲（cSt）表示。$1cSt = 1mm^2/s$。

3）相对黏度（或称比黏度）。任一液体的动力黏度 μ 与 $20.2℃$ 的水的动力黏度 μ_0 的比 $\eta = \dfrac{\mu}{\mu_0}$，称为该液体的相对黏度。$\eta$ 是无量纲值。

4）恩氏黏度。工业上常用恩格拉尔（Engler）黏度计来测定黏度，也称恩氏黏度，用 $°E$ 表示。即温度 $t℃$ 时 $200mL$ 的油从恩氏黏度计中流出的时间（T_t），与同体积的蒸馏水在 $20℃$ 时从同一黏度计流出的时间（T_{20}）之比（$°E = T_t/T_{20}$），就是试油在 $t℃$ 时的恩氏黏度。时间 T_{20} 称为恩氏黏度计的"水值"，以标准仪器校验应不小于 $50s$ 和不大于 $52s$。

将恩氏黏度（$°E$）换算为运动黏度时，可按乌别洛德近似公式计算

$$\nu = \left(0.0731°E - \frac{0.0631}{°E}\right)(mm^2/s) \tag{3.1}$$

（3）影响油黏度的因素。在实际工作中油品的黏度，并不是一般在实验室里所测得的黏度，而是随工作温度和压力变化的一种暂时黏度。

油的黏度是随着温度变化而变化的，所以表示黏度数值时，一般情况是指在什么温度下的黏度。图 3.1 表示油的黏度与温度的关系。

油品的黏度和黏度性质主要取决于它的组成。组成油品的三族烃——烷烃、环烷烃和芳香烃中，在碳原子数相同时，芳香烃的黏度最高，而烷烃的黏度最低，但不论那族烃，其黏度都随着分子量和沸点的增加而逐渐增大。所以，组成不同的油品其黏度随着压力变化的大小各有不同。

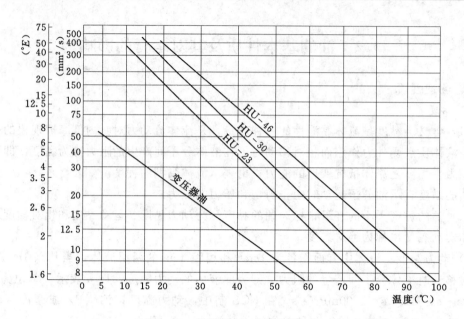

图 3.1 油的黏度与温度的关系

对于一般的油品，温度上升、压力下降，则黏度降低；温度下降、压力上升，则黏度增高。

（4）油的黏度对运行的影响。黏度是油的重要特性之一，油的黏度大小不仅影响到油的流动性，还影响到两摩擦面所形成的油膜厚度。

对变压器中的绝缘油，黏度宜尽可能地小一些，因为变压器的绕组靠油的对流作用来进行散热，黏度小则流动性大，冷却效果愈好。开关内的油也有同样的要求，黏度小易于散出切断电路时电弧产生的热量，提高灭弧能力，以免损坏开关。但是油的黏度降低到一定限度时，闪点亦随之降低，因此绝缘油需要适中的黏度。

水轮发电机组各部轴承润滑采用的是流体动压润滑，即利用轴与轴瓦间的相对运动，将油带进摩擦面之间，建立压力油膜把摩擦面分隔开。根据雷诺流体动压方程，压力油膜压力的变化与润滑油的黏度大小、表面滑动速度和油膜厚度有关。可见，轴承润滑性能的好坏，油的黏度起着重要的作用。对透平油，黏度大时，易附着在金属表面不易被压出，易保持油膜厚度，有利于保持液体摩擦状态，但黏度过大油流动性差，会产生较大阻力，增加磨损，降低散热能力；当黏度小时，则性质相反。一般在压力大和转速低的设备中使用黏度较大的油，反之，用黏度较小的油。

在正常运行中，透平油和绝缘油的黏度随着使用时间的延长而增加。

2. 闪点

（1）含义。当油被加热至某一温度时，油的蒸汽和空气混合后，遇火呈现蓝色火焰并瞬间自行熄灭（闪光）时的最低温度，称为闪点。

若闪光时间长达 5s 以上时，此温度即为油的燃点。

并不是任何油气与空气混合气都能闪光，其必要条件是混合气中烃或油气的浓度有一定的范围，低于这一范围，油气不足，高于这一范围则空气不足，均不能闪光，因此这一浓度范围称为闪光范围。

（2）影响闪点的因素。油品的闪点，不仅决定于其化学组成，如含石蜡烃较多的油，闪点较高，而且与物理条件有关，如测定的方法、仪器、温度和压力等。

油气和空气形成混合气的条件——蒸发速度和蒸发空间，对闪点的测定也有影响。所以闪点是在特殊的仪器内，于一定的条件下测定的，是条件性的数值。所以没有标明测定方法的闪点是毫无意义的。透平油通常是在开口容器中工作，因此测定透平油的闪点用开口式仪器测定，不小于180℃；绝缘油是在闭口容器中工作，因此测定绝缘油的闪点用闭口式仪器测定，不小于135℃。在测定闪点时，无论是开口或闭口仪器，若油面愈高，蒸发空间愈小，愈容易达到闪点浓度，所以闪点也越低。

（3）油的闪点对运行的影响。闪点是保证油品在规定的温度范围内储运和使用的安全指标，也就是用以控制其中轻馏分含量不许超过某规定的限度，同时这一指标也可以控制油在储运和使用中的蒸发损失，并且保证在某一温度（闪点）之下，不致发生火灾和爆炸。对于变压器还可预报其内部故障。

对于运行中的绝缘油和透平油，在正常情况下，一般闪点是升高的；但是若有局部过热或电弧作用等潜伏故障存在，油品因高温而分解致使油的闪点显著降低。如果发现运行中绝缘油闪点降低，往往是由于电气设备内部有故障，造成过热高温，使绝缘油热裂解，产生易挥发、可燃的低分子碳氢化合物。可通过对运行油闪点的测定，及时发现设备内部是否有过热故障。闪点过低，容易引起设备火灾或爆炸事故。因此，在运行中绝缘油质量指标中规定：闪点（闭口）不比前次测定值低5℃，不比新油标准值低5℃；运行中透平油质量指标中规定：闪点（闭口）不比前次测定值低8℃，不比新油标准值低8℃。

3. 凝固点

（1）含义。使油降温，油品失去流动性时的最高温度称为凝固点。

油品在低温时，失去流动性或凝固的含义有两种情况：一种情况是对于含蜡很少或不含蜡的油品而言，当温度降低时其黏度很快上升，待黏度增加到一定程度时，变成无定形的玻璃状物质而失去流动性，此种情况称为黏温凝固。

另一种情况是由于含蜡的影响。油品的凝固点决定于其中石蜡的含量，含蜡愈多，油品的凝固点愈高。当含蜡油受冷温度逐渐下降时，油品中所含的蜡就逐渐结晶，起初是少量的极微小的结晶，分散在油中，使原来透明的油品中出现云雾状的混浊现象。若进一步使油品降温，则结晶大量生成并逐渐扩大，靠分子引力连接成网，形成结晶骨架。由于机械的阻碍作用和溶剂化作用，结晶骨架便把当时尚处于液态的油包在其中，使整个油品失去流动性，此种情况称为构造凝固。此时的温度也称为凝固点。

油品作为一种有机化合物的复杂混合物，没有固定的凝固点。它是在一定的仪器中、在一定的试验条件下油品失去流动性时的温度。所谓丧失流动性，也完全是条件性的，即当油品冷却到某一温度，并且将置油的试管倾斜45°角，经过1min，肉眼观察试管内油面不发生明显变形，即认为油凝固了。产生这种现象的最高温度，就称为该油品的凝固点。

（2）影响油凝固点的因素。油的凝固点受到油品中水分和苯等高结晶点的烃类影响。油中若含有千分之几的水时则能造成凝固点上升。油中若含有胶质、沥青质，则能造成凝固点降低，因为胶质妨碍石蜡结晶的长大，并破坏石蜡结晶的构造，使其不能形成网状骨架，而使凝固点有所降低。

（3）油的凝固点对运行的影响。油品的凝固点对其使用、储存和运输都有重要的意义。油凝固后不能在管道及设备中流动，会使润滑油的油膜破坏。对于绝缘油，既降低散热和灭弧作用，又增大油开关操作的阻力。因此，要求油有较低的凝固点。

使用于寒冷地区的绝缘油，对其凝固点有较严格的要求。绝缘油一般选用 25 号，在月平均气温不低于 -10℃的地区，如无 25 号绝缘油时，可选用 10 号绝缘油；当月平均气温低于 -25℃的地区，宜选用 45 号绝缘油。室外开关油，在长江以南可采用凝固点为 -10℃的 10 号开关油，而东北、西北严寒地区则需要用凝固点为 -45℃的 45 号开关油。

由于透平油是在厂房内、机组中使用，故其凝固点不像使用在屋外电气设备中，特别是在寒冷地区使用的绝缘油，对其凝固点要求较宽。为便于运输、储存、保管和提供使用中低温的极限，在国家标准中规定透平油的凝固点低于 -7℃。

4. 水分

（1）油中水分的来源。油品在出厂前一般不含水分。油品中水分的来源，一是外界侵入，如运行中混入水、空气中水汽被吸入等；二是油氧化而生成的。

（2）水在油中存在的状态。

1）游离水。多为外界侵入的水分。当油劣化不严重时，外界侵入的水和油不发生什么变化，能很快分开，即油和水是两相的，这种水很容易除去，危害性不大。虽然通常不影响油的击穿电压，但也是不允许的，因为这表明油中可能存在溶解水分。

2）溶解水。这种形态的水以极度微细的颗粒溶于油中，水和油是均匀的单一相，通常是从空气中进入油内的。这种水能急剧地降低油的耐压，采用高度真空下的雾化方能除去。

3）结合水。油中结合有一定数目的水分子，这是由于油氧化而生成，是油初期老化的象征。

4）乳化水。油品精制不良，或长期运行造成油质老化，或油被乳化物污染，都会降低油水之间的界面张力，使油水混合在一起，形成乳化状态。乳化状态的水以极其细小的颗粒分布于油中，这种水很难从油中除掉，其危害很大。

（3）油中水分的测定方法。分定性和定量两种，而且都是条件性的。

定性测定时，将试油注入干燥的试管中，当加热到 150℃左右时可以听到响声，而且油中产生泡沫，摇动试管变成混浊，此时即认为试油含有水分，否则认为不含水。

定量法测定是将试油与低沸点的无水溶剂混合，使用特定的仪器，用蒸馏方法测定油中的水分含量，结果用重量百分数表示。

微量水分测定法有库仑法和气象色谱法。

（4）油中水分的危害。润滑油中混进水分，会使油膜强度降低，影响油的润滑性能；产生泡沫或乳化变质，加速油的氧化；助长有机酸对金属的腐蚀，生成金属皂化物；还会使添加剂分解沉淀，使其性能降低乃至失去作用，加速油的老化。

绝缘油中混入水分，会使耐压能力大大降低，如变压器油中有 0.01% 的水分时，就使其耐压强度降低到 1/8 以下，并使油的介质损失角增大，水分也会加速绝缘纤维的老化。

规定不论新油或运行油都不允许有水分存在。

5. 机械杂质

（1）油中机械杂质的来源。油中的机械杂质，是指油品中侵入的不溶于油的颗粒状物质，即以悬浮状态存在的各种固体，如灰尘、金属屑、纤维物、泥沙和结晶性盐类等。这些机械杂质，有的是在地下油层中固有的，有的是开采时带上来的，有的是加工精制过程中遗留下来的，也有的是在运输、保存和运行中混入的。

（2）测定方法。将 100g 油品用汽油稀释，再用已干燥的和已称量过的过滤纸过滤。滤纸上的残留物用汽油洗净，然后再将滤纸烘干称量，得到的机械杂质重量，以占油重量的百分数表示。

（3）机械杂质的危害。油中含有机械杂质，会影响绝缘油的击穿电压、介质损耗因数及破乳化度等指标，使油不合格。如果机械杂质超过规定值，润滑油在摩擦表面的流动便会遭受阻碍，破坏油膜，使润滑系统的油管或滤网堵塞，使摩擦部件过热，加大零件的磨损率等。此外，还促使油劣化，减低油的抗乳化性能。

规定透平油和绝缘油均不含机械杂质。

6. 灰分

（1）含义。油品在燃烧后所剩下的不能燃烧的无机矿物质的氧化物，即油的灰分。这种不燃物质主要是无机盐。用残余物重量占试油重量的百分比来表示灰分的含量。

（2）油中灰分的来源。油品灰分的来源，主要是在炼制过程中处理不彻底造成的，或由于生产设备腐蚀而产生的金属盐类，以及在运输、储存过程中混入灰尘等增大了油品灰分。

（3）灰分对运行的影响。透平油含有过多灰分时，会增大机械磨损，使油膜不均匀，润滑性能变差，产生的油泥沉淀物不易清除，遇高温则易形成硬垢。

作灰分测定，对于新油可以判断炼制质量，对运行中的油可以判断是否受了无机盐等的影响、油劣化的程度、机械杂质的含量等。

7. 透明度

（1）含义。透明度是对油品外状的直观鉴定，清洁油应是橙黄色透明体。

影响油质透明度的内在原因，是由于油品中可能存在固态烃，在低温下使油品如呈混浊现象；外在原因是油品中如混入杂质、水分等污染物，也可使油的外观浑浊不清。

作透明度测定在于判断新油及运行油的清洁和被污染的程度。如油中含有水分和机械杂质等，油的透明度要受影响。若胶质和沥青质含量越高，油的颜色也愈深。

（2）对运行的影响。绝缘油外观颜色较浅，几乎是无色的。运行中受环境和自身氧化生成树脂质等因素影响，其颜色会逐渐变深。油颜色的急剧变化，一般是油内发生电弧时产生碳质造成的，是油质变坏或设备存在内部故障的表现。

润滑油混入水分、杂质后，会使油色浑浊不清造成油的乳化，并将破坏油膜，影响油的润滑性能。

3.2.2 化学性质

1. 酸值

（1）含义。油中游离的有机酸含量称为油的酸值（酸价）。用中和 1g 油中的酸性物质所需氢氧化钾的毫克数（mgKOH）来表示酸值的大小，即 mgKOH/g。

酸值是保证储运容器和使用设备不受腐蚀的指标之一，也是评定新油品和判断运行中油质氧化程度的重要化学指标之一。一般来说，酸值愈高，油品中所含的酸性物质就愈多，新油中含酸性物质的数量，随原料与油的精制程度而变化。国产新油一般几乎不含酸性物质，其酸值常为 0.00。而运行中油因受运行条件的影响，油的酸值随油质的老化程度而增长，因而可由油的酸值判断油质的老化程度和对设备的危害性。

（2）油中酸的来源。新油中的酸性组分，是油品在精制过程中由于操作不善或精制、清洗不够而残留在油中的酸性物质，如无机酸、环烷酸等。

使用中的油品则是由于氧化而产生的酸性物质，如脂肪酸、羟基酸和酚类等。

从试油中所测得的酸值，为有机酸和无机酸的总和，故也称总酸值。

因此油品在使用过程中酸值一般是逐渐升高的，习惯上常用酸值来衡量或表示油的氧化程度。

（3）油中酸的腐蚀性。在有水分存在的条件下，金属被氧化，能生成金属的氢氧化物，而金属的氢氧化物又易与高分子有机酸作用生成相应的盐类

$$Fe + H_2O + 1/2O_2 \longrightarrow Fe(OH)_2$$
$$Fe(OH)_2 + 2RCOOH \longrightarrow (RCOO)_2Fe + 2H_2O$$

生成的有机酸铁又是油品氧化的催化剂，更进一步加速油品的氧化。

（4）油中酸对运行的影响。绝缘油的酸值升高后，不但腐蚀设备，同时还会提高油的导电性，降低油的绝缘性能。如遇高温时，还会使固体纤维绝缘材料产生老化现象，进一步降低电气设备的绝缘水平，缩短设备的使用寿命。故对运行中绝缘油的酸值有严格的指标限制。

运行中透平油如酸值增大，说明油已深度老化，油中所形成的环烷酸皂等老化产物，能降低油的破乳化性能，促使油质乳化，破坏油的润滑性能，引起机件磨损发热，在有水分存在的条件下，其腐蚀性会增大，造成机组腐蚀、振动，调速系统卡涩，严重威胁机组的安全运行。

一般规定：新透平油和新绝缘油的酸值都不能超过 0.03mgKOH/g；运行中的绝缘油不超过 0.1 mgKOH/g；运行中的透平油不超过 0.3mgKOH/g。

2. 水溶性酸或碱

（1）含义。油品中的水溶性酸或碱，是指能溶于水中的无机酸或碱，以及低分子有机酸或碱性化合物等物质。

（2）水溶性酸或碱的来源。新油中的水溶性酸或碱，一般是油品在酸碱精制过程中没有处理好，有剩余的无机酸或碱存在。如从新油中检测出有水溶性酸碱，表明油品在酸碱精制处理后，酸没有完全中和或碱洗后用水冲洗得不完全。

使用中油品出现水溶性酸，主要是由于氧化变质造成的。

（3）水溶性酸或碱的测定。以等体积的蒸馏水和试油混合摇动，取其水抽出液，注入指示剂，观察其变色情况，判断试油中是否含水溶性酸或碱。如水抽出液对于酚酞不变色时，可认为不含水溶性碱；对于甲基橙不变色时，可认为不含水溶性酸。

（4）水溶性酸或碱对运行的影响。水溶性酸或碱的存在，使油品生产、使用或储存

时，能腐蚀与其接触的金属部件。水溶性酸几乎对所有的金属都有较强烈的腐蚀作用，而碱只对铝腐蚀。油品中含有水溶性酸碱，会促使油品老化，在受热的情况下，会引起油品的氧化、胶化及分解。

绝缘油中水溶性酸对变压器的固体绝缘材料老化影响很大，油中水溶性酸的存在，会直接影响变压器的运行寿命。

按规定，无论新油或运行中的油都要求不含水溶性酸碱，其 pH 值应为 6.0～7.0（中性）。

3. 苛性钠抽出物

（1）含义。苛性钠（氢氧化钠）抽出物酸化测定是测定透平油和变压器油的精制程度，定性判断油中高分子有机酸及其金属盐和酯的存在量，量越大，其钠抽出级数越大，油的抗氧化性及抗腐蚀性越差。

（2）苛性钠抽出物的测定。测定时将试油与同体积的氢氧化钠溶液混合摇动，再将分离出的碱性抽出液进行酸化，观察其混浊程度。根据浑浊程度，将试验结果分为四级。如在酸化后最初 1min 内，溶液保持完全透明，说明试油中环烷酸及其皂类含量极微甚至没有，即评为 1 级。如在最初 1min 内，酸化液呈淡蓝色，稍呈浑浊，但仍能透过试管读出6 号拼音字母，则说明试油中有轻微的环烷酸及其皂类，评为 2 级。如只能读出 5 号拼音字母，则评为 3 级。如酸化后的抽出液已浑浊，不能读出 5 号拼音字母，则评为 4 级，即苛性钠试验认为不合格。此 1～4 级只说明是否含有环烷酸及其皂类，或含量的轻重程度，但没有具体含量的数值，所以仍属定性分析的范畴。

3.2.3 电气性质

1. 绝缘强度

（1）含义。在规定条件下，绝缘油承受击穿电压的能力，称为绝缘强度，以平均击穿电压（kV）或绝缘强度（kV/cm）来表示。绝缘强度是评定绝缘油电气性能的主要指标之一。

在绝缘油容器内放一对电极，并施加电压。当电压升到一定数值时，电流突然增大而发生火花，便是绝缘油的"击穿"。这个开始击穿的电压称为"击穿电压"。

油的绝缘被击穿时的电压叫平均击穿电压 U，若电极间距为 d，则绝缘强度 E 是以标准电极下的击穿电压表示，$E = \dfrac{U}{d}$（MV/m）。因试验中用的油杯中两个电极间的距离固定为 2.5mm，如测得某油品的 $U = 35$kV，则 $E = 14$MV/m。

（2）影响因素。影响绝缘油击穿电压的因素很多，如电极的形状和大小，电极之间的距离，油中的水分、纤维、酸和其他杂质，压力、温度、所施加电压的特征等。在提及击穿电压时一定注明其电极形式和极间距离。

（3）对运行的影响。绝缘油是充油电气设备的主要绝缘部分，油的击穿电压是保证设备安全运行的重要条件。如油中含有杂质和吸收空气中的水分而受潮，或油品老化变质，均会使油的击穿电压下降，影响设备的良好绝缘，甚至击穿设备，造成事故。所以在运行油质标准中，按不同设备的电压等级，对油的击穿电压都分别有具体的指标要求，并定期或不定期取样，进行击穿电压测定，以便于发现问题，及时处理，防止设备事故，保证运行安全。

2. 介质损耗因数

(1) 含义。当绝缘油受到交流电作用时，就要消耗某些电能而转变为热能，单位时间内这种消耗的电能称为介质损耗。

造成介质损失的原因有两个：

1) 绝缘油中包含有极性分子和非极性分子。极性分子是由于本身内部电荷的不平衡，或由于电场作用而引起的，它是偶极体。在交流电场中，由于不断变化电场的方向，使极性分子在电场中不断运动，因而产生热量，造成电能的损耗。这种原因消耗的电流称为吸收电流 I_t，此电流是电阻电容电流。

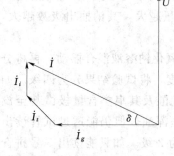

图 3.2　介质损耗向量图

2) 电流穿过介质，即泄漏电流，也造成电能损耗，称为传导电流 I_i。如无上述原因造成介质损耗，则加于绝缘油的电压 U 和通过绝缘油的电流 I_g 的相角将准确地等于 $90°$；但由于绝缘油有介质损耗，电流 U 和电压 I 的相角总小于 $90°$。$90°$ 和实际相角之差，称为介质损失角，以 δ 表示，如图 3.2 所示。

(2) 介质损失因数的物理意义。由于绝缘油的损耗功率与介质损失角的正切值成比例，因此介质损失通常用 $\tan\delta$ 来表示，称为介质损失因数。通过绝缘油电流的有功分量 $I_R' = I\sin\delta$，变为热能损耗掉了；无功分量 $I_C' = I\cos\delta$，无损耗，用于建立电场。绝缘油的介质损失角正切是通过绝缘油电流的有功分量与其无功分量之比，即 $\tan\delta = I_R'/I_C'$。

绝缘油之所以能绝缘是因为虽然上述无功分量不大，但是有功分量相对无功分量来说就更小，小到可忽略不计。所以优质绝缘油 $\tan\delta$ 是很小的。$\tan\delta$ 越大电能损耗也就是介质损耗越大。$\tan\delta$ 是绝缘油电气性能的重要指标，是判断绝缘油绝缘性质的一个很灵敏的数值，它可以很灵敏地显示出油的污染程度。油质的轻微变化在化学分析试验尚无从辨别时，$\tan\delta$ 试验却能明显地发生变化。这种试验作为油的检查和预防性试验，效果是显著的。它比油的其他指标能较早地发出信号。

3.2.4　安定性

1. 抗氧化性

(1) 含义。使用中的油在较高温度下，抵抗和氧发生化学反应的性能称为抗氧化性。以试油在氧化条件下所生成的沉淀物含量和酸值来表示试油的抗氧化安定性。

油品的抗氧化安定性是其最重要的化学性能之一。油在使用和储存过程中，不可避免地会与空气中的氧接触而发生化学反应，产生一些新的氧化产物，这些氧化产物在油中会促使油的品质变坏。

影响油品氧化安定性的因素很多，如油的化学组成、温度、与空气接触的程度、氧化时间、油中水分及金属与其他物质的催化作用等。

(2) 对运行的影响。油的抗氧化安定性愈好，氧化试验测得的酸值和沉淀物数量就愈小，危害也愈小，油的使用寿命就愈长。由于油氧化后，沉淀物增加，酸价提高，使油质劣化，并引起腐蚀和润滑性能变坏，不能保证安全运行。如生成的有机酸（特别当有水分存在时）能腐蚀金属，缩短金属设备的使用寿命。酸与金属作用生成的皂化物，更能加速油的氧化。对于变压器油来说，油中的酸性产物能使纤维质绝缘材料变坏，降低油及纤维材料的绝缘强度。溶于油中的胶质和沥青质，可加深油的颜色，增大黏度，影响正常润滑和散热作用。在变压器中不溶于油的氧化产物能析出较多的沉淀物，沉积在变压器线圈表面，堵塞线圈冷却通道，易造成过热，甚至烧坏设备。如果沉淀物在变压器的散热管中析出，还会影响油的对流散热作用。在透平油系统中，特别是在冷却器温度较低的地方，沉淀物使传热效率降低，沉淀物过多时，会堵塞油路，威胁安全运行。

由于透平油和绝缘油在运行中都有不断氧化的特性，故新油必须做氧化安定性试验。因为单凭油的酸值、闪点、黏度等指标合格，并不能肯定油品是否能够长期使用。

按规定，变压器油的氧化后沉淀物不得大于 0.05%，氧化后酸值不得大于 0.2 mgKOH/g。为了减缓运行中油的氧化速度，延长使用期，常在油中添加抗氧化剂，常用的有芳香胺、2，6 -二叔丁基对甲酚（简称 T501）等。

2. 破乳化时间

（1）含义。破乳化时间又称破乳化度，是在特定的仪器中，将一定量的试油与水相混，在规定的温度下搅拌和通入一定量的蒸汽，在规定的时间内使油水形成乳状液。从停止搅拌或供汽起，到油层和水层完全分离时止，所需的时间（以 min 表示）即为汽轮机油的破乳化时间。

（2）影响破乳化度的因素。透平油在生产和使用过程中，影响其破乳化度的因素主要有以下几个：

1）在炼制过程中，由于精制的深度不当，或洗涤处理不干净，存在环烷酸皂类等残留物，而使油品的破乳化度不良或不合格。

2）油在运输和储存过程中，混入了外来杂质，如金属腐蚀产物、脱落的油漆以及粉状的尘埃、砂土等，影响油、水的分离，而使油的破乳化度性能变坏。

3）汽轮机油在运行中，因受运行条件的影响，油要老化变质。油老化后的产物，如环烷酸皂类、胶质物等，都是乳化剂。当油与水同时存在时，会引起油质乳化，破坏油的抗乳化性能。

因此，汽轮机油的破乳化度是鉴别油品的精制深度、受污染的程度以及老化深度等的一项重要指标。

（3）对运行的影响。破乳化时间是透平油的一项重要的性能指标，因为透平油在运行中往往由于设备缺陷或运行调节不当，使水漏入油系统中。为了防止和抵制水对油的乳化作用，要求透平油必须具有良好的破乳化时间（即有良好的抗乳化性能），以保证能在设备中长期使用。如果透平油的破乳化性能不好，油水乳化液分离很慢，使机组长期在油水乳化液中运行，可能引起油膜破坏，金属部件腐蚀，加速油质老化，产生油泥沉淀物等，进而增大各部件间的摩擦，引起轴承过热，造成调速系统失灵，或引起设备损坏事故。

3.2.5 油的质量标准与分析化验

1. 透平油和绝缘油的质量标准

油的质量对运行设备影响甚大，因而对油的质量有严格要求。不论是新油还是运行油，都要符合国家标准。常用透平油和绝缘油的质量标准见表 3.1；运行中的透平油质量标准见表 3.2；运行中的变压器油质量标准见表 3.3。

表 3.1　　　　　　　　　　常用汽轮机油和绝缘油质量标准

L—TSA 汽轮机油标准（摘自 GB 11120—1989）

项　　　目		优级品		一级品		合格品		试验方法
黏度等级		32	46	32	46	32	46	—
运动黏度，40℃（mm²/s）		28.8～35.2	41.4～50.6	28.8～35.2	41.4～50.6	28.8～35.2	41.4～50.6	GB/T 265
黏度指数　　　　不小于		90	90	90	90	90	90	GB/T 1995
倾点（℃）　　　不高于		−7	−7	−7	−7	−7	−7	GB/T 3535
闪点（开口，℃）　不低于		180	180	180	180	180	180	GB/T 267
密度，20℃（g/cm³）		报告	报告	报告	报告	报告	报告	GB/T 1884
酸值（mgKOH/g）　不大于		—	—	—	—	0.3	0.3	GB/T 264
机械杂质		无	无	无	无	无	无	GB/T 511
水分		无	无	无	无	无	无	GB/T 260
破乳化时间，54℃（min）≤		15	15	15	15	15	15	GB/T 7305
起泡性试验（mL/mL）	24℃　不大于	450/0	450/0	450/0	450/0	600/0	600/0	GB/T 12579
	93℃　不大于	100/0	100/0	100/0	100/0	100/0	100/0	
	后 24℃　不大于	450/0	450/0	450/0	450/0	600/0	600/0	
氧化安定性	a. 总氧化物（%）	报告	报告	报告	报告	—	—	SH/T 0124
	沉淀物（%）	报告	报告	报告	报告	—	—	
	b. 氧化后酸值达 2.0mgKOH/g 的时间（h）不小于	3000	3000	2000	2000	1500	1500	GB/T 12581
液相锈蚀试验（合成海水）		无锈	无锈	无锈	无锈	无锈	无锈	GB/T 11143
铜片腐蚀，100℃，3h（级）≤		1	1	1	1	1	1	GB/T 5096
空气释放值，50℃（min）不大于		5	6	5	6	—	—	SH/T 0308

绝缘油质量标准

绝缘油类别		变压器油（摘自 GB 2536—1990）			断路器油（摘自 SH 0351—1992）	
项目		质量指标			试验方法	质量指标	试验方法
牌号		10	25	45			
外观		透明，无悬浮物和机械杂质			目测①	同左	
密度（20℃，kg/m³）不大于		895			GB/T 1884 GB/T 1885	895	GB/T 1884 GB/T 1885
运动黏度（mm²/s）	40℃　不大于	13	13	11	GB/T 265	5	GB/T 265
	−10℃　不大于	—	200	—		—	
	−30℃　不大于	—	—	1800		200	

绝缘油质量标准

绝缘油类别		变压器油（摘自 GB 2536—1990）				断路器油（摘自 SH 0351—1992）	
倾点（℃）	不高于	−7	−22	报告	GB/T 3535	−45	GB/T 3535
酸值（mgKOH/g）	不大于	0.03			GB/T 264	0.03	GB/T 264
凝点（℃）	不高于	—	—	−45	GB/T 510	—	—
闪点（闭口，℃）	不低于	140	140	135	GB/T 261	95	GB/T 261
腐蚀性硫		非腐蚀性			SH/T 0304	—	—
铜片腐蚀（T2 铜片，100℃3h） 不大于		—				1	GB/T 5096
氧化安定性[2] 氧化后酸值（mgKOH/s） 不大于 氧化后沉淀（%） 不大于		0.2 0.05			SH/T 0206		
水溶性酸或碱		无			GB/T 259		
击穿电压[3]（间距 2.5mm，kV） 不小于		35			GB/T 507[4]	40	GB/T 507
介质损耗因数 不大于		（90℃）0.005			GB/T 5654	（70℃）0.003	GB/T 5654
界面张力（mN/m） 不大于		40	40	38	GB/T 6541	（25℃不小于 35）	GB/T 6541
水分 不大于		mg/kg（报告）			SH/T 0207	35ppm	SH/T 0255

① 把产品注入 100mL 量筒中，在（20±5）℃下目测，如有争议时，按 GB 511 测定机械杂质含量为无。
② 氧化安定性为保证项目，每年至少测定一次。
③ 击穿电压为保证项目，每年至少测定一次。用户使用前必须进行过滤并重新测定。
④ 测定击穿电压允许用定性滤纸过滤。

表 3.2　　运行中的汽轮机油质量标准（摘自 GB/T 7596—2008）

序号	项　目		设备规范	质量指标	检验方法
1	外状			透明	DL/T 429.1
2	运动黏度 （40℃）（m²/s）	32[1]		28.8～35.2	GB/T 265
		46[1]		41.4～50.6	
3	闪点（开口杯）（℃）			≥180，且比前次 测定值不低 10℃	GB/T 267 GB/T 3536
4	机械杂质		200MW 以下	无	GB/T 511
5	洁净度[2]（NAS1638），级		200MW 及以上	≤8	DL/T 432
6	酸值 mgKOH/g	未加防锈剂		≤0.2	GB/T 264
		加防锈剂		≤0.3	

序号	项　　目		设备规范	质量指标	检验方法
7	液相锈蚀			无锈	GB/T 11143
8	破乳化度（54℃）（min）			≤30	GB/T 7605
9	水分（mg/L）			≤100	GB/T 7600 或 GB/T 7601
10	起泡沫试验（mL）	24℃		500/10	GB/T 12579
		93.5℃		50/10	
		后 24℃		500/10	
11	空气释放值（50℃）（min）			≤10	SH/T 0308

① 32、46 为汽轮机油的黏度等级。

② 对于润滑系统和调运系统共用一个油箱，也用矿物汽轮机油的设备，此时油中洁净度指标应参考设备制造厂提出的控制指标执行。

表 3.3　　　　　运行中的变压器油质量标准（摘自 GB/T 7595—2008）

序号	项　　目	设备电压等级	质 量 指 标		检验方法
			投入运行前的油	运行油	
1	外状		透明、无杂质或悬浮物		外观目视加标准号
2	水溶性酸（pH 值）		>5.4	≥4.2	GB/T 7598
3	酸值（mgKOH/g）		≤0.03	≤0.1	GB/T 264
4	闪点（闭口）（℃）		≥135		GB/T 261
5	水分[①]（mg/L）	330～1000kV	≤10	≤15	GB/T 7600 或 GB/T 7601
		220kV	≤15	≤25	
		≤110kV 及以下	≤20	≤35	
6	界面张力（25℃）（mN/m）		≥35	≥19	GB/T 6541
7	介质损耗因数（90℃）	500～1000kV	≤0.005	≤0.020	GB/T 5654
		≤330kV	≤0.010	≤0.040	
8	击穿电压[②]（kV）	750～1000kV[②]	≥70	≥60	DL/T 429.9[③]
		500kV	≥60	≥50	
		330kV	≥50	≥45	
		66～220kV	≥40	≥35	
		35kV 及以下	≥35	≥30	
9	体积电阻率（90℃）（Ω·m）	500～1000kV	≥6×10^{10}	≥1×10^{10}	GB/T 5654 或 DL/T 421
		≤330kV		≥5×10^{9}	
10	油中含气量（%）（体积分数）	750～1000kV		≤2	DL/T 423 或 DL/T 450、DL/T 703
		330～500kV	<1	≤3	
		（电抗器）		≤5	

① 取样油温为 40～60℃。

② 750～1000kV 设备运行经验不足，本标准参考西北电网 750kV 设备运行规程提出此值，供参考，以积累经验。

③ DL/T 429.9 方法是采用平板电极；GB/T507 是采用圆球、球盖形两种形状电极。其质量指标为平板电极测定值。

2. 油的分析化验

为了经常了解油的质量，防止因油的劣化而发生设备事故造成损失，应按规定定期进行取样试验。在新油或运行油装入设备后，运行一个月内，每 10 天应采样试验一次；运行一个月后，每 15 天采样试验一次。

运行中油的劣化速度加快时，如油的酸价快速增加，颜色明显发暗，或油样中有油泥沉淀物，应适当增加取样试验次数，迅速找出原因，及时采取措施。当设备发生事故后，应对油进行全分析项目试验或简化试验，以便找出事故的原因及判断油是否可以继续使用。

油的任何一种性质甚至次要的性质，如颜色、气味、透明度等突然地改变，决不能予以轻视，必须认真查找产生这些现象的原因，因为它可能是油规律性老化的结果，也可能是预示用油设备内某种危险的征兆，如过热裂解等。

3.3 油的劣化与防治措施

3.3.1 油的劣化及其危害

1. 油的劣化

油在运行或储存过程中，会因潮气侵入而产生水分，或因运行过程中的各种原因而出现杂质、酸价增高、沉淀物增加，使油的品质发生变化，改变了油的物理、化学和电气性质，以致不能保证设备的安全、经济运行。油的这种变化称为油的劣化。

2. 油劣化的危害

油劣化的后果是酸价增高，闪点降低，颜色加深，黏度增大，并有胶质状和油泥沉淀物析出，影响正常的润滑和散热作用，并腐蚀金属和纤维，使操作系统失灵等。油劣化后在高温下运行如产生氢和碳化氢等气体，与油面的空气混合形成易燃易爆气体会危及设备的安全运行，应严格防止。

3.3.2 油劣化的原因及防治措施

1. 油劣化的原因

油劣化的根本原因是油和空气中的氧起了作用，油被氧化了。促使油加速氧化作用的因素主要有：水分、温度、空气、天然光线和电流等。

(1) 水分。水分进入油中使油乳化，并促进油的氧化，增加油的酸价和腐蚀性。

水分是从下面几个方面进入油中：干燥的油放置在空气中能吸收大气中的水分；随着空气温度和油温的变化，空气在低温油表面冷却而凝结析出水分，进入油中；设备中的水管或油冷却器安装质量不高，设备连接处不严密漏水，或因油冷却器破裂漏水，水漏入油中；变压器和储油罐的呼吸器中干燥剂失效或效率低，带入空气中的水汽；从油系统或操作系统中混进水分。

(2) 温度。油的温度升高，会造成油的蒸发、分解和碳化，并降低闪点，使油的吸氧速度加快，加速氧化，油的劣化变快。

试验证明，在正常压力下，油温在 30℃ 时氧化很慢；油温在 50～60℃ 开始加速氧化；油温超过 60℃ 时，温度每提高 10℃，油的氧化速度增加一倍。所以运行规程规定：透平油温度不得高于 45℃，绝缘油不得高于 65℃。

油温升高的原因是设备运行不良所造成的，如过负荷，冷却水中断，轴承摩擦表面油膜破坏产生干摩擦或局部产生高温等。机组安装质量不高运转时摆度过大，或机组运行工况不良发生空蚀振动等，都会导致机组油温升高。

（3）空气。空气中含有氧和水汽，油与空气接触会引起油的氧化，增加油中水分，空气中沙粒和灰尘会增加油中机械杂质。

油和空气除直接接触外，还有泡沫接触。泡沫使油与空气接触面增大，氧化速度加快。产生泡沫的原因，是由于运行人员补油时速度太快，因油的冲击带入空气；油泵的吸油管没有完全插入油中或油位过低，油泵中混入空气；油罐中排油管设计不正确，或因速度太快造成泡沫；油在轴承中被搅动也会产生泡沫。

（4）天然光线。天然光线中含有紫外线，对油的氧化起触媒作用，促使油质劣化。经天然光线照射后的油，即使再放到无日光照射的地方，劣化还会继续进行。

（5）电流。穿过油内部的电流会使油分解劣化。如发电机转子铁芯的涡流通过轴颈然后穿过轴承的油膜时，可较快地使油颜色变深，并生成油泥沉淀物。

（6）其他因素。如金属的氧化作用；检修后清洗不良；储油容器用的油漆不当；不同品种油的不良作用等。

2. 防止油劣化的措施

根据上述油劣化的原因，可采用下述措施防止油的劣化：

（1）将设备密封，防止水分侵入，保持呼吸器的性能良好。

（2）保持设备在正常工况下运行，冷却水正常供应，保持正常油膜，防止油和设备过热。

（3）减少油与空气的接触，防止泡沫形成。如在储油罐中设呼吸器及油罐上部设抽气管，用真空泵抽出油罐内湿空气；设计安装油系统时，供排油管伸入油内避免冲击；供排油的速度不能过快，防止泡沫产生。

（4）将储油罐布置在阴凉干燥处，避免阳光直接照射。

（5）在轴承中采用绝缘垫，防止轴电流。

（6）用油设备、储油设备和输油管道要采用正确的清洗方法进行清洗；选用合适的油漆；避免不同种类的油相互混合，若要混合必须通过试验确定。

尽管采取了许多有效措施，在长期运行中油仍然会不同程度地劣化。因此，要根据油品的劣化程度采用不同的措施加以净化处理，以恢复原来的使用性能。

3.4 油的净化与再生

3.4.1 油的净化

新油在运输、保存过程中，不可避免地会受到污染，混入杂质和水分，使油的某些性能变坏并加速油的氧化。为此，新油注入设备前必须进行净化处理。油的净化方法很多，应根据油的污染程度和质量要求选择适当的净化方法。

油的净化处理，就是通过简单的物理方法（如沉降、过滤等）除去油中的污染物，使油品的某些指标达到要求，如油中的水分、机械杂质和绝缘油的绝缘强度、$\tan\delta$ 等。

轻度劣化或被水和机械杂质污染了的油，称为污油。污油经过简单的机械净化方法处理后仍可使用。水电厂常用的净化方法有以下几种。

1. 沉清

油在长时间处于静止状态时，油中比重较大的机械杂质和水分会在重力作用下从油中逐渐沉降而分离，沉积在油容器的底部。沉降的速度与悬浮颗粒的密度和形状有关，与油的黏度也有关。颗粒的密度和形状愈大，油的黏度与密度愈小，则杂质的沉降速度愈快。有时为加快杂质的沉降速度，可将油温适当提高以减小其黏度。

沉清的优点是设备简单、经济，对油质没有损害；其缺点是净化时间长，效率低，净化不彻底，不能除去油中的全部水分和杂质，对油中的酸性物质和可溶性杂质等也不能除去。因此，水电厂一般不单独使用这一净化方法。

2. 压力过滤

（1）工作原理。压力过滤是对油加压使之通过具有吸附及过滤作用的滤纸，利用滤纸的毛细管吸附水分、隔除机械杂质，达到油和水分及机械杂质分离的目的。

（2）设备。压力过滤的设备是压力滤油机，它采用特制的滤纸作为过滤材料，不仅能除去机械杂质，而且吸水性强，能除去油中少量水分，若采用碱性滤纸还能中和油中微量酸性物质。

1）压力滤油机。压力滤油机由齿轮油泵、初滤器、滤床、油盘、阀门等部件组成，其工作原理及滤床结构如图 3.3 所示。

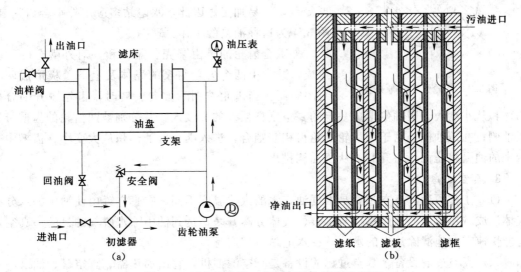

图 3.3　压力滤油机工作原理图和滤床示意图
(a) 工作原理图；(b) 滤床示意图

污油从进油口吸入，经初滤器除去较大杂质后进入齿轮油泵，齿轮油泵对油加压，在压力作用下油流经滤床。滤床由滤板、滤纸和滤框顺序交替叠压，组成各个独立的过滤室，如图 3.3（b）所示。当油渗透过滤纸时，因滤纸的毛细管作用，不仅阻止杂质通过，而且还能吸收油中的水分。过滤后除去机械杂质和水分的净油，从净油出口流出。

压力滤油机的正常工作压力为 0.1~0.4MPa。过滤过程中压力可能会逐渐升高，当压力超过 0.5~0.6MPa 时，表示油内的杂质过多，已填满了滤纸孔隙，此时必须更换清洁、干燥的滤纸。为防止压力过高压破滤纸，在滤床进口管道上设有安全阀，用来控制滤床的进油压力。当油压超过最高使用压力时，安全阀立即动作，使油在初滤器中自行循环，油压不再上升，以确保设备的安全运转。

滤床由压紧螺杆压紧，滤床不严密间隙的漏油由承油盘承接，当达到一定油位后，打开回油阀，借助齿轮泵进油口的真空作用，将承油盘内的积油吸入初滤器。

滤油时每隔一定时间，从油样阀处用试油杯取适量的油作性能试验。若滤纸已完全饱和，需及时更换滤纸。为了充分利用滤纸，更换时不需同时更换全部滤纸，而是只更换污油进入侧的第一张，新的滤纸则铺放在净油出口侧。更换下来的滤纸用净油将黏附在表面上的杂质洗干净，烘干后可再次使用。

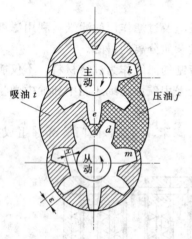

图 3.4　齿轮泵工作原理图

压力滤油机能滤除油中的杂质和微量水分。油中水分较少而杂质较多时，过滤效果较好。若水分较多时，必须先由真空滤油机把油中水分进行分离，然后再用压力滤油机过滤。

2）齿轮油泵。水电站在接受新油、设备充油和排油及油的净化时，常使用油泵输油。由于齿轮泵结构简单，价格便宜，工作可靠，维护方便，在水电站中广泛应用。

齿轮油泵有内啮合和外啮合两种。内啮合齿轮泵齿形复杂，不易加工。因此，水电站多应用外啮合齿轮泵。图 3.4 为这种油泵的工作原理图。

外啮合齿轮油泵由泵壳、盖板和一对外啮合的齿轮组成，泵中由两个齿轮与泵的壳体及上下盖板形成两个封闭空间。当齿轮按图示方向旋转时，齿轮脱开啮合处的体积从小变大，吸油侧形成一定的真空度把泵外的油吸入，并分别被两齿轮的齿槽带到压油侧；在压油侧，由于两齿轮的轮齿相互啮合，进入啮合处的体积从大变小，齿槽中被带来的油受挤压而压力升高，从压油侧排出。

3. 真空过滤

（1）工作原理。真空过滤是根据油、水的汽化温度不同，在真空罐内使油中的水分和气体形成减压蒸发，从而将油与水分、气体分离开来，达到油中除水脱气的目的。真空过滤能快速有效地滤除油中的水分，在水电站应用广泛。

（2）真空过滤设备。真空过滤的设备是真空滤油机，它由加热器、真空罐、油泵、真空泵、阀门等部件组成。其工作原理如图 3.5 所示。

真空滤油机滤油时，污油从储油罐输入压力滤油机，经压力滤油机滤除机械杂质后送入加热器，加热器将油温提高到 50~70℃ 后送入真空罐，罐内真空度约为 95~99kPa，送入罐内的油经喷嘴喷射扩散成雾状。在此温度和真空度下，油中的水分汽化，油中的气体也从油中析出，而油雾化后重新聚结为油滴，沉降在真空罐容器底部，油和水分、气体得到分离。用真空泵把聚集在真空罐上部的水汽和气体抽出，使油与水得到分离。真空罐底

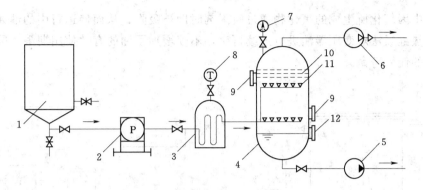

图 3.5 真空过滤工作原理图

1—储油罐；2—压力滤油机；3—加热器；4—真空罐；5—油泵；6—真空泵；
7—真空表；8—温度计；9—观察孔；10—油气隔板；11—喷嘴；12—油位计

部的净油用油泵抽出，输往净油容器。

真空滤油机的优点是滤油速度快、质量好、效率高，能有效除去油中的水分；缺点是油在 50～70℃下喷射扩散，会有部分被氧化；不能清除机械杂质，对杂质较多的污油，它的滤油能力不如压力滤油机，此时可在真空滤油机前串联一台压力滤油机，以滤除油中的杂质和部分水分。

真空滤油机对透平油和绝缘油都适用，特别是对于变压器等用油量大、油中机械杂质少的设备，能迅速达到除水脱气、提高电气绝缘强度、增大绝缘油的电阻率等作用，因此水电站在检修后注油或运行时换油，常用这种净化方法。

3.4.2 油的再生

深度劣化变质的油，称为废油。废油不能用简单的机械净化方法恢复其原有性质，只有采用化学法或物理化学方法，才能使油恢复原有的物理、化学性质，此法称为油的再生。油再生的方法较多，主要有物理法、化学法和物理—化学法。水电站只能对油进行简单的再生。

油的再生通常采用吸附剂。吸附剂是一种多孔结构并且具有相当强的吸附能力的固体，它能吸附多种化学物质。最常用的是白土，其次是硅胶；此外，活性炭、黏土、矾土、氧化铝等也都可以作为吸附剂。不同吸附剂的颗粒上有不同直径的微孔，这些微孔使它们在单位质量上具有极大的内表面。如 1g 白土的内表面有 $100～300m^2$，1g 硅胶的内表面可达 $300～450m^2$，因此它们具有很强的吸附能力，能将一些化学物质如劣化生成的酸类、胶质、沥青等吸附在其表面小孔内，使油得到再生。当吸附剂表面的小孔已充满被吸附的物质时，就失去了再吸附的能力。

1. 变压器油的再生

通常将吸附剂放于变压器外的吸附器中，这种方法叫做热虹吸法。吸附器可装在变压器上部或下部原有的放油阀门上，也可在不影响散热的情况下，去掉变压器一个散热器，将吸附器装在散热器的上下管口上。其工作原理如图 3.6 所示。

变压器运行时，油因受热而密度变小，油自变压器的下部流动到上部进入吸附器。油在变压器外部逐渐冷却，密度变大，又从吸附器底部流回变压器。吸附器内装有吸附剂，油在运行中因氧化所生成的氧化物通过吸附剂时即被吸附，从而使运行中的油处于合格状态。采用热虹吸法对变压器油进行连续再生，不仅增加了油的有效使用期限，同时也可延长变压器的使用寿命。

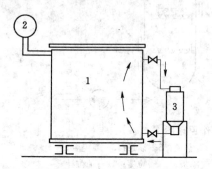

图 3.6 热虹吸再生原理图

1—变压器；2—油枕；3—吸附器

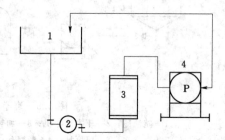

图 3.7 透平油非连续性再生装置系统图

1—油箱；2—油泵；3—吸附器；4—压力滤油机

此外，也可采用非连续性再生方法。将油从变压器下部排油阀门放出，经过吸附器和压力滤油机过滤后送入油枕。这种方法的再生效率较高，一般用于再生劣化程度较轻的油，或在变压器检修时与油净化设备一起串联使用。

2. 透平油的再生

对透平油进行再生时，考虑到运行设备的安全和吸附器的布置，除强迫油循环系统可采用连续性再生外，一般采用非连续性再生。在机组检修时，既进行油的机械净化处理，同时又进行油的再生。其装置系统如图 3.7 所示。

3. 运行油再生应注意的几个问题

（1）进行运行油的再生，能充分发挥对运行中油的维护作用，使运行油长期保持良好的质量。当油已劣化后进行运行中油再生工作时，要在酸价较低的情况下进行。若油的酸价较高，不但得不到良好的结果，反而会使油系统中产生大量的油泥沉淀物。所以，运行中油的酸价愈小，进行油的再生就愈安全。

（2）吸附剂的粒子不可过小，应采用 3～8mm 的粗孔粒子。吸附剂的用量为油量的 0.5%～1.5%。另外，要将吸附剂中的气体清除后方可使用。

（3）透平油在再生前，要将油中水分清除掉，否则影响再生的效果和经济性。

（4）吸附器的安装应尽量减少管道的弯曲，油系统应保证正常循环。

3.4.3 添加防锈剂

为了延长油的使用期，保证设备的安全、经济运行，除了对污油进行净化和再生之外，还可在油中加入添加剂。除了抗氧化剂之外，还可在透平油中加入防锈剂。效果最好的防锈剂是十二烯基丁二酸（T746），它是一种极性化合物，溶在透平油中对金属表面有很强的附着力，能形成一层保护膜，阻止水分和氧气接触金属表面，因而起到防锈作用。油中添加防锈剂能有效地解决油系统的锈蚀问题，尤其是调节系统中用以防止调节元件被锈蚀有重要意义，它不仅能保证机组的安全、经济运行，还能延长油系统的检修期，减少检修的工作量。

3.5 油系统的组成、作用及系统图

3.5.1 油系统的组成及作用

1. 油系统的组成

油系统是用管网将用油设备、储油设备（各种油槽、油池）、油处理设备连成一个油务系统。为了监视和控制用油设备的运行情况，还应装设必要的测量和控制元件（如示流信号器、温度计、液位信号器等）。

油系统对水电站安全、经济运行有着重要的意义。设计正确合理的油系统，不仅能提高电站运行的可靠性、经济性、灵活性和缩短检修期，而且对运行管理等提供方便。

油系统由以下部分所组成：

（1）油库：放置各种油槽及油池。

（2）油处理室：放置各种净油及输油设备，如油泵、压力滤油机、滤纸烘箱、真空滤油机等。

（3）油化验室：放置油化验仪器、设备及药物等。

（4）油再生设备：水电站通常只设置吸附器。

（5）管网：将用油设备、储油设备与油处理设备连接起来的管道系统。

（6）测量及控制元件：用以监视和控制用油设备的运行情况，如示流信号器、温度信号器、油位信号器、油水混合信号器等。

2. 油系统的作用

（1）接受新油。新油用槽车或油桶运来后，视水电站储油槽的位置高程，可采用自流或油泵压送的方式将新油储存在净油槽中。对新油要依照油质量标准的要求进行取样试验。

（2）储备净油。在油库随时储存有合格的、足够的备用油量，以供设备发生事故需要全部换用净油或正常运行补充损耗之用。

（3）向设备充油。新装机组、设备大修或设备中排除劣化油后，进行充油。

（4）向运行设备添油。用油设备在运行中，由于蒸发、飞溅、泄漏、取样、排污等原因，油量将不断减少，需要及时添油。

（5）从设备中排出污油。设备检修时，将设备中的污油通过排油管用油泵或自流排到油库的运行油槽中。

（6）污油的净化处理。当油运行一定时间后，油质发生了变化，此时必须对储存在运行油槽中的污油通过压滤机或真空滤油机等进行净化处理或再生处理，除去油中的水分和机械杂质，以保证运行的油质完全符合标准。

（7）油的监督与维护。鉴定新油是否符合国家规定标准；对运行油进行定期取样化验，观察其变化情况，判断运行设备是否安全；新油、再生油、污油进入油库时，进行试验和记录；所有入库油在注入油槽前进行压力过滤或真空过滤，以保证输油管道和储油槽的清洁；对油系统进行技术管理，提高运行水平。

（8）废油的收集和保存。对废油按牌号分别收集，储存于专用的油槽中，以便集中进行再生处理，或尽快送到油务管理部门进行再生处理；不允许废油与润滑脂相混，以免再生时带来困难。

3.5.2 油系统图

1. 油系统图的设计要求

油系统图的合理性直接影响到设备的安全运行和操作维护是否方便。因此，油系统图应能满足用油设备及各项操作流程的技术要求，设计时应根据电站规模、布置方式、机型等，参照同类型电站运行的实践经验，合理地加以确定。

油系统设计应满足下列要求：

（1）油务处理的全部工艺要求。

（2）系统连接简明，操作程序清楚，应尽量减少管路及阀门。

（3）净油和污油宜有各自独立的油泵、油罐及管路等。

（4）通过全厂供、排油管对各用油设备供排油和添油，个别部位可借助油泵和临时管路供排油。

（5）能方便地接受新油和排出污油。

（6）油处理系统为手动操作，在机组各用油部位设置油位信号器、油温信号器和油混水信号器。

2. 透平油系统图

透平油系统与电站规模及机组形式有非常密切的关系。大型电站的油系统通常采用干管与储油槽、油处理设备固定连接的方式，使净、污油管路分开，运行操作方便，但操作阀门较多，管路较复杂，投资较大。中型电站往往采取设置干管、用活接头和软管连接相结合的方式对油系统进行简化，运行灵活方便。小型电站和机组用油量很少，可以取消干管，采用软管和活接头连接，简化系统。

混流式机组透平油系统图如图 3.8 所示。油库内设有两个净油槽和两个运行油槽，油槽之间以及油处理室和机组用油设备之间用干管连接，使净油与污油管道分开。各净油设

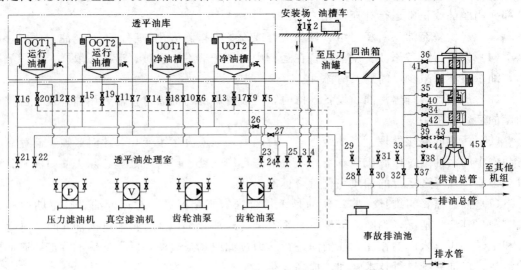

图 3.8　混流式机组透平油系统图

备均用活接头和软管连接，管路较短，操作阀门较少，设备可以移动，运行灵活。机组检修或较长时间停机时，可利用设在机旁供、排油管道上的活接头进行机旁滤油。系统图的操作程序见表3.4。

表 3.4　　　　　　　混流式机组透平油系统操作程序表

序号	操作项目	使用设备及开启阀门编号
1	运行油槽接受新油	油槽车、1、3、油泵（压力滤油机）、24、27、8、OOT1（7、OOT2）
2	运行油槽自循环过滤	OOT1、12（OOT2、11）、25、压力滤油机（真空滤油机）、22、8、OOT1（7、OOT2）
3	运行油槽互循环过滤	OOT1、12（OOT2、11）、25、压力滤油机（真空滤油机）、22、7、OOT2（8、OOT1）
4	运行油槽新油存入净油槽	OOT1、12（OOT2、11）、25、压力滤油机（真空滤油机）、22、6、UOT1（5、UOT2）
5	净油槽向设备充油或添油	UOT1、14（UOT2、13）、21、油泵、23、28、调速器回油箱（32、机组轴承油盆）
6	机组（调速器）检修排油	机组轴承油盆、40（41、42）、37（调速器回油箱、30）、24、油泵、22、8、OOT1（7、OOT2）
7	机组机旁滤油	机组轴承油盆、40（41、42）、38、压力滤油机、33、34（35、36）、机组轴承油盆
8	调速器机旁滤油	调速器回油箱、31、压力滤油机、29、调速器回油箱
9	机组排除污油	机组轴承油盆、39（40、41、42）、37、24、油泵、4、2、油槽车
10	调速设备排除污油	调速器回油箱、30、24、油泵、4、2、油槽车
11	油槽事故排油	OOT1（OOT2、UOT1、UOT2）、20（19、18、17）、事故排油池
12	油槽内污油排除	OOT1（OOT2、UOT1、UOT2）、12（11、10、9）、25、油泵、4、2、油槽车

　　轴流式机组透平油系统图如图3.9所示。该系统设有净油槽和运行油槽各两个，油处理室内的净油设备亦采用活接头和软管连接，运行和操作方便灵活。机组用油量较大，添油较频繁，设有重力加油箱补充机组的漏油。

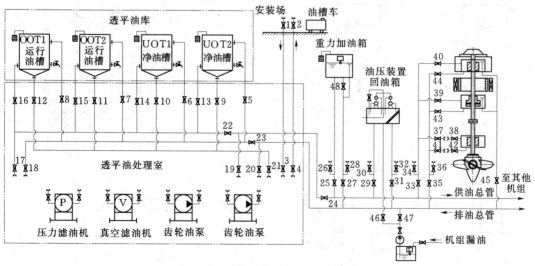

图 3.9　轴流式机组透平油系统图

图 3.10 为一卧式机组透平油系统图。机组用油量较少，各油槽与油处理设备之间用活接头和软管连接，机组供、排油干管与油处理室也用活接头连接。该系统切换阀门少，连接管路短，系统简单、经济，但油系统操作时管路与活接头连接工作量较大。

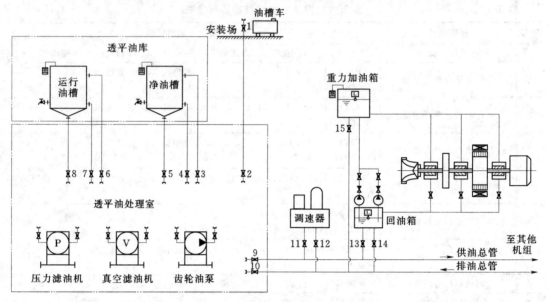

图 3.10 卧式机组透平油系统图

3. 绝缘油系统图

图 3.11 为绝缘油系统图。变压器与油处理室之间采用固定管路连接，油处理室内各油槽与油处理设备之间用活接头和软管连接，可实现变压器供油和排油、污油和运行油过滤、向变压器添油等操作。变压器设有吸附器，可实现连续吸附处理。

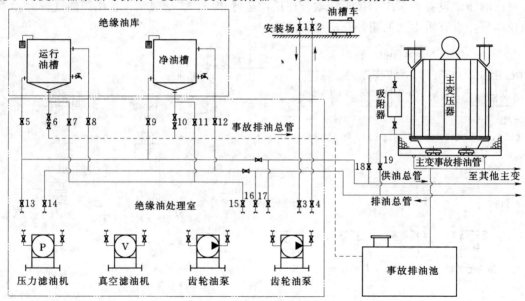

图 3.11 绝缘油系统图

3.6 油系统的计算与设备选择

3.6.1 用油量计算

油系统的规模与设备容量，根据用油量的多少确定。油系统设计时，应分别计算出透平油和绝缘油的总用油量，编制设备用油量明细表。所有设备的用油量应根据制造厂提供的资料进行计算。在初步设计阶段未能获得厂家资料时，可参照容量和尺寸相近的同类型机组或经验公式进行估算。变压器和油开关等电气设备的用油量可在有关产品目录中查取。

图 3.12 是根据现有机组数据编制的机组充油量（包括调速系统）与机组出力和水轮机类型的关系曲线。

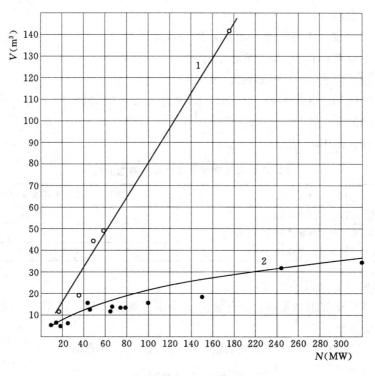

图 3.12　机组充油量与机型的关系曲线
1—混流式水轮机；2—轴流转桨式水轮机

1. 机组润滑油系统用油量计算

机组润滑油系统的用油量是指水轮发电机组推力轴承和导轴承的充油量。其用油量按推力轴承和导轴承单位千瓦损耗来计算，计算公式为

$$V_h = q(P_t + P_d) \quad (\text{m}^3) \tag{3.2}$$

$$P_t = AF^{3/2} n_e^{3/2} \times 10^{-6} \ (\text{kW}) \tag{3.3}$$

$$P_d = 11.78 \frac{S\lambda V_u^2}{\delta} \times 10^{-3} \ (\text{kW}) \tag{3.4}$$

61

式中　V_h——一台机组润滑系统用油量，m^3；

　　　　q——轴承单位千瓦损耗所需的油量，$m^3/$ kW，按表 3.5 选取；

　　　　P_t——推力轴承损耗，kW；

　　　　A——系数，取决于推力轴瓦上的单位压力 p（和发电机结构型式有关，p 通常采用 $3.5\sim4.5$MPa），在图 3.13 上查取；

　　　　F——推力轴承负荷，包括机组转动部分的轴向负荷加上水推力（$\times10^{-4}$N）；

　　　　n_e——机组额定转速，r/min；

　　　　P_d——导轴承损耗，kW；

　　　　S——轴与轴瓦接触的全部面积，$S=\pi D_p h$，m^2；

　　　　D_p——主轴轴颈直径，与机组扭矩有关；

　　　　h——轴瓦高度，一般 $h/D=0.5\sim0.8$；

　　　　λ——油的动力黏度系数，对 HU-32 透平油，$\lambda=0.0288$，Pa·s；

　　　　V_u——轴的圆周速度，m/s；

　　　　δ——轴瓦间隙，一般为 0.0002m。

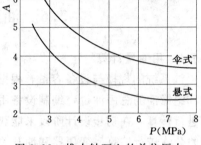

图 3.13　推力轴瓦上的单位压力 P 与系数 A 之间的关系

表 3.5　　　　　　　　　　　　　　　　轴承结构与单位千瓦损耗所需的油量

轴 承 结 构	轴承单位损耗所需油量 $q(m^3/kW)$
一般结构的推力轴承和导轴承	$0.04\sim0.05$
组合结构(推力轴承与导轴承同一油盆)	$0.03\sim0.04$
外加泵或镜板泵外循环推力轴承	$0.018\sim0.026$

2. 水轮机调节系统用油量计算

水轮机调节系统的用油量包括油压装置、导水机构接力器、转桨式水轮机叶片的接力器及其管道的用油量。

（1）油压装置的用油量。油压装置的用油量可按表 3.6 查取。

表 3.6　　　　　　　　　　　　　　　　油 压 装 置 的 充 油 量

型　号	充油量（m^3）		型　号	充油量（m^3）	
	压力油箱	回油箱		压力油箱	回油箱
YZ-1.0	0.35	1.3	YZ-20-2	7.0	8.0
YZ-1.6	0.56	1.3	YZ-25-2	10.0	—
YZ-2.5	0.9	2.0	YZ-30-2	12.0	—
YZ-4.0	1.4	2.0	HYZ-0.3	0.105	0.3
YZ-6	2.1	4.0	HYZ-0.6	0.21	0.60
YZ-8	2.8	4.0	HYZ-1.0	0.35	1.00
YZ-10	3.5	5.0	HYZ-1.6	0.56	1.6
YZ-12.5	5.0	6.2	HYZ-2.5	0.875	2.5
YZ-16-2	5.4		HYZ-4.0	1.4	4.2

（2）导水机构接力器的用油量。可按式（3.5）计算（按两个接力器的总容量），或根据接力器直径从表 3.7 中查取。

$$V_d = \frac{\pi d_d^2 S_d}{2}(\text{m}^3) \tag{3.5}$$

$$S_d = (1.4 \sim 1.8)a_0$$

式中　V_d——接力器的用油量，m^3；

　　　　d_d——接力器直径，m；

　　　　S_d——接力器最大行程，m；

　　　　a_0——导水叶的最大开度，m。

表 3.7　　　　　　　　　导水机构接力器用油量

接力器直径 D_1（mm）	300	350	375	400	450	500	550	600	650	700	750	800
两只接力器的充油量（m^3）	0.04	0.07	0.09	0.11	0.15	0.20	0.25	0.35	0.45	0.55	0.65	0.80

（3）转桨式水轮机转轮接力器的用油量。可按式（3.6）计算或按转轮直径 D_1 从表 3.8 中查取。

$$V_z = \frac{\pi d_p^2 S_p}{4}(\text{m}^3) \tag{3.6}$$

式中　V_z——转轮接力器用油量，m^3；

　　　　d_p——转轮接力器直径，m，$d_p = (0.3 \sim 0.45)D_1$；

　　　　D_1——水轮机转轮直径，m；

　　　　S_p——转轮接力器活塞行程，m，$S_p = (0.12 \sim 0.16)d_p$，小系数适用于转轮直径大于 5m 以上的水轮机。

表 3.8　　　　　　转轮接力器、受油器等用油量（操作油压为 2.5MPa）

转轮直径 D_1（m）	2.5	3.0	3.3	4.1	5.5	6.5	8.0	9.0	11.3
接力器、受油器的用油量（m^3）	1.15	1.95	2.45	3.30	5.30	6.53	15.00	20.00	66.75

（4）冲击式水轮机喷针接力器的用油量。可按式（3.7）计算

$$V_j = \frac{Z_0\left(d_0 + \frac{d_0^3 H_{\max}}{6000}\right)}{10^{-5} P_{\min}}\ (\text{m}^3) \tag{3.7}$$

式中　V_j——喷针接力器的用油量，m^3；

　　　　Z_0——喷嘴数；

　　　　d_0——射流直径，m；

　　　　$H_{\max}$——电站最大工作水头，m；

　　　　$P_{\min}$——油压装置最小油压，Pa。

3. 进水阀接力器用油量计算

进水阀接力器用油量与其装置方式、工作水头和接力器的形式有关，可参考表 3.9 选取，或查阅有关产品目录或设计手册。

表 3.9　　　　　　　　　　　　　进水阀接力器用油量的计算

进水阀型式	蝴 蝶 阀								球 阀	
阀的直径（m）	1.75	2.00	2.60	2.80	3.40	4.00	4.60	5.30	1.00	1.60
接力器充油量（m³）	0.11	0.49	0.49	0.34	0.31	0.94	0.89	1.61	0.50	0.89

用以上公式计算充油量时，必须加上总油量的 5% 作为充满管道的油量。

4. 系统用油量计算

（1）透平油系统用油量计算。透平油系统用油量与机组出力、转速、机型和台数等有关。

1）运行用油量（即设备充油量）V_1。一台机组调速系统的用油量，以 V_p 表示；一台机组润滑系统用油量，以 V_h 表示；则设备充油量为

$$V_1 = 1.05(V_p + V_h)(\text{m}^3) \tag{3.8}$$

2）事故备用油量 V_2。它为最大机组用油量的 110%（10% 是考虑蒸发、漏损和取样等裕量系数），即

$$V_2 = 1.1(V_p + V_h)(\text{m}^3) \tag{3.9}$$

3）补充备用油量 V_3。由于蒸发、漏损、取样等损失需要补充油，它为机组 45 天的添油量

$$V_3 = (V_p + V_h) \times \alpha \times 45/365 \ (\text{m}^3) \tag{3.10}$$

式中　α——一年中需补充油量的百分数，对 HL、ZD 型水轮机 $\alpha = 5\% \sim 10\%$；对 ZZ 型水轮机 $\alpha = 25\%$。

4）系统总用油量 V 为：

$$V = ZV_1 + V_2 + ZV_3(\text{m}^3) \tag{3.11}$$

式中　Z——机组台数。

（2）绝缘油系统用油量计算。绝缘油系统用油量与变压器、油开关的型号、容量及台数有关。

1）最大一台主变压器充油量 W_1。根据已选定主变型式从有关产品目录中查得。

2）事故备用油量 W_2。为最大一台主变压器充油量的 1.1 倍，对大型变压器系数可取 1.05，即

$$W_2 = (1.1 \sim 1.05)W_1(\text{m}^3) \tag{3.12}$$

3）补充备用油量 W_3。为变压器 45 天的添油量

$$W_3 = W_1 \times \sigma \times 45/365(\text{m}^3) \tag{3.13}$$

式中　σ——一年中变压器需补充油量的百分数，$\sigma = 5\%$。

4）系统总用油量 W，即

$$W = nW_1 + W_2 + nW_3(\text{m}^3) \tag{3.14}$$

式中　n——变压器台数。

3.6.2　油系统设备选择

1. 油槽数目和容量的确定

（1）净油槽。储备净油以便机组或电气设备换油时使用。容积为最大一台机组（或变

压器）充油量的 110%，加上全部运行设备 45 天的补充用油量。即

$$V_{净} = 1.1V_{1max} + ZV_3 \ (m^3) \qquad (3.15)$$

通常透平油和绝缘油各设置一个。但容量大于 60m³ 时，应考虑设置两个或两个以上，并考虑厂房布置的要求。

（2）运行油槽。机组（或变压器）检修时排油和净油用。容积为最大机组（或变压器）油量的 100%。考虑兼作接受新油并与净油槽互用，其容积宜与净油槽相同。为了提高污油净化效果，通常设置两个，每个为其总容积的 1/2。

$$V_{运} = V_{净} \ (m^3) \qquad (3.16)$$

（3）中间油槽。油库位置较高，检修机组充油部件时排油用。其容积为机组最大充油设备的充油量，数量为一个。当油库布置在厂内水轮机层以下高程时不需设置。

（4）重力加油箱。设在电站厂房内起重机轨道旁高处，储存一定数量的净油，靠油的自重向机组添油。

1）对转桨式机组，漏油量较大，添油频繁，可设置重力加油箱。重力加油箱的容积视设备的添油量而定，一般为 0.5～1.0m³。当容积过大、机组台数又超过四台时，可设置两个。

2）对混流式机组，漏油量少，加油的机会少，可不设置，而用移动小车添油。

3）对灯泡贯流式机组，重力油箱容积应按油泵故障时供给机组连续运行 5～10min 的轴承润滑油用油量确定。重力油箱形成的油压宜不小于 0.2MPa。

（5）事故排油池。接受事故排油用。一般设置在油库底层或其他合适的位置上，容积为油槽容积之和。新设计规程规定亦可不设置。

油系统设计时不一定所有的油槽都要设置，应根据油的储存、净化和输送要求，对运行情况进行分析，确定需要设置的油槽数量和容积，尽量做到经济合理。

2. 油处理设备的选择计算

（1）油泵的选择。油泵是输油设备，在接受新油、设备充油和排油以及油净化时使用。齿轮油泵结构简单，工作可靠，维护方便，价格便宜，水电站多采用 ZCY 型和 KCB 型齿轮油泵。

油泵生产率应能在 4h 内充满一台机组或 6～8h 内充满一台变压器的用油量。作为接受新油的油泵，其容量应保证在铁路货车停车时间内将油从油车卸下。一般 20t 以下的油车停 2h；20～40t 的油车停 4h。即

$$Q = \frac{V_1}{t} \ (m^3/h) \qquad (3.17)$$

式中　Q——油泵生产率，m³/h；

　　V_1——一台机组或变压器充油量，m³；

　　t——充油时间，规定为 4～8h。

油泵的扬程 H 应能克服设备之间高程差和管路损失，根据 Q、H 从产品目录中选取。一般设置两台，一台用以接受新油和排出污油；另一台用于设备充、排油。对小型水电站可考虑设置一台油泵。

（2）压力滤油机和真空滤油机的选择。透平油和绝缘油的净化处理设备应按两个独立系统分别设置。

压力滤油机和真空滤油机的生产率 Q_L'，按 8h 内净化最大一台机组的用油量或在 24h 内滤清最大一台变压器的用油量来确定，即

$$Q_L' = \frac{V_1}{t} \ (\mathrm{m^3/h}) \tag{3.18}$$

式中　V_1——最大一台机组（或变压器）充油量，$\mathrm{m^3}$；

　　　　t——滤清时间，规定为 8～24h。

此外，考虑到压力滤油机更换滤纸所需的时间，计算时应将其额定生产率减少 30%，即

$$Q_L = \frac{Q_L'}{1 - 0.3} \ (\mathrm{m^3/h}) \tag{3.19}$$

根据 Q_L 从有关产品目录中选取。

净油设备数量，一般应分别选用一台压力滤油机和一台真空滤油机，一台滤纸烘箱。

3. 油管选择

(1) 管径选择：

1) 干管的直径选择：

a) 经验选择法。压力油管通常采用 $d = 32～65\mathrm{mm}$，排油管取 $d = 50～100\mathrm{mm}$。

b) 经济流速法。可按下式计算

$$d = 1.13 \sqrt{\frac{Q}{v}} \tag{3.20}$$

式中　d——油管直径，m；

　　　　Q——管道内油的流量，$\mathrm{m^3/s}$；

　　　　v——油管允许流速，m/s。

v 一般为 1～2.5m/s，v 与油的黏度有关，可根据不同黏度在表 3.10 中选取。

表 3.10　　　　　　　　　　油管允许流速与黏度的关系

油的黏度（°E）	1～2	2～4	4～10	10～20	20～60	60～120
自流及吸油管道	1.3	1.3	1.2	1.1	1.0	0.8
压力油管道	2.5	2.0	1.5	1.2	1.1	1.0

计算后选取接近的标准管径，标准的管径系列为：15mm、20mm、25mm、32mm、40mm、50mm、65mm、80mm、100mm、125mm、150mm、200mm、225mm、250mm、300mm、350mm、400mm、450mm、500mm、600mm 等。

2) 支管的直径选择。一般根据供油设备、净油设备和用油设备的接头尺寸确定。

(2) 油管壁厚计算。一般按经验选择，也可按下式计算

$$\delta_d = \frac{P_g d}{2[\sigma]} \tag{3.21}$$

式中　δ_d——壁厚，mm；

　　　　d——管道内径，mm；

　　　　P_g——管道内油的压力，MPa；

　　　　$[\sigma]$——许用压力，MPa。

对于钢管：

$$[\sigma] = \frac{\sigma_b}{K_e}$$

式中 σ_b——抗拉强度，MPa；

K_e——安全系数，当 $P_g < 7MPa$ 时，$K_e = 8$；当 $P_g < 17.5MPa$ 时，$K_e = 6$；当 $P_g > 17.5MPa$ 时，$K_e = 4$。

对于铜管：

$$[\sigma] \leqslant 25 \text{ MPa}$$

（3）管材选择。油系统管道可选用普通有缝钢管、无缝钢管或紫铜管，不宜采用镀锌管或硬塑管，因为镀锌管与油中酸碱作用，会促使油劣化；硬塑管容易发生变形和老化，也不利于防火。与净化设备连接的管道通常采用软管，如软铜管、耐油胶管和软胶管，连接灵活方便。

在油处理室和其他需要临时连接油净化设备和油泵的地方，应装设连接软管用的管接头。考虑管网和阀门等安装检修的需要，在适当位置也应设有活接头。

3.6.3 油系统管网计算

1. 管路阻力损失计算

（1）管路系统阻力损失的估算。在初步设计阶段，设备及管路布置尚未确定，管路系统的阻力损失 ΔP 可用下式估算

$$\Delta P = 8\nu \frac{Ql}{d^4} \times K \times 10^5 \text{(Pa)} \tag{3.22}$$

式中 ΔP——管路系统阻力损失，Pa；

ν——油的运动黏度，mm^2/s；

Q——管道内油的流量，L/min；

l——管路长度，m；

d——管道内径，mm；

K——修正系数。当 $Re \leqslant 2000$ 时，$K = 1$；$Re > 2000$ 时，$K = 6.8\sqrt[4]{\left(\frac{Q}{vd}\right)^3}$。雷诺数 $Re = vd/\nu$，v 为平均流速，cm/s；d 为管道内径，cm；ν 为油的运动黏度，mm^2/s，与油的温度有关。

（2）管路系统阻力损失计算。当设备及管路布置已经确定，可按实际管路系统来计算压力损失 ΔP，它由沿程阻力损失 ΔP_1 和管件局部损失 ΔP_2 组成，即

$$\Delta P = \Delta P_1 + \Delta P_2 \text{ (Pa)} \tag{3.23}$$

1）计算沿程阻力损失 ΔP_1。用经验公式近似计算

$$\Delta P_1 = 72\frac{v}{d}L \times 10^5 \text{(Pa)} \tag{3.24}$$

式中 v——管道中油的流速，m/s；

d——油管内径，mm；

L——直管段长度，m。

或用有关设计手册图表计算。

2）局部阻力损失 ΔP_2 计算。当液流的方向和断面发生变化所引起的局部压力损失，可由下式计算

$$\Delta P_2 = \sum \zeta \frac{v^2}{2g} \times \gamma \ (\text{Pa}) \tag{3.25}$$

式中　ζ——局部阻力系数；

　　　　v——油流速度，m/s；

　　　　g——重力加速度，m/s^2；

　　　　γ——油的容重，N/m^3。

油管路的局部损失也可将管件转换为当量长度后再按式（3.24）计算。管件当量长度的计算见有关设计手册。

2. 油泵扬程（排出压力）的校核

油泵扬程按下式计算

$$P_{ch} \geqslant \gamma h + \Delta P \ (\text{Pa}) \tag{3.26}$$

式中　P_{ch}——油泵扬程，Pa；

　　　　h——充油设备的油面至油泵中心最大高差，m；

　　　　γ——油的容重，N/m^3；

　　　　ΔP——管路总的压力损失，Pa。

油系统管网的阻力损失，应考虑经过一段时间使用后，油中污物沉积在管壁上，会使压力损失有所增加，因此油泵扬程应有一定余量。同时，除按正常室温进行计算外，还要按照可能遇到的低温进行压力损失校核，特别是对寒冷地区。若油泵扬程不能满足要求时，可以改选扬程较大的油泵或加大管径。

3. 油泵吸程校核

用油泵排油必须校核其吸程是否满足要求。油泵吸程按下式计算

$$[H_s] \geqslant H_g + h_w \ (\text{m}) \tag{3.27}$$

式中　$[H_s]$——油泵实际允许吸程，m；

　　　　H_g——油泵中心至最低吸油面的高差，m；

　　　　h_w——吸油管路上的总损失，m。

从产品样本查得的最大允许吸程是在吸入液面处大气压力为 1atm，若油泵工作条件与产品样本的要求不同时，按下式进行修正

$$[H_s] = H_s + \left(\frac{P_f - P_g}{\gamma} - \frac{P_0 - P_{f0}}{\gamma_0} \right) \ (\text{m}) \tag{3.28}$$

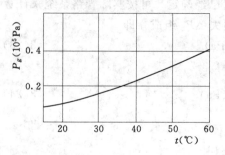

图 3.14　油温 t 与空气
分离压力 P_g 关系曲线

式中　H_s——产品样本上的允许吸程，m；

　　　　P_f——吸油面实际的绝对压力，Pa，应按吸
　　　　　　　　油面的海拔进行修正（见表 3.11）；

　　　　P_g——油泵实际工作油温下的空气分离压
　　　　　　　　力，Pa；油温 t 与空气分离压力 P_g
　　　　　　　　的关系见图 3.14；

P_0——产品样本上所要求的吸油面的绝对压力，一般 $P_0 = 10^5 Pa$；

P_{f0}——产品样本所要求油温下的空气分离压力，Pa；

γ_0、γ——产品样本上所要求的油温和油泵实际工作油温下的油容重，N/m³。

表 3.11 不同海拔的大气压力 P_f 值

海拔 （m）	-600	0	100	200	300	400	500	600	700	800	900	1000	1500	2000
P_f 值 （$10^5 Pa$）	1.10	1.03	1.02	1.01	1.00	0.98	0.97	0.96	0.95	0.94	0.93	0.92	0.86	0.84

3.7 油系统的布置及防火要求

3.7.1 油系统设备的合理布置

1. 油系统布置设计

（1）油系统布置设计应符合 SDJ 278—90《水利水电工程设计防火规范》的规定。

（2）油库布置应符合如下要求：

1）油库可布置在厂房内或厂房外。油罐室的面积宜留有适当裕度，在进人门处应设置挡油坎，挡油坎内的有效容积应不小于最大油罐的容积与灭火水量之和。

2）厂内透平油油库宜布置在水轮机层，且在安装场设供、排油管的接头。

3）厂外绝缘油油库宜布置在变电站附近、交通方便和安全处，油罐可布置在室内或露天场地。布置在露天场地时，其周围应设有不低于 1.8m 的围墙，并有良好的排水措施。露天油罐不应布置在高压输电线路下方。

4）油罐宜成列布置，应使油位易于观察，进人孔出入方便，阀门便于操作。

（3）油处理室布置应符合如下要求：

1）油处理室应靠近油罐室布置，其面积视油处理设备的数量和尺寸而定。

2）油处理室内应有足够的维护和运行通道，两台设备之间净距应不小于 1.5m，设备与墙之间的净距应不小于 1.0m。

3）油处理室宜设计成固定式设备和固定管路系统或移动式设备及用软管连接的管路系统。

4）滤纸烘箱应布置在专用房间内，烘箱的电源开关不应放在室内，否则应采用防爆电器。

5）油处理室地面应易清洗，并设有排污沟。

（4）管路敷设应符合如下要求：

1）主厂房内油管路应与水、气管路的布置统一考虑，应便于操作维护且整齐美观。

2）油管宜尽量明敷，如布置在管沟内，管沟应有排水设施。当管路穿墙柱或穿楼板时，应留有孔洞或埋设套管。

3）管路敷设应有一定的坡度，在最低部位应装设排油接头。

4）在油处理室和其他临时需连接油净化处理设备和油泵处，应装设连接软管用的接头。

5）露天油管路应敷设在专门管沟内。

6）油管路宜采用法兰连接。

7）变压器和油开关的固定供、排油管宜分别设置。

8）油管路应避开长期积水处。布置集油箱处应有排水措施。

2．中心油务所的设置

（1）梯级水电厂的总厂，可设置中心油务所。

（2）中心油务所内应设置储油和油净化处理设备。应按梯级水电厂或总厂中最大一台机组（或变压器）的用油量配置设备。

（3）中心油务所的油化验仪器设备宜按全分析项目配置。

（4）中心油务所应配置油罐车等运输设备。

3.7.2 油系统防火要求

水电站油库和油处理室布置应符合 SDJ 278—90《水利水电工程设计防火规范》要求。油系统应有防火防爆措施，墙壁为防火防爆墙。与油有关的室内工作场所，都应考虑消防措施。具体要求如下：

（1）油库与厂区建筑物的防火安全距离，绝缘油及透平油露天油罐与厂区建筑物的防火间距不应小于 $10\sim12m$；与开关站的防火间距不应小于 $15m$；与厂外铁路中心线的距离不应小于 $30m$；与厂外公路路边的距离不应小于 $15m$；与电力牵引机车的厂外铁路中心线的防火间距不应小于 $20m$；绝缘油和透平油露天油罐与电力架空线的最近水平距离不应小于电杆高度的 1.2 倍；绝缘油和透平油露天油罐以及厂房外地面油罐室与厂区内铁路装卸线中心线的距离不应小于 $10m$，与厂区内主要道路路边的距离不应小于 $5m$。

（2）绝缘油和透平油系统的设备布置，应符合如下防火要求：

1）露天立式油罐之间的防火间距不应小于相邻立式油罐中较大罐直径的 0.4 倍，其最大防火间距可不大于 $2m$。卧式油罐之间的防火间距不应小于 $0.8m$。

2）油罐室内部油罐之间的防火间距不宜小于 $1m$。

3）当露天油罐设有防止液体流散的设施时，可不设置防火堤。油罐周围的下水道应是封闭式的，入口处应设水封设施。

4）当厂房外地面油罐室不设专用的事故排油、储油设施时，应设置挡油槛；挡油槛内的有效容积不应小于最大一个油罐的容积。

当设有固定式水喷雾灭火系统时，挡油槛内的有效容积还应加上灭火水量的容积。

5）露天油罐或厂房外地面油罐室应设置消火栓和移动式泡沫灭火设备，并配置砂箱等消防器材。当其充油油罐总容积超过 $200m^3$，同时单个充油油罐的容积超过 $80\ m^3$ 时，宜设置固定式水喷雾灭火系统。

6）厂房内不宜设置油罐室，如必须设置时，应满足以下防火要求：

a）油罐室、油处理室应采用防火墙与其他房间分隔。

b）油罐室的安全疏散出口不宜少于两个，但其面积不超过 $100m^2$ 时可设一个。出口的门应为向外开的甲级防火门。

c）单个油罐室的油罐总容积不应超过 $200m^3$。

d）设置挡油槛或专用的事故集油池，其容积不应小于最大一个油罐的容积，当设有固定式水喷雾灭火系统时，还应加上灭火水量的容积。

e）油罐的事故排油阀应能在安全地带操作。

f）油罐室出入口处应设置移动式泡沫灭火设备及砂箱等灭火器材。当其充油油罐总容积超过 $100m^3$，同时单个充油油罐的容积超过 $50m^3$ 时，宜设置固定式水喷雾灭火系统。

7）油处理系统使用的烘箱、滤纸应设在专用的小间内，烘箱的电源开关和插座不应设在该小间内。灯具应采用防爆型。油处理室内应采用防爆电器。

8）钢质油罐必须装设防感应雷接地，其接地点不应少于两处，接地电阻不宜大于 30Ω。

9）绝缘油和透平油管路不应和电缆敷设在同一管沟内。

油库及油处理室的布置，如图 3.15 所示。

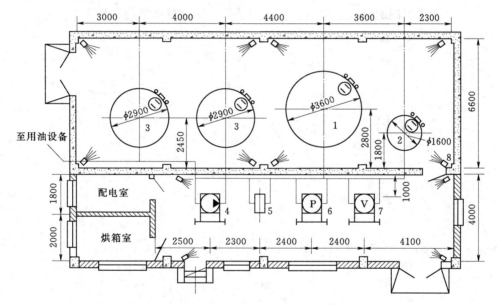

图 3.15　油库油处理室布置

1—$40m^3$ 净油槽；2—$4m^3$ 添油罐；3—$20m^3$ 运行油槽；4—油泵；5—吸附过滤器；
6—压力滤油机；7—真空滤油机；8—消防喷雾头

习 题 与 思 考 题

3-1　水电站用油种类与作用是什么？润滑油牌号的数字表示什么含义？

3-2　油主要特性指标的含意及其对运行的影响是什么？

3-3　什么是油的黏度？黏度与温度有什么关系？黏度对油的运行有什么影响？

3-4　何谓酸值？测定酸值有何意义？

3-5　什么是绝缘油的介质损失角和绝缘强度？

3-6 什么是油的劣化? 影响油劣化的因素有哪些?

3-7 油劣化会后会有哪些危害? 对运行有何影响?

3-8 油劣化的根本原因是什么? 采取哪些措施可以减缓油的劣化?

3-9 加速油氧化的因素有哪些? 可采取哪些防护措施防止油的氧化?

3-10 常用污油处理方法及工作原理是什么? 各有何特点?

3-11 运行中油的再生常用什么方法?

3-12 油系统的任务是什么? 油系统由哪些部分所组成?

3-13 油系统的主要设备有哪些?

3-14 储油设备有哪些? 其作用各是什么?

3-15 水电站润滑油系统中,常在哪些设备中用哪些自动化元件实现哪些自动化操作与监视?

3-16 油系统设备选择的内容与方法有哪些? 油系统布置的内容与方法是什么?

3-17 油系统图的组成、作用、特点、设备、供油对象及自动化要求。

第4章 压缩空气系统

4.1 概　　述

4.1.1 水电站压缩空气的用途

空气具有极好的弹性（即压缩比大），是储存压能的良好介质。压缩空气使用方便，易于储存和输送，在水电站中得到了广泛的应用，在机组的安装、检修和运行过程中，都要使用压缩空气。

水电站中使用压缩空气的设备有下列几方面：

（1）油压装置的压力油槽充气，为水轮机调节系统和机组控制系统的油压操作设备提供操作能源，额定工作压力一般为 2.5MPa，目前多采用 4.0MPa 的压力，并有进一步提高的趋势。

（2）机组停机时制动装置用气，额定压力为 0.7MPa。

（3）机组作调相运行时转轮室内压水用气，额定压力为 0.7MPa。

（4）检修维护时风动工具及吹污清扫用气，额定压力为 0.7MPa。

（5）水轮机导轴承检修密封围带充气，额定压力为 0.7MPa。

（6）蝴蝶阀止水围带充气，额定压力视作用水头而定，一般比作用水头大 0.1～0.3MPa。

（7）寒冷地区的水工建筑物闸门、拦污栅及调压井等处的防冻吹冰用气，工作压力一般为 0.3～0.4MPa，为了干燥的目的，压缩空气额定压力提高为工作压力的 2～4 倍。

目前，也有机组采用压缩空气密封循环冷却，代替一般的空气冷却器对发电机进行冷却，其效果较好。对于高水头电站，用压缩空气强制向水轮机转轮室补气比用自由空气补气方式的效果较好。

有的小型水电站，利用压缩空气充灌横跨河流的橡胶囊袋（有的是充水），作为橡胶坝拦截河道水流，形成一定作用水头供发电之用。这种电站投资省，见效快，唯橡胶袋容易破裂，修补困难，妨碍其推广应用。

水电厂按压力将压缩空气系统分为高压和低压两大系统。根据上述压缩空气用户的性质和要求，水轮机调节系统和机组控制系统的油压装置均设在水电站主厂房内，要求气压较高，压力范围为 2.5～4.0MPa，故其组成的压缩空气系统称为厂内高压压缩空气系统；机组制动、调相压水、风动工具与吹扫和空气围带用气等都在厂内，要求气压均为 0.7MPa，故可根据电站具体情况组成联合气系统，称为厂内低压压缩空气系统；水工闸门、拦污栅、调压井等都在厂外，要求气压为 0.7MPa，故称厂外低压压缩空气系统。原先的厂外配电装置灭弧及操作用高压气系统已很少见，水电站新型六氟化硫配电装置由设备制造厂家配套供应，其气动操作机构工作压力一般为 2.5MPa，水电站只对其压缩空气设备进行运行维护。

4.1.2 水电站压缩空气系统的任务与组成

水电站压缩空气系统的任务，就是随时满足用气设备对压缩空气的气量要求，并且保证压缩空气的质量，即满足用户对压缩空气压力、清洁和干燥度的要求。为此，必须正确地选择压缩空气设备，设计合理的压缩空气系统，并且实行自动控制。

压缩空气系统由以下四部分组成：

（1）空气压缩装置。包括空气压缩机、电动机、储气罐、空气冷却器及油水分离器等。

（2）供气管网。供气管网由干管、支管和管件组成。管网将气源与用气设备联系起来，向设备输送和分配压缩空气。

（3）测量和控制组件。它包括各种类型的自动化组件，如温度信号器、压力信号器、电磁空气阀等，其主要作用是保证压缩空气系统的正常运行。

（4）用气设备。如油压装置压力油槽、制动闸、风动工具等。

4.2 空 气 压 缩 装 置

4.2.1 空气压缩机的分类

空气压缩机的种类很多，按照工作原理可分为两大类：容积型压缩机与速度型压缩机。容积型压缩机靠在气缸内作往复运动的活塞，使气体容积缩小而提高压力。速度型压缩机靠气体在高速旋转叶轮的作用下，获得巨大的动能，随后在扩压器中急剧降速，使气体的动能转变为势能（压力能）。按照结构形式的不同，压缩机可作如下分类：

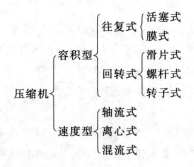

常用空压机为往复式、回转式和离心式。

往复式空压机是变容式压缩机，这种压缩机将封闭在一个密闭空间内的空气逐次压缩（缩小其体积）从而提高其压力。往复式空压机通过气缸内活塞的往复运动改变压缩腔的内部容积来完成压缩过程。

回转式空压机也是变容式压缩机，通过一个或几个部件的旋转运动来完成压缩腔内部容积的变化对气体进行压缩，包括滑片式、螺杆式和转子式几种类型。

离心式空压机是一动力型空压机，它通过旋转的涡轮完成能量的转换。气体进入离心式压缩机的叶轮后，在叶轮叶片的作用下，一边跟着叶轮作高速旋转；另一边在旋转离心力的作用下向叶轮出口流动，其压能和动能均得到提高；气体进入扩压器后，动能又进一步转化为压能，转子通过改变空气的动能和压能来提高其压力。

4.2.2 活塞式空气压缩机

活塞式空气压缩机又称为往复活塞式压缩机，具有工作压力范围广、效率高、工作可靠、适应性强等特点，因此在水电厂得到了广泛的应用。

1. 活塞式空气压缩机的工作原理

气体在某状态下的压力、温度和比容之间关系的数学表达式，称为气体的状态方程。

理想气体是指气体分子间没有吸引力，分子本身不占有空间的气体。实际上，理想气体是没有的；但对于多数气体，在压力不太高和温度不太低的情况下，按理想气体状态方程进行热力计算已足够精确。

理想气体的状态方程为

$$\frac{Pv}{T} = R \tag{4.1}$$

式中　P——压力，Pa；

　　　v——比容，m^3/N；

　　　T——温度，K；

　　　R——气体常数，$J/(N \cdot K)$。

压缩机对气体进行压缩时，气体的状态是不断变化的。为了研究问题方便起见，假定如下条件：

(1) 气缸没有余隙容积，并且密封良好，气阀开、关及时。

(2) 气体在吸气和排气过程中状态不变。

(3) 气体被压缩时是按不变的指数进行。

符合以上三个条件的工作过程称为理论工作过程。

图 4.1 为单作用式空压机的工作原理图。

在理论工作过程中，活塞从左止点向右移动时，气缸内左腔容积增大，压力降低，外部气体在气缸内外压差作用下，克服进气阀 3 的弹簧力进入气缸左侧，这个过程称为吸气过程，直到活塞到达右止点；当活塞从右止点向左返行时，气缸左侧的气体压力增大，进气阀 3 自动关闭，已被吸入的空气在气缸内被活塞压缩压力不断升高，这个过程称为压缩过程；当活塞继续左移直至气缸内的气压增高到超过排气压力时，排气阀 4 被顶开，压缩空气排出，这时气缸内的压力保持不变，直至活塞运动

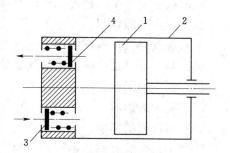

图 4.1　单作用式空压机的工作原理图
1—活塞；2—气缸；3—进气阀；4—排气阀

到左止点为止，这个过程称为排气过程。至此，空气压缩机完成了吸气、压缩和排气的一个工作循环。活塞继续运动，则上述工作循环将周而复始地进行。活塞从一个止点到另一个止点所移动的距离称为行程。上述循环中，活塞在往返两个行程中只有一次吸气和压缩、排气过程，这种压缩机称为单作用式压缩机。

如图 4.2 所示为双作用式空压机工作原理图，工作时活塞两侧交替担负吸气和压缩、

排气的工作任务，因此，活塞往返的两个行程共进行两次吸气、压缩和排气过程，故称为双作用式压缩机。

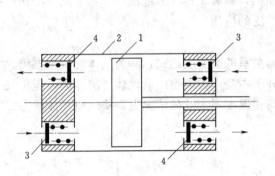

图 4.2　双作用式空压机工作原理图
1—活塞；2—气缸；3—进气阀；4—排气阀

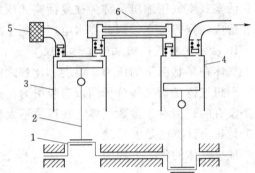

图 4.3　两级单作用式空气压缩机工作原理图
1—曲轴；2—连杆；3—一级气缸；4—二级气缸；
5—空气过滤器；6—冷却器

为了获得较高压力的压缩空气，可以将几级气缸串联起来，连续对空气进行多次压缩，即空气经前一级气缸压缩之后排出又进入下一级气缸进一步压缩，这种空压机有二级气缸、三级气缸直至多级气缸，其相应的空压机称为二级、三级或多级空气压缩机。如图4.3 所示为两级单作用式空气压缩机工作原理图。

空气经一级压缩后，外功转化为气体分子内能，排气温度很高。因此，在多级空压机中，一级排气必须经过中间冷却器冷却之后才进入下一级气缸，以使气体内能减少，从而减少下一级压缩所需的外功。根据冷却器的冷却介质不同，空压机分为风冷式空气压缩机和水冷式空气压缩机。风冷式空压机冷却效果较差，一般只用于小型空气压缩机。

压缩机的实际工作过程与理论过程是有差别的，这是因为：

（1）存在余隙容积。

（2）吸气时气缸内压力小于气缸外压力。

（3）排气时气缸内压力大于气缸外压力。

（4）温度的影响。

（5）湿度的影响。

（6）不严密的影响。

气缸中的余隙容积是不可避免的，因此排气时必定有剩余压缩空气未被排出，在吸气开始阶段它会重新膨胀，使实际吸入的气体量减少。吸气时，外界气体要克服吸气阀的弹簧力才能进入气缸，排气时也要克服排气阀的弹簧力才能把压缩空气排出，这就使得实际吸气量与排气量均较理论过程为小。压缩空气时，气缸吸收热量而发热，直接影响吸入空气的温度；空气中含有水分，吸气时水蒸气也进入气缸，经压缩并冷却后，大部分凝结成水排除掉；在吸气和排气过程中，空气会经过活塞环、吸气阀和排气阀等不严密处漏气；所有这些因素都使实际排气量比理论计算值小。

实际空压机对这些影响因素，用排气系数来表示，它是判定压缩机质量的参数之一，其值在 0.60～0.85 之间。

2. 活塞式空气压缩机的结构形式

活塞式压缩机按气缸中心线的布置有如图 4.4 所示的几种典型形式；图 4.4（a）为立式；图 4.4（b）、（c）、（d）为角式，分别为 V 型、W 型及 L 型；图 4.4（e）为卧式 H 型。图中图 4.4（a）当为卧式安置时，则为 π 型。

活塞式压缩机由曲轴、连杆通过十字头带动活塞、活塞杆在气缸内作往复运动（小型空气压缩机由连杆直接带动活塞），使气体在气缸内完成吸气、压缩和排气过程。吸、排气阀控制气体进入与排出气缸。在曲轴侧的气缸底部设置填料函，以阻止气体外漏。图 4.5 为两级压缩的 L 型空气压缩机。

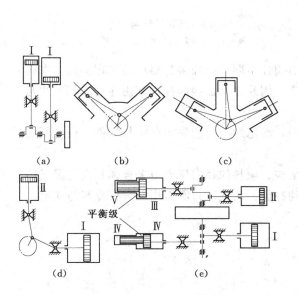

图 4.4　不同结构型式活塞式压缩机简图
（a）立式、单级；（b）V 型；（c）W 型；
（d）L 型、双级；（e）卧式、H 型、多级

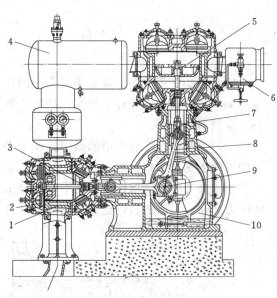

图 4.5　L 型空气压缩机
1—气缸；2—气阀；3—填料函；4—中间冷却器；5—活塞；
6—减荷阀；7—十字头；8—连杆；9—曲轴；10—机身

3. 活塞式空气压缩机的主要部件

（1）气缸。活塞式压缩机的气缸多用铸铁制造，中压气缸用球墨铸铁制造，高压气缸用锻钢制造（内装铸铁缸套）。按照作用方式，气缸有三种不同的结构形式：单作用式、双作用式与级差式。依照冷却方式，气缸有风冷与水冷之分。图 4.6 为微型或小型移动式单作用风冷式铸铁气缸。图 4.5 中 L 型压缩机的 Ⅰ 级及 Ⅱ 级气缸，为双作用水冷式开式铸铁气缸，由缸体及两侧缸盖组成，并带有水夹套。气阀配置在两侧缸盖上。

（2）进气阀与排气阀。活塞式压缩机的进气阀与排气阀均为自动阀，随气体压力变化而自行启闭。常见的类型有环状阀、网状阀、舌簧阀、碟形阀和直流阀。

环状进气阀如图 4.7 所示。环的数目视阀的大小由一片到多片不等，阀片上的压紧弹簧有两种：一种是每一环片用一只与阀片直径相同的弹簧，即大弹簧；另一种是用许多个与环片的宽度相同的小圆柱形弹簧，即小弹簧。排气阀的结构与吸气阀基本相同，两者仅是阀座与升程限制器的位置互换而已。

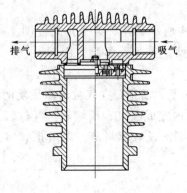

图 4.6 风冷气缸

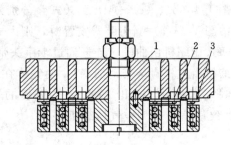

图 4.7 环状进气阀
1—阀座；2—升程限制器；3—阀片

网状阀的作用原理与环状阀完全相同，而阀片不同。阀片多为整块的工程塑料，在阀片不同半径的圆周上开许多长圆孔的气体通道。阀片之上加缓冲片，其用途是减轻阀片与升程限制器的冲击。

（3）填料函。在双作用的活塞式压缩机中，活塞的密封依靠填料密封组件。现代压缩机的填料多用自紧式密封。

图 4.8 为中压压缩机常见的平面填料函结构。填料的径向压紧力来自弹簧及泄漏气体的压力。在内径磨损后，连接处的缝隙能自动补偿。铸铁密封圈需用油进行冷却与润滑。

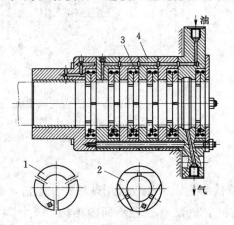

图 4.8 平面填料函结构
1—三瓣密封圈；2—六瓣密封圈；
3—弹簧；4—填料盒

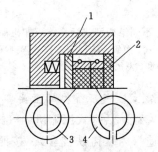

图 4.9 塑料填函
1—阻流环；2—导热环；3、4—填充
聚四氟乙烯密封环

在无油润滑压缩机中，用填充聚四氟乙烯工程塑料作密封圈，常用如图 4.9 所示的结构。在填充聚四氟乙烯密封圈的两侧加装金属环，分别起导热作用及防止塑料的冷流变形。

4. 压缩机的排气量及其调节

压缩机在单位时间内排出的气体容积，换算到吸气状态（压力、温度）下的数值，称为排气量，单位为 m³/min。排气量是空压机每分钟压缩空气的数量，表明了生产率的高低。

空压机的排气压力，通常是指最终排出空压机的气体压力，即空压机的额定压力。

压缩机的排气量与压缩空气的消耗量不相应时，会引起排气网中压力的波动。当排气量超过消耗量时，压力升高；反之，则压力降低。为了保证某些用户设备（如风动工具）的正常工作，排气管网应保持接近恒定的压力，因此必须对压缩机的排气量进行调节。调节的方法有：

（1）打开排气阀将多余的气体排至大气中。

（2）改变原动机的转速。

（3）停止原动机运转。

（4）打开吸气阀。

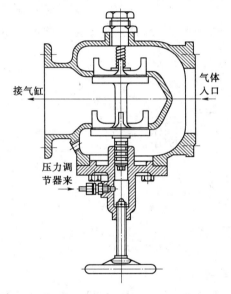

图 4.10 停止吸气阀结构

（5）关闭吸气阀。

（6）连通辅助容器增大余隙容积。

上述第（1）种方法因为不经济，最好不采用。第（2）种方法常用于蒸汽机或内燃机带动的压缩机中，因为这些原动机改变转速较容易。第（3）种方法用于以电动机带动的小型压缩机中。

水电站大多数用气设备，都是要求瞬时或短时间使用大量的压缩空气（如操作电气设备、调相压水等），通常用足够大的储气罐来供给，只当储气罐的气压降低到整定值的下限时，才启动空气压缩机，而所采用的压缩机通常为电动机带动的小型压缩机。因此，停止原动机运行的调节方法在水电站中广泛采用，也是经济的。

第（4）种打开吸气阀的调节方法在水电站中也常采用，可通过调整器和卸荷阀来实现。其他方法很少采用。

第（5）种方法通过关闭压缩机的吸气阀，使压缩机停止进气。停止吸气阀的结构见图 4.10。当供气量过多时，储气罐的压力升高，通过压力调节器输送来的气压将阀关闭，吸气口被截断；当压力降低时，靠阀的重力及弹簧力使阀开启。

第（6）种方法是在大型压缩机中用余隙阀来调节压缩机的进气量。图 4.11 为变容积的余隙阀，它与第Ⅰ级气缸余隙容积联通，余隙活塞移动使气缸余隙容积变动，吸气量因此而增减，从而调节排气量。

5. 压缩机的冷却装置

压缩机的冷却包括气缸壁的冷却及级间气体的冷却。这些冷却可以改善润滑工况、降低气体温度及减小压缩功耗。图 4.12 为两级压缩机的串联冷却系统。图中冷却水先进入中间冷却器而后进入气缸的水套，以保持气缸壁面上不致析出冷凝水而破坏润滑。冷却系统的配置可以串联、并联，也可混联。

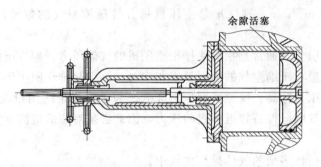

图 4.11　变容积的余隙阀

压缩机级间冷却器经常放置在压缩机机体上，大型压缩机的级间冷却器，气体压力 $P<$ $3\sim5$MPa 时采用管壳式换热器，利用轴流式风扇吹风冷却；压力再高时一般采用套管式换热器，采用水冷却，冷却后的气体与进口冷却水的温差一般在 $5\sim10℃$，为避免水垢的产生，冷却后的水温应不超过 40℃。冷却后的气体进入油水分离器，将气体中的油与水分离掉。

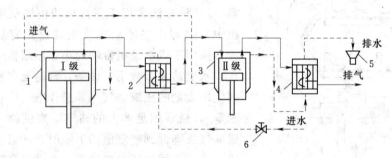

图 4.12　两级压缩机的串联冷却系统

1—Ⅰ级气缸；2—中间冷却器；3—Ⅱ级气缸；4—后冷却器；5—溢水槽；6—供水调节阀

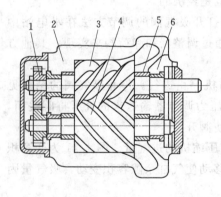

图 4.13　螺杆式压缩机结构示意图

1—同步齿轮；2—气缸；3—阳转子；
4—阴转子；5—轴密封；6—轴承

4.2.3　螺杆式空气压缩机

螺杆式空气压缩机属容积式压缩机，是通过工作容积的逐渐减少对气体进行压缩的。

1. 螺杆式压缩机的结构

螺杆式空气压缩机的结构如图 4.13 所示，其结构组成包括同步齿轮、气缸、阳转子、阴转子、轴密封、轴承等部件。图中压缩机机壳内置有两个转子：阳螺杆和阴螺杆。两者的齿数不等，因而以一定的传动比相互啮合运行。小型的螺杆式压缩机缸体做成整体式，较大型的则制成水平剖分面结构。螺杆式压缩机的吸气口通常开在机体的左下方，排气口开在右上方。

螺杆式压缩机有喷油式和干式两种。前者一般是由阳转子直接驱动阴转子，结构简单，喷油道有利于密封和冷却气体。后者要保证啮合过程中不接触，因而在转子的一端设置同步齿轮，主动转子通过同步齿轮带动从动转子。

2. 螺杆空气压缩机的工作原理

（1）吸气过程。螺杆式压缩机并无进气与排气阀组，进气只靠一调节阀的开启、关闭调节。当转子转动时，主副转子的齿沟空间在转至进气端壁开口时，其空间最大，此时转子的齿沟空间与进气口之自由空气相通。因在排气时齿沟之空气被全数排出，排气结束时，齿沟乃处于真空状态，当转到进气口时，外界空气即被吸入，沿轴向流入主副转子的齿沟内。当空气充满整个齿沟时，转子之进气侧端面转离了机壳之进气口，在齿沟间的空气即被封闭。

（2）封闭及输送过程。主副两转子在吸气结束时，其主副转子齿峰会与机壳闭封，此时空气在齿沟内闭封不再外流，即封闭过程。两转子继续转动，其齿峰与齿沟在吸气端吻合，吻合面逐渐向排气端移动。

（3）压缩及喷油过程。在输送过程中，啮合面逐渐向排气端移动，亦即啮合面与排气口间的齿沟间渐渐减小，齿沟内之气体逐渐被压缩，压力提高，此即压缩过程。而压缩同时润滑油亦因压力差的作用而喷入压缩室内与室气混合。

（4）排气过程。当转子的啮合端面转到与机壳排气相通时，此时压缩气体之压力最高，被压缩气体开始排出，直至齿峰与齿沟的啮合面移至排气端面，此时两转子啮合面与机壳排气口的齿沟空间为零，即完成排气过程。与此同时转子啮合面与机壳进气口之间的齿沟长度又达到最长，其吸气过程又开始进行。

3. 螺杆式空气压缩机的特点

螺杆式压缩机结构较简单，易损件少、可靠性高、体积小、重量轻、基础小。螺杆式压缩机具有强制输气的特点，排气量不受排气压力的影响，其内压力比也不受转速和气体密度的影响，效率高。压缩机在运转中能产生很强的高频噪声，此外对转子加工精度要求高，需采用复杂的加工设备。近年来由于转子型线的不断改进，性能不断提高，工作压力最高可达 4.3MPa，因而应用日益广泛。

4.2.4 滑片式空气压缩机

1. 滑片式空气压缩机的结构

滑片式压缩机结构如图 4.14 所示。

滑片式压缩机主要由气缸、转子及滑片三部分组成。转子偏心配置在气缸内，在转子上开有若干径向槽，槽内放置由金属（铸铁、钢）或非金属（酚醛树脂夹布压板、石墨、聚乙醛亚胺等）制作的可沿径向滑动的滑片。由于偏心，转子与缸壁之间形成一个月牙形空间。当转子旋转时滑片受离心力的作用甩出，紧贴在缸壁上，把月牙形空间分隔成若干扇形单元容积。转子旋转一周，其单元容积从吸入口转向排气口，将由最小逐渐变大、再由最大逐渐变小。当单元容积与吸入口相通时，气体经过滤器由吸气口进入单元容积，单元

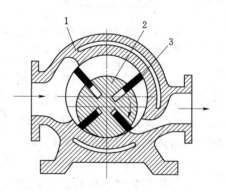

图 4.14 滑片式压缩机的结构
1—机体；2—转子；3—滑片

容积由最小值变为最大值；转子继续旋转，单元容积再由最大值逐渐变小，气体被压缩。当单元容积转至排气口时，压缩过程结束，排气开始。排气终止后，单元容积达到最小值，随着转子旋转，单元容积又开始剩气膨胀、吸气、压缩、排气过程，周而复始不断循环。

滑片式压缩机有喷油型与无油型两类。喷油可减少摩擦，降低温度，增大压力比，但需增加一套油循环系统。无油型的滑片采用自润滑材料，可使气体不含油，但压力比不能过高。

2. 滑片式压缩机的特点

滑片式压缩机结构简单，体积小，重量轻，噪声小，操作和维修保养方便，可靠性高，可长时间连续运转，容积效率高。滑片式压缩机的主要缺点是滑片机械磨损较大，滑片的寿命取决于材质、加工精度及运行条件。滑片式压缩机目前在小气量或移动式压缩机中仍有应用，一般用于 0.68MPa 以下的压力，排气量通常不超过 0.5m³/s。

4.2.5　空气压缩装置的其他设备

空气压缩装置除了空气压缩机之外，还要有空气过滤器、气水分离器、储气罐、冷却器、止回阀和减压阀等附属装置，以满足用气设备的要求。

1. 空气过滤器

空气过滤器简称滤清器，其作用是过滤空气，防止空气中的灰尘和杂质进入空气压缩机。如果大量的灰尘和杂质进入气缸，就会与高温气体和润滑油混合而逐渐碳化，黏附在活塞、气缸壁和进排气阀上形成积碳，使气阀关闭不严，减少排气量，降低压缩机效率，增加活塞和气缸的磨损，缩短部件寿命。因此，要在压缩机进气管路前装设空气过滤器。

滤清器一般有干式和油浴式两种形式。干式滤清器有纤维织物和金属滤网两种，图 4.15 为较常用的金属筒滤清器。

滤清器由筒体 1 和封头 2、5 组成，筒内滤芯由多层波纹状铁丝做成筒形过滤网，表面涂一层黏性油。当含尘空气通过时，灰尘和杂质黏附于过滤网上。当过滤网附着物过多时，拧开螺母 4 卸下封头 5，取出滤网 3，清洗后重新上油，即可继续使用。

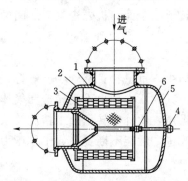

图 4.15　金属筒滤清器
1—筒体；2、5—封头；3—过滤网；
4、6—螺母

油浴式滤清器由滤芯和油池两部分组成，进入滤清器中的气体经气流折返，较大颗粒的灰尘落入油池，较小颗粒的灰尘由滤芯阻隔。

2. 气水分离器（又称油水分离器）

空气压缩机气缸中排出的压缩气体，由于温度较高，含有一定数量的水蒸气和油分子。气水分离器的功能是分离压缩空气中的水分和油分，使压缩空气得到初步净化，以减少污染和腐蚀管道。

气水分离器的结构各不相同，它们的作用原理都是使进入气水分离器中的压缩空气气流产生方向和大小的改变，并依靠气流的惯性，分离出密度较大的水滴和油滴。

图 4.16 是隔板式和旋转式气水分离器的剖面图。分离器底部装设的截止阀或电磁阀是作为排污兼作空压机起动卸荷阀之用。其中截止阀是手动操作，电磁阀是电气自动操作的。

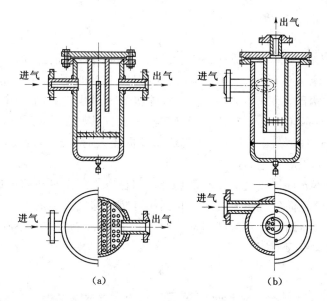

（a）　　　　　　　　　　　　（b）

图 4.16　气水分离器的剖面图
（a）隔板式；（b）旋转式

3. 储气罐

储气罐的作用有：作为气能的储存器，当用气设备耗气量小于空压机的供气量时积蓄压缩空气，而当耗气量大于供气量时放出压缩空气，以协调空压机生产率与用户的用气量；作为压力调节器，缓和活塞式压缩机由于断续压缩而产生的压力波动；作为气水分离器，当压缩空气进入储气罐后温度逐渐降低，运动方向改变，从而将空气中的水分和油分加以分离和汇集，并由罐底的排污阀定期排除；作为压力控制器，储气罐上装设的压力信号器根据管网中的空气消耗量不同而引起的压力变化，操作空压机的开启与关闭。

一般中、小型活塞式空压机均随机附有储气罐，但其容积较小，水电站一般需另设储气罐。储气罐是压力容器，用钢板焊接而成，其结构如图 4.17 所示。储气罐还需要设置压力表（或压力信号器）、安全阀和排污阀等。

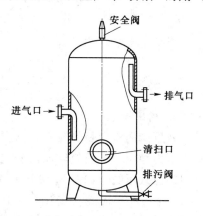

图 4.17　储气罐结构示意图

4. 冷却器

多级压缩的空压机除对气缸冷却外，还设有冷却器，用作多级压缩空压机的级间冷却和机后冷却，即经过一级压缩的空气，必须经过冷却器冷却后再进入下一级压缩，以减少压缩功耗；或是经空压机压缩排出的高温空气经冷却器冷却后再进入用气设备或储气罐，以降低空压机排气的最终温度。

对于排气量小于 $10m^3/min$ 的小容量空压机大多采用风冷式冷却器，即把冷却器做成蛇管式或散热器式，用风扇垂直于管子的方向吹风；排气量较大的空压机多采用水冷式冷却器，有套管式、蛇管式、管壳式等。

5. 止回阀

止回阀控制气体只能向一个方向流动、反向截止或有控制的反向流动，因此又称为单向阀或逆止阀。按流体流动方向的不同，止回阀可分为直通式和直角式两种结构。图 4.18 为止回阀的结构图，图 4.18（a）为管式连接的直通式止回阀，图 4.18（b）为板式连接的止回阀。止回阀由阀芯、阀体、弹簧等组成。气体从 p_1 流入时，克服弹簧力推动阀芯，使通道接通，气体从 p_2 流出；当气体从反向流入时，流体的压力和弹簧力将阀芯压紧在阀座上，气体不能通过。

止回阀应用于不允许气流反向流动的场合。如在空气压缩机与储气罐之间应设置止回阀，当空气压缩机停止向储气罐充气时，止回阀可防止储气罐中的压缩空气倒流向空气压缩机，并可保证空气压缩机实现卸载启动。此外，止回阀还常与节流阀、顺序阀等组合成单向节流阀、单向顺序阀使用。

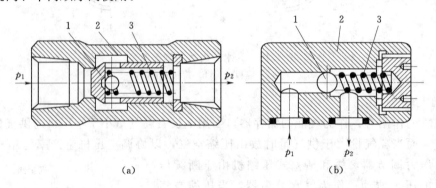

图 4.18　止回阀结构图
（a）管式连接；（b）板式连接
1—阀芯（锥阀或球阀）；2—阀体；3—弹簧

6. 减压阀

减压阀的作用是将具有较高压力的压缩空气减压调整到规定的较低压力输出，并保证输出压力稳定，不受气体流量变化及气源压力波动的影响。通常在高压储气罐和用气设备之间装设减压阀。如图 4.19 所示为机械式减压阀。

图 4.19 中 A 腔为高压侧，B 腔为减压后的低压侧，B 腔与薄膜 9 上部 C 腔相通，薄膜 9 与上顶座 10 及顶塞 11 相顶。当 B 腔压力低于所需工作压力时，薄膜上部压力小于下部弹簧压力，顶塞 11 向上移动，使套形阀 2 上部与 B 腔连通，阀上压力下降，使阀套上移，阀门打开。当 B 腔压力升至工作压力时，薄膜恢复原来位置，顶塞 11 下移，截断阀套上腔与 B 腔的通路，使阀套上压力升高，阀套下移与阀座接触后立即关闭。用调整螺塞 4 和调整螺钉 1 可进行工作压力的调整。调节弹簧 7 和 8 可调节减压阀的灵敏度。

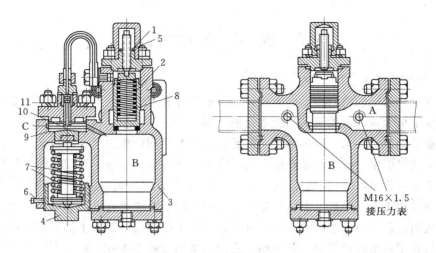

图 4.19 机械式减压阀结构图

1—调整螺钉；2—套形阀；3—阀体；4—调整螺塞；5—锁定螺母；

6—顶丝；7、8—弹簧；9—薄膜；10—上顶座；11—顶塞

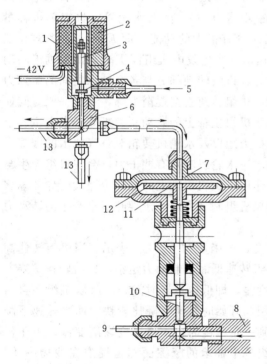

图 4.20 电磁排污阀工作原理图

1—电磁阀；2—线包；3—铁芯；4—阀体；5—引自 I 级排气管；6—十字接头；7—排污阀；8—接油水分离器；9—接排污管；10—针阀；11—膜片室；12—膜片；13—接其他排污阀

7. 电磁排污阀

电磁排污阀用于压缩空气装置自动排污，以保证油水分离器中不积存油水污物，有利于防锈和保持空气清洁。空气压缩机启动时，延时关闭电磁阀可以减小启动载荷。图 4.20 所示为电磁排污阀工作原理图。

空气压缩机停机时，其 I 级排气管 5 停止向膜片室 11 供给压缩空气，膜片室上部的压缩空气由十字接头 6 上的常开小孔排出，油水分离器中的压缩空气将针阀 10 顶开，进行放气排污，并为空气压缩机空载启动做好准备。

当储气罐压力下降到空气压缩机的启动压力时，空气压缩机启动，通过时间继电器控制电磁阀 1 延时励磁，由 I 级排气管引向电磁阀 1 的压缩空气使其阀口 4 关闭，压缩空气不能进入膜片室 11，针阀 10 仍保持在上升位置，排污阀口仍然开启，空气压缩机卸载启动。经时间继电器延时后，电磁阀励磁，在电磁力作用下将阀口 4 打开，压缩空气进入膜片室 11，推动针阀 10 下移，关闭排污阀口，油水分离器不再排污，空气压缩机向储气罐供气。当储气罐压力达到上限时，空气压缩机停机。

4.3 机组制动供气

4.3.1 机组制动概述

水轮发电机组一般由两大部分组成,即转动部分和固定部分。转动部分主要包括发电机转子及发电机大轴、水轮机转轮及水轮机大轴;固定部分主要包括发电机定子、发电机导轴承和推力轴承以及水轮机导轴承。机组转动部分和固定部分通过导轴承和推力轴承相接触。在立式机组中,导轴承承载机组的径向力,防止机组的径向摆动和径向位移;机组整个转动部分的重量以及机组运行时的水推力则通过推力轴承传递到机组的下部混凝土基座上。在卧式机组中,一般由发电机导轴承和推力轴承组成组合轴承,承担机组转动部分的重量和机组运行时由于水推力作用在机组轴向产生的轴向力。为了提高水轮发电机组的效率,总是希望机组转动部分与各个轴承之间的摩擦力越小越好。现代大型水轮发电机组的效率一般可以达到 96%,可见机组转动部分与各个轴承之间的摩擦力是很小的。

现代水轮发电机组单机容量越来越大,我国制造的冲击式机组单机容量已经达到 120MW(四川冶勒水电站),灯泡贯流式机组单机容量最大为 57MW(广西桥巩水电站),混流式机组单机容量最大为 800MW(四川向家坝水电站)。随着水轮发电机组单机容量的增大,机组运转时具有很大的转动惯量,因而具有很大的动能,即 $E = J\omega^2/2$,式中 J 为机组转动部分的转动惯量,ω 为机组转动角速度。水轮发电机组停机时,如果机组的动能消耗在发电机转子在空气中旋转产生的摩擦力、机组转动部分与各个轴承之间的摩擦力和水轮机转轮在空气或水中转动产生的阻力上,机组转速就会逐渐下降,经过一段时间使机组停止转动。因此在自由制动过程中,作用于机组主轴上的制动总力矩等于发电机转子对空气的摩擦力矩、推力轴承和导轴承上的摩擦力矩以及水轮机转轮对空气或水的摩擦力矩之和。水轮机导水叶关闭之后,由于导叶漏水对水轮机叶片有冲击力,会使机组产生与阻力矩相反的转动力矩。如果自由制动过程中作用于机组主轴上的制动力矩大于导叶漏水产生的转动力矩,机组就会逐渐停止转动;如果机组制动力矩小于导叶漏水产生的转动力矩,则机组永久停不下来。

机组自由制动力矩公式可用机组转动角速度 ω 的函数 $M = f(\omega)$ 表示。当机组转速高时,制动力矩大,机组转速下降速度快;当机组转速低时,制动力矩小,机组转速下降速度慢,即低速运转时间长。所以机组在自由制动开始时转速下降比较快,而当转速下降到一定程度时,下降速度逐渐变慢。由于机组各个轴承的摩擦面都是浸泡在油槽中的,机组长时间在低转速下运行,会使摩擦面之间的润滑油被"挤"出,推力轴承的润滑条件恶化,有发生半干摩擦或干摩擦的危险甚至产生烧瓦,所以水轮发电机组不允许长时间在低转速下运转。

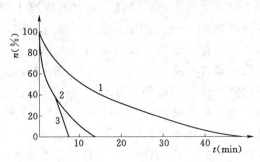

图 4.21 机组制动过程的转速变化曲线
1—转轮在空气中自由制动;2—转轮在水中
自由制动;3—强迫制动

如图 4.21 所示为机组在自由制动和强

迫制动过程中的转速变化曲线。从图中可以看出，轴轮在水中自由制动时机组转速下降快，但转轮一旦暴露在空气中，转速下降将变得非常缓慢，机组的自由制动过程要比转轮在水中旋转时长几倍。这是因为转轮在水中转动时对水的搅动剧烈，在空气中旋转所产生的阻力矩要远小于转轮在水中旋转产生的阻力矩。

由于水轮发电机制造厂对自由制动条件下推力轴承的工作可靠性不予保证，所以随发电机提供一套强迫制动装置。水轮发电机组的制动大致可分为机械制动、电气制动和混合制动三种方式。

4.3.2　机组机械制动装置

机械制动装置通常采用压缩空气作为强迫制动的能源来推动制动闸。为了避免制动闸摩擦面上的过度发热和磨损，以及为了减少制动装置的功率，通常规定待机组转速降低到额定转速的30%～40%时才进行强迫制动。这时机组转动部分的剩余能量大部分已经消耗掉，制动系统仅需抵偿其很小的一部分能量。制动闸的数目、尺寸和工作压力就是根据这种条件来考虑的。

立式水轮发电机组的制动闸装设在发电机下机架上，一般4～36个制动闸并联工作；卧式机组制动闸装设在飞轮两侧，通常2个制动闸并联工作。制动闸压缩空气的工作压力为0.5～0.7MPa。制动闸结构如图4.22所示，由汽缸、活塞、闸板、回复弹簧等组成。活塞在压缩空气和回复弹簧的作用下在汽缸内上下滑移，其顶部固接带有石棉橡胶板的制动闸板。立式机组制动时，制动闸板在压缩空气的作用下向上顶起，顶压在发电机转子下方的制动环上产生摩擦力矩，形成摩擦制动。卧式机组制动时，两个制动闸板在压缩空气的作用下从两侧紧紧夹持飞轮而形成制动力矩。制动装置在转子静止后排出压缩空气，活塞和制动闸板在回复弹簧的作用下回复到原来位置。

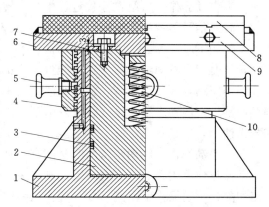

图4.22　制动闸结构示意图

1—底座；2—活塞；3—O形密封圈；4—螺母；
5—手柄；6—制动板；7—螺钉；8—制动块；
9—夹板；10—弹簧

立式机组的制动装置除用于制动外，通常还用作油压千斤顶来顶起发电机转子。当机组长时间停机后，推力轴承的油膜可能被静压力破坏，故在开机前要将转子顶起，使润滑油进入镜板与推力瓦之间形成油膜。因此，立式机组的制动闸有通入压缩空气制动和通入压力油顶转子两种工作状态，用三通阀进行切换。正常运行时，制动闸与压缩空气控制单元输出管道相连通。顶转子时，切换三通阀通向高压油泵，向制动闸注入压力油，使转子抬高8～12mm，停留1～2min，再排油使转子降低到工作位置。顶转子的油压视转子重量和制动闸结构而定，一般为8～12MPa。按规程规定，第一次停机超过24h，第二次停机超过36h，第三次停机超过48h，以后每次停机超过72h及以上都需要顶起转子。

制动用气的气源，我国各水电站都是从厂内低压气系统中通过专门的储气罐和供气干管供给。机组的制动供气管路及控制测量组件，一般都集中布置在一个制动柜内，以便于运行管理。如图 4.23 所示为国内较典型的立式机组制动装置系统原理图。

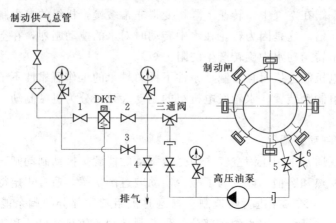

图 4.23 立式机组制动装置系统原理图

1. 制动操作

机组制动分自动操作和手动操作。

（1）自动操作：机组在停机过程中，当转速降低至规定值（通常为额定转速的 35%）时，由转速信号器控制的电磁空气阀 DKF 自动打开，压缩空气从供气总管经常开阀门 1、电磁空气阀 DKF、常开阀门 2、三通阀、制动供气环管后进入制动闸，对机组进行制动。制动延续时间由时间继电器整定，经过一定的时限后，使电磁空气阀 DKF 复归（关闭），制动闸中压缩空气经三通阀、常开阀门 2、电磁空气阀 DKF 与大气相通，压缩空气排出，制动闸落下，制动完毕。排气管最好引到厂外或地下室，以免排气时在主机室内产生噪音和排出油污，吹起灰尘。

（2）手动操作：制动装置同时又配有手动操作阀门，在机组自动操作系统故障时，可以手动操作使风闸顶起。当电磁空气阀失灵或检修时，可以关闭阀门 1 和 2，将自动操作回路切除；手动操作常闭阀门 3 打开，压缩空气从供气干管经常闭阀门 3、三通阀进入制动闸对机组进行制动；制动完成后，将常闭阀门 3 关闭、常闭阀门 4 打开，压缩空气经三通阀和常闭阀门 4 接通排气管排气。

制动闸未落下时，机组不允许起动。制动装置中的压力信号器 YX 是用来监视制动闸状态的，其常闭接点串联在自动开机回路中，当制动闸处于无压状态即落下时，才具备开机条件。

2. 顶起转子

顶转子操作时，先关闭常开阀 2 和常闭阀 4，切换三通阀接通高压油泵，用手摇或电动油泵打油到制动闸，使发电机转子抬起 8～12mm。开机前放出制动闸中的油，打开阀 5，制动闸下部的油沿排油管经阀 5 排至回油箱。风闸活塞壁间的漏油经阀 6 排出，制动闸和环管中的残油可用压缩空气来吹扫。

3. 冲击式机组副喷嘴制动

冲击式机组的制动是利用专设的喷嘴使反向射流喷射到转轮的水斗背面，在机组转轴上产生制动力矩。图 4.24 表示冲击式机组制动喷嘴控制系统图。控制系统的针阀由弹簧式差动接力器 3 控制，而接力器 3 由配压阀 4 控制。在停机过程开始前，配压阀 4 的活塞位于下面位置，接力器 3 的工作腔与回油相通。针阀 1 在弹簧 5 作用下使喷嘴关闭。

当冲击式水轮机主工作喷嘴关闭和并和发电机解列之后，电磁线圈 6 接通，使配压阀 4 的活塞上移，压力油进入接力器 3 的工作腔，使其活塞左移，针阀 1 将喷嘴 2 打开，射流作用在水斗背面，使转轮制动。当机组停止时，电磁线圈 6 断开，弹簧 7 使配压阀移向下端，接力器 3 的工作腔重新接通回油，针阀 1 在弹簧 5 的作用下使喷嘴关闭。接力器 3 的活塞移动速度可利用节流片 8 来调节。配压阀电磁线圈断开时的机组转速和针阀关闭的全行程时间的选择，应使转轮完全停止时射流刚好停止。因为制动射流时间过长可能使转轮倒转。

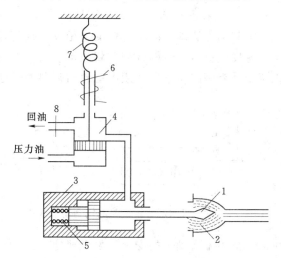

图 4.24 冲击式机组制动喷嘴控制系统图
1—针阀；2—喷嘴；3—接力器；4—配压阀；5、7—弹簧；
6—电磁线圈；8—节流片

国外某些公司制造的冲击式机组，同时采用两种制动方式：反向射流和制动闸（机械制动）；在这种机组上，制动喷嘴关闭时可用压缩空气来制动。也有的除了反向射流以外，还采用反向电流的制动方式。应该指出，设置两套制动装置使设备和机组控制系统复杂化。

4.3.3 机组电气制动装置

机械制动装置采用制动闸和制动环直接接触产生摩擦阻力而起到制动作用，这种制动方式存在以下缺点：

（1）制动功率与机组转速成正比，为了减少制动瞬间的冲击和制动环、制动块的磨损，投入机械制动的转速有限制，一般为额定转速的 30% 左右，因此延长了机组停机时间。

（2）随着水轮发电机组单机容量的不断增大，其转动惯量随之增大，制动时大量转子动能要消耗在制动块的磨损上，使制动块磨损迅速，更换频繁。

（3）制动摩擦产生的大量粉尘随发电机内部循环空气进入转子磁轭及定子铁芯的通风槽，并随油雾黏附在绕组端部和铁芯风道的表面。粉尘聚集会减小通风槽的过风断面积，影响发电机的散热，导致定子温升增高，并污染定子绕组，降低其绝缘水平，增加了检修维护工作量。

（4）在制动过程中，制动环表面温度急剧升高，因而产生热变形，以致出现龟裂现象。

为了克服机械制动的缺点，提出了机组采用电气制动停机的方法。电气制动是一种非接触式制动方法，它是基于同步电机电磁感应的原理，将机组的剩余动能转变为热能而实现制动停机的。

电气制动装置目前主要分为发电机定子三相短路电气制动、发电机—变压器单元高压侧短路电气制动、反接制动停机三种方式。

1. 发电机定子三相短路电气制动

该制动方法基于同步电机的电枢反应原理。在发电机出线端设置三相制动开关 ZDK，当水轮发电机组与电网解列并将发电机转子绕组灭磁后，合上三相制动开关 ZDK 将发电机定子绕组短路，采用厂用电源整流后供给转子绕组励磁电流，这样在定子绕组中就会通过三相对称的短路电流。调节励磁电流使定子短路电流达额定值，该电流在定子绕组中产生铜损耗，使转子的剩余动能以热量的形式进行消耗，并对转子感生制动力矩，其方向与机组的惯性力矩方向相反。电磁制动力矩与机组的其他阻力矩一起作用，使机组快速停机，从

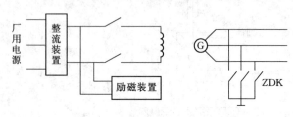

图 4.25 发电机定子三相短路电气制动接线原理图

而保证机组推力轴承的安全。发电机定子三相短路电气制动接线原理如图 4.25 所示。

机组本身的制动力矩（包括风摩擦损耗、轴承摩擦损耗和水摩擦损耗）随转速降低而迅速下降，而定子短路电流产生的制动力矩则随转速的降低初始时增加，当转速进一步降低后又随之下降。由于电气制动的最大制动力矩相当可观，因此它比机械制动停机迅速。

电气制动采用定子绕组直接短路的方式接线简单，制动电流值视发电机的温升和要求的制动时间而定，一般为 1.0~1.1 倍的定子额定电流，电气制动的投入转速也较机械制动高，一般为额定转速的 50%。

2. 发电机—变压器单元高压侧短路电气制动

水电厂如无近区负荷，发电机端往往不设母线而采用发电机—变压器单元接线，具有接线简单、操作方便、短路电流小等特点。对于这种接线可以在变压器的高压侧实施短路，对发电机进行电气制动，其接线原理如图 4.26 所示。

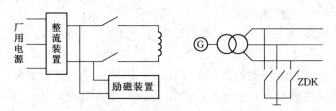

图 4.26 发电机—变压器单元短路制动接线原理图

这种电气制动方式相当于在发电机定子三相绕组外接了一个附加电阻。制动装置投入后，由于变压器的感应电势与频率成正比，变压器的电抗也与频率成正比，故变压器的短路电流和损耗基本上不随频率而变化，而这时电气制动的短路损耗不但有发电机定子绕组的铜损耗，还包括了变压器的铜损耗。发电机—变压器单元接线中发电机和变压器的容量是匹配的，有关数据表明，同容量的发电机和变压器的等效电阻大致相同，因而在相同的短路电流下可以使发电机的制动力矩成倍增加，制动时间缩短。

发电机定子短路制动要在室内装设大电流的短路开关，安装过程复杂，占地面积大，

国产大电流电动操作隔离开关的可靠性还有待提高。采用变压器高压侧短路电气制动，由于高压断路器两侧的隔离开关一般都配备有接地短路开关，由远方自动操作，可以兼作发电机短路制动之用，这样既简化了接线，也节省了投资。

3. 反接制动停机

反接制动接线原理如图 4.27 所示。发电机与系统解列灭磁后，将励磁绕组通过灭磁电阻或直接短接，在定子绕组中通以负序低电压的三相交流电，负序电流在定子侧形成了一个与发电机转子旋转方向相反的旋转磁场，这一磁场与转子有 n_0+n 的相对运动（n_0 为外加电源的同步转速；n 为发电机转子转速），就会在励磁绕组、阻尼绕组、转子本体和磁极铁芯上感生相应频率的感应电势。由于励磁绕组和

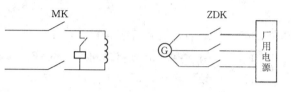

图 4.27 反接制动接线原理图

阻尼绕组是闭合的，感应电势在绕组内形成电流并产生铜损耗，同时在转子铁芯上产生磁滞涡流损耗。转子损耗形成与转动方向相反的力矩，对发电机起制动作用。

反接制动力矩随转速的降低迅速升高，这对发电机低速下的制动十分有利。在定子电流相同的条件下，反接制动力矩要比定子短路制动大得多。

以上 3 种电气制动方式适用于不同的场合。对于有发电机母线或采用发电机—三绕组变压器单元接线的大容量发电机，适合采用发电机端定子短路的制动方法；当电气主接线采用发电机—双绕组变压器单元接线时，可以在升压变压器高压侧进行短路制动，它比定子短路制动产生的制动力矩大，且可以利用接地隔离开关兼作短路开关用；对中小型机组可用厂用电源直接接入发电机进行反接制动，制动效果好于定子短路制动，且接线简单、经济、实用。

4.3.4 混合制动

混合制动是指机械制动和电气制动两种方式的联合使用。由于机械制动和电气制动在制动特性上存在差异，在采用一种制动方式不能满足要求时，采用由两种制动方式组合的制动方式。例如，在高转速下（50％额定转速）先投入电气制动，将转子大部分转动能量消耗掉后，再在较低转速下（5％～10％的额定转速）投入机械制动。混合制动方式大大缩短了停机时间，但增加了停机操作回路的复杂性。

电气制动是一项新技术，有许多问题有待深入研究探讨，如用计算机仿真描述停机的全过程以确定最佳投入转速和选择合适的电流；电气制动与机组监控系统的配合；采用最先进的自动控制技术和策略提高电气制动的可靠性；电气制动和励磁系统的结合等。

4.3.5 制动供气设备选择计算

1. 机组制动耗气量计算

单台机组的制动耗气量取决于发电机所需的制动力矩，由电机制造厂提供。设计制动供气系统时按下面方法计算。

（1）根据制动耗气流量计算总耗气量：

$$Q_z = \frac{q_z t_z P_z \times 60}{1000 P_a} \ (\mathrm{m}^3)$$

（4.2）

式中 Q_z——一台机组一次制动所需的自由空气总量，m^3；

q_z——制动过程耗气流量，L/s，由电机厂提供；

t_z——制动时间，min，由电机厂提供，一般为 $2min$；

P_z——制动气压（绝对压力），一般可取 $0.7MPa$；

P_a——大气压力，对海拔 $900m$ 以下可取 $0.1MPa$。

（2）按充气容积计算总耗气量：

$$Q_z = (V_z + V_d)P_z K_l / P_a \, (m^3)$$ (4.3)

式中 V_z——制动闸活塞行程容积，m^3；

V_d——制动控制柜至制动闸之间的管道容积，m^3；

K_l——漏气系数，可取 $K_l = 1.6 \sim 1.8$；

其他符号意义同前。

这种计算方法较合理，因为制动过程并非是持续耗气的过程，制动耗气量主要取决于制动闸及所连接管道的容积。

（3）在初步设计时，可按下式估算：

$$Q_z = \frac{KN}{1000} \, (m^3)$$ (4.4)

式中 N——发电机额定出力，kW；

K——经验系数，m^3/kW；取 $K = 0.03 \sim 0.05$。

2. 储气罐容积计算

机组制动用气引自储气罐，储气罐容积必须保证在同时制动的机组制动用气后，罐内气压保持在最低制动气压以上。储气罐容积按下式计算：

$$V_g = \frac{Q_z Z P_a}{\Delta P_z} \, (m^3)$$ (4.5)

式中 V_g——储气罐容积，m^3；

Z——同时制动的机组台数，与电站电气主接线方式有关；

ΔP_z——制动前后储气罐允许压力降，一般取 $0.1 \sim 0.2MPa$；

其他符号意义同前。

3. 空气压缩机生产率计算

空压机生产率（即容量）按在一定时间内恢复储气罐压力的要求来确定，按下式计算：

$$Q_K = \frac{Q_z Z}{\Delta T} \, (m^3/min)$$ (4.6)

式中 Q_K——空压机生产率，m^3/min；

ΔT——储气罐恢复压力时间，一般取 $10 \sim 15min$。

如果专为机组制动用气设置一个单独的供气系统，应设两台空气压缩机，一台工作；另一台备用。

4. 供气管道选择

制动供气管道采用水煤气钢管或镀锌钢管，管径通常按经验选取。供气干管 $\phi 20 \sim 100mm$，环管 $\phi 15 \sim 32mm$，支管 $\phi 15mm$。自三通阀以后的制动供气管，须采用耐高压的无缝钢管，因为用油泵顶转子时，这段管路将承受高油压。

4.4　机组调相压水供气

4.4.1　调相压水概述

为了提高电力系统的功率因数和保持电压水平，常常需要装置调相机（同期补偿器），向系统输送无功功率，以补偿输电线路和异步电动机的感性或容性电流。

利用水轮发电机作同期调相运行有许多优点：比装设专门的同期调相机经济，不需要额外增加一次投资；运行切换灵活简便，由调相机运行转为发电机运行只需要 $10\sim20\text{s}$，最多不超过 1min，易于承担电力系统的事故备用。其缺点是调相运行时为了维持机组的转速恒定，需要消耗较多的系统电能。

水电站是否承担调相任务，取决于电力系统的要求和水电站的具体条件，需由多方面来论证。如果电站距离负荷中心比较近，系统又缺乏无功功率，而该电站的年利用小时数又不高，则利用水轮发动机组在不发电期间作同期调相方式运行是合理的。近年来，大功率电容器的出现和水电站单机容量的扩大以及水电站在电力系统中越来越多地承担基荷，机组年利用小时数大幅提高，利用水轮发电机组作调相运行的电站已经越来越少。

水轮发电机组进行同期调相运行时，有下列 4 种运行方式可供采用。第一种方式，水轮机转轮与发电机解离，其缺点是短期内不能转为发电运行，而且拆解和安装调整工作也颇费周折。第二种方式，关闭进水口闸门和尾水闸门，抽空尾水管的存水，其缺点是转为发电运行时需要较长时间充水，而且使运行操作复杂化。第三种方式，开启导叶使水轮机空转，带动发电机作调相运行。这种方式的缺点是水轮机在空载工况下效率极低，耗水量大，极不经济，且水轮机运行工况恶劣，易造成空蚀与振动。第四种方式，利用压缩空气强制压低转轮室水位，使转轮在空气中旋转。这种方式操作简便，转换迅速，能量消耗少，是目前最广泛采用的方式。

水轮发电机组采用压水方式调相运行，其目的是为了减小转轮在水中旋转的水阻力距，减少调相运行的电能损耗，同时也可相应减轻机组的振动。机组作调相运行时维持以同步转速旋转所需要的有功功率是从系统反送的。国内大量水电站调相运行的数据显示，满发时，转轮在水中旋转所消耗的有功功率约为额定功率的 15% 左右，而转轮在空气中旋转有功功率损耗约为额定功率的 4% 左右。由此可见调相压水可以大大减少电力系统的有功损耗，经济效益巨大。

压缩空气通常从水电站专用的储气罐中引来，强制压低转轮室和尾水管中的水位。压缩空气的最小压力，必须等于转轮室所要求压低的水位与下游水位之差。

利用压缩空气强制排水的方法，在工程技术中早有采用，例如打捞沉船的浮箱，潜水艇的升降器，以及水下施工的沉箱等。由于水轮机的特殊条件，使其压水有着一定的困难：因为压水只能在机组运行时，即在转轮室和尾水管中存在强烈水流运动的情况下进行，并不像在静止容器中那样必然会成功；压水后由于导叶漏水、顶盖漏气，还经常会使转轮室中的空气迅速逸失。过去国内不少水电站压水不成功，或是由于耗气量过多，或是压水后空气逸失过快。

4.4.2 给气压水的作用过程和影响因素

水轮发电机组作调相机运行的一般程序是：进行发电运行的机组接到电力系统调度的调相运行指令后，将机组由发电工况切换为调相工况运行，这时先关闭机组的活动导叶，同步发电机由发电机运行状态转为电动机运行状态，由电网提供机组运行时克服各种阻力距的能量；再投入调相压水装置，将转轮室里的水位强制压低至要求的水位。在机组切换

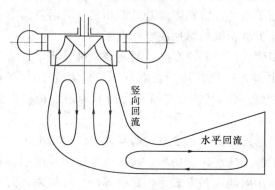

图 4.28 水轮机调相运行时（压水前）
尾水管中的回流状态

为调相运行的给气压水过程中，初始压水时转轮在水中旋转，一方面搅动水流使其旋转，另一方面在尾水管中引起竖向回流和尾水管垂直部分与水平部分间的横向回流。这种回流随转速增高可以达到很强烈的程度，从而会从尾水管逸失大量空气。正是由于存在这种逸气现象，压水往往不能成功，转轮始终不能脱水，或者需要消耗很多压缩空气。尾水管中的回流状态如图 4.28 所示。

尾水管中的回流导致了压水时的逸气现象。压缩空气进入转轮室后，被水流冲裂成气泡，并由竖向回流将其带至尾水管底部，一部分气泡会随着中心的竖向水流回升上去；另一部分则随横向回流被带至下游。

竖向回流携带空气的能力是有限的。如果起始时刻的给气流量超过携气流量的极限值，给入的空气不会被完全冲散逸失，转轮室内就会出现气水分界面，形成空气室。由于空气室的形成，转轮搅动水流的作用立即减弱，被竖向回流带下去的空气陆续回升上来，加之继续给气，水面很快就被压下。由于转轮脱水很快，压水过程中逸气很少甚至不产生逸气，压缩空气的利用率 $\eta \approx 1$。

如果起始时刻的给气流量小于携气流量的极限值，则给入的空气将全部被冲散带走。但随着水流的掺气，水流携气能力将逐渐减弱，当携气流量的极限值下降到给气流量以下时，也会出现气水分界面而将水面压下。这种压水过程，根据气水分界面出现的早晚，将有不同程度的空气逸失，压缩空气的利用率 $\eta < 1$。

如果给气流量很小，在整个压水过程中始终不超过相应时刻携气流量的极限值，那就不会出现气水分界面，压水也就不会成功。此时压缩空气的利用率 $\eta = 0$。

给气流量、携气流量和逸气流量决定着压水的成败和效果，凡是影响这三个量的因素也必然影响压水效果。

影响给气流量的因素有：给气压力，给气管径（包括阻力），以及储气罐容积。影响携气流量和逸气流量的因素有：转轮的型号、尺寸和转速，给气的位置，下游水位，尾水管高度，以及导叶漏水量等。

1. 给气管径和给气压力的影响

通过给气管的起始流量可按下式确定：

$$q_1 = Kf(P_1 + P_a) \ (\text{L/s}) \tag{4.7}$$

式中　q_1——起始给气流量，L/s；

f——给气管截面积，m^2；

P_1——储气罐压力（表压力），MPa；

P_a——大气压力，MPa；

K——与气体绝热系数、重力加速度、外界气体压力和比容有关的系数。

由式（4.7）可知，给气管经太小或管件阻力太大，会造成给气流量不足，使压水难以成功。加大管径及减小阻力后（储气罐容积不变），可增大给气流量，即可压水成功，这在国内外均不乏其例。此外，给气压力越高，系数 K 越大，给气流量 q_1 也越大，压气效果也越好。

2. 储气罐容积的影响

给气压水时，需短时间内由储气罐供给大量压缩空气。由式（4.7）可知，起始给气流量 q_1 并不取决于储气罐的容积。因此，当起始给气流量大于携气流量极限值时，储气罐容积对压水成败并无影响。当起始给气流量小于携气流量的极限时，由于水流携气能力将随着水流的掺气逐渐减弱，转轮室中也可能出现气水分界面而将水面压下，因此压水成败除了取决于 q_1 值外，还受到持续给气流量和总给气量的影响，因此需要足够大的储气罐容积。

3. 给气位置的影响

混流式水轮机可以从三个位置向转轮室给气：①顶盖边缘，空气从导叶和转轮叶片之间进入转轮室；②顶盖上方，空气经转轮上冠的减压孔进入转轮室；③从尾水管进口的管壁上。试验表明：位置①的给气效果最好；位置②较好；位置③最差。这是因为位置③正处于水流速度最大的地方，给入的空气易被冲散带走，故压水效果最差；位置②处的水流速度要小得多，所以压水效果也较好；位置①恰好在转轮室的角上，水流速度最小，压水效果自然也就最好。

由于①处开设进气孔比较困难，故大多数水电站在顶盖上方设置进气孔。进气孔宜多设几个，大机组可设 4 个或更多。每个进气孔所连接支管的过流截面之和应不小于总管的过流截面。

4. 导叶漏水的影响

调相压水后的逸气主要是由导叶漏水所引起。由于导叶漏水通过水轮机转轮的转动具有旋转动能，会使尾水管中被压下的水体跟着旋转，从而引起回流。另外，漏水会把一部分空气卷入水中形成气泡。气泡的多少和冲入水中的深度，取决于漏水量的大小和水流速度。如果漏水量大到可以把气泡冲到尾水管底部，就会有一部分气泡随横向回流逸向下游。

5. 转速的影响

水轮机转速越高，尾水管中的回流就越强烈，压水效果必然越差。此外水轮机的型号、尺寸、下游水位和尾水管高度对调相压水也有影响，对于已知电站，这些都是常数。

4.4.3 调相压水设备选择计算

1. 充气容积计算

（1）压水深度。充气压水的基本要求，是把水面压低到转轮以下，使转轮在空气中

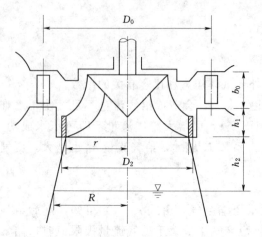

图 4.29 混流式机组转轮室充气容积示意图

旋转。

对混流式水轮机，压水深度应在转轮下环底面以下（0.4～0.6）D_1，但不小于 1.2m，转轮直径小、转速高的机组取大值。

对转桨式水轮机，压水深度应在叶片中心线以下（0.3～0.5）D_1，但不小于 1m，转轮直径小、转速高的机组取大值。

（2）充气容积。充气容积包括转轮室空间、尾水管的部分容积以及可能与这两部分空间连通的管道、腔体。

如图 4.29 所示，混流式机组的充气容积可计算如下：

$$\left.\begin{aligned}
V &= V_1 + V_2 + V_3 - V_4 + V_5 \\
V_1 &= \frac{\pi}{4} D_0^2 b_0 \\
V_2 &= \frac{\pi}{4} D_2^2 h_1 \\
V_3 &= \frac{\pi}{3} h_2 (R^2 + r^2 + Rr) \\
V_4 &= G / \gamma_{钢}
\end{aligned}\right\} \quad (4.8)$$

式中　V——总充气容积，m^3；

V_1——导叶部分充气容积，m^3；

V_2——底环部分充气容积，m^3；

V_3——尾水管锥管部分充气容积，m^3；

V_4——转轮所占容积，m^3；

V_5——其他和转轮室连通的容积，m^3；

D_0——导叶分布圆直径，m；

b_0——导叶高度，m；

D_2——转轮下环外径，m；

h_1——导叶下端面至尾水管进口高度，m；

h_2——尾水管进口至压水下限水位高度，m；

R——下压水面处的尾水管锥管半径，m；

r——尾水管锥管进口半径，m；

G——转轮重量，t；

$\gamma_{钢}$——转轮的比重，$\mathrm{t/m}^3$。

轴流式机组的充气容积计算，可参考有关手册。

2. 转轮室充气压力计算

转轮室的充气压力必须平衡尾水管内外的水压差值，按照下式计算：

$$P = P_a + \gamma \Delta H \text{ (MPa)} \tag{4.9}$$

式中　P——压水至下限水位时的转轮室充气压力（绝对压力），MPa；

　　　P_a——当地大气压力，MPa，随海拔高度而异；

　　　γ——水的重度，10^4N/m^3；

　　　ΔH——尾水位与转轮室压下水位之差，m。

水电站所在地的大气压力 P_a 随海拔高程而变化，且与季节有关，可按下式计算：

$$P_a = P_0 \left(1 - \frac{H}{44300}\right)^{5.256} \text{ (Pa)} \tag{4.10}$$

式中　P_0——温度为 0℃和海拔高程为 0 时的大气压力，等于 0.1012MPa；

　　　H——海拔高程，m。

3. 设备选择计算

给气压水时，需短时间内由储气罐供给大量的压缩空气，使水迅速脱离转轮。储气罐的容积必须满足首次压水过程总耗气量的要求，并补偿压水过程中不可避免的漏气量，而由空气压缩机在一定时间内恢复储气罐压力。

(1) 储气罐容积计算。调相压水储气罐的容积，应按一台机组首次压水过程的耗气量和压水后储气罐内的剩余压力值确定，可按下式计算

$$V_g = \frac{K_t P V}{\eta (P_1 - P_2)} \text{ (m}^3\text{)} \tag{4.11}$$

式中　V_g——储气罐容积，m^3；

　　　K_t——储气罐内压缩空气的热力学温度与转轮室水的热力学温度的比值；

　　　P_1——储气罐初始压力，可取额定压力，MPa；

　　　P_2——储气罐放气后的压力下限，考虑到转轮旋转对进气的影响及管道阻力，取 $P_2 = P + (0.5 \sim 1.0) \times 10^5$；

　　　η——压水过程的空气有效利用系数，根据已运行机组的实测值，对混流式水轮机可取 0.6～0.9，对轴流式水轮机可取 0.7～0.9，水头高、导叶漏水量大、转轮室内气压高时，利用系数取小值。

(2) 空压机生产率计算。空气压缩机的生产率应满足在一定时间内恢复储气罐压力，并同时补给已作调相运行机组的漏气量。空压机生产率可按下各计算

$$Q_k = K_h \left(\frac{K_t P V}{\eta \Delta T P_a} + q_l Z\right) \text{ (m}^3\text{/min)} \tag{4.12}$$

式中　Q_k——空压机生产率，$\text{m}^3\text{/min}$；

　　　K_h——考虑海拔高程对空压机生产率影响的修正系数，见表 4.1；

　　　ΔT——给气压水后使储气罐恢复压力的时间，min，按机组依次投入调相运行的时间间隔而定，一般取 30～60min，承担调相任务的机组台数较多、调相较频繁的电站，ΔT 取小值；

　　　Z——需要同时补气的调相机组台数；

　　　q_l——每台调相运行机组压水后的转轮室漏气量，$\text{m}^3\text{/min}$。

每台调相运行机组压水后的转轮室漏气量，即

$$q_l = (0.1 \sim 0.3)D_1^2 \sqrt{P_a + \gamma \Delta H} \, (\text{m}^3/\text{min}) \tag{4.13}$$

式中 D_1——转轮直径，m；

其他符号意义同前。

表 4.1 海拔对空气压缩机生产率影响的修正系数

海拔（m）	0	305	610	914	1219	1524	1829	2134	2438	2743	3048	3658	4572
修正系数 K_h	1.0	1.03	1.07	1.10	1.14	1.17	1.20	1.23	1.26	1.29	1.32	1.37	1.43

（3）调相压水给气流量计算。调相压水必要的给气流量，可参考水利水电科学研究院提供的公式进行计算

$$\left.\begin{array}{l} q_{1b} = K_b D_2^2 V_2 \dfrac{P_r}{P_a} \\[2mm] q_{\min} = K_{\min} D_2^2 V_2 \dfrac{P_r}{P_a} \end{array}\right\} (\text{m}^3/\text{min}) \tag{4.14}$$

式中 q_{1b}、$q_{\min}$——调相压水最优起始给气流量和最小起始给气流量，m^3/min；

P_a、P_r——大气压力和尾水管进口处压力，MPa；

D_2——转轮出口直径，m；

V_2——转轮外缘线速度，m/s；

K_b、$K_{\min}$——无量纲系数，$K_b = 3.25 \times 10^{-5} n_s$，$K_{\min} = 1.2 \times 10^{-5} n_s$，$n_s$ 为水轮机综合特性曲线中最优单位转速下的最大出力点的比速。

（4）管道选择计算。调相压水给气管道中的气流是不稳定流，与储气罐的工作压力及下游尾水位有关，可按经验选取或按经验公式计算。

按经验通常干管在 $\phi 80 \sim 200\text{mm}$ 之间选取，接入转轮室的支管在 $\phi 80 \sim 150\text{mm}$ 之间选取。所有管道均采用钢管。

按中国水利水电科学研究院的经验公式，管道直径按下式计算

$$d = 30 \sqrt{\frac{V_g}{t}} \, (\text{mm}) \tag{4.15}$$

式中 d——管道直径，mm；

t——充气过程经历时间，其快慢对充气效果影响很大，根据国内水电站的运行情况，取 $t = 0.5 \sim 2\text{min}$。

4.4.4 调相压水的压缩空气系统

图 4.30 为国内典型的调相压水压缩空气系统，由两台空压机 1～2KY 及储气罐 1～2QG、管道系统和控制测量组件组成。空压机的工作压力为 0.8MPa，正常运行时一台工作；另一台备用，并定期切换；调相压水后，两台空压机同时工作。

压缩空气装置是自动控制的。压力信号器 1～3YX 用来控制工作空压机和备用空压机的启动和停止，以及压力过高或过低时发出信号。温度信号器 1～2WX 是用来监视空压机的排气温度，当温度过高时发出信号并作用于停机。电磁阀 1～2DCF 是用来控制冷却给水，当空压机起动时打开，停机时关闭。电磁阀 3～4DCF 用于空压机无负荷起动，并使油水分离器自动排污，空压机停机时打开，起动时延时关闭。

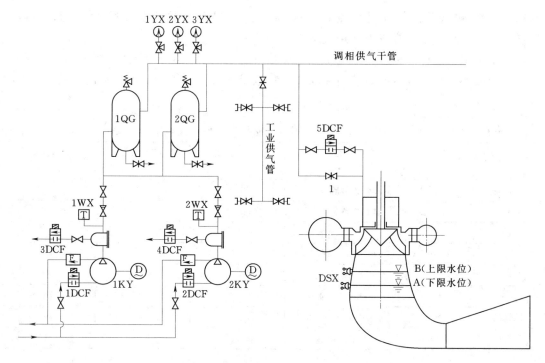

图 4.30 调相压水压缩空气系统

调相压水给气也是自动控制的。转轮室水位由电极式水位信号器 DSX 反映，并通过控制装置作用于电磁阀 5DCF，由后者控制给气压水，使转轮室水位保持在压水上限水位 B 与下限水位 A 之间。手动闸阀 1 在调相过程中一直开启，向转轮室补气，可根据转轮室漏气量的大小调整其开度，避免电磁阀 5DCF 频繁操作。

4.5 检修维护、空气围带和防冻吹冰供气

4.5.1 检修维护供气

1. 供气对象和供气要求

水电站机组及其他设备检修时，经常使用各种风动工具，如风铲、风钻、风砂轮、风动扳手等。例如水轮机转轮空蚀检修时，要使用风铲铲掉被空蚀破坏的海绵状的金属表面，然后用电焊补焊，补焊后还须用风砂轮磨光；金属钢管检修时要用风锤打掉钢管壁上的锈垢，用风砂轮清除管壁上的附着物（某种苔、菌类）；机组设备拆装时，有时使用风动扳手。风动工具具有体积小、重量轻、使用方便等优点，尤其是比电动工具安全。

此外，检修机组及金属结构时，常用压缩空气除尘、吹污；集水井检修或清理时，常用压缩空气将泥水搅混，然后用污水泵排除。在机组运行期间，亦经常使用压缩空气来吹扫电气设备上的尘埃，吹扫水系统的过滤网和取水口拦污栅，以及供排水管道和量测管道等。

检修维护用气的工作压力均为 0.5～0.7MPa。用气地点是：主机室、安装场、水轮机室、机修间、尾水管进人廊道、水泵室、闸门室和尾水平台等处。供气干管沿水电站厂

房敷设，在空气管网邻近上述地点处，应引出支管，支管末端并装有截止阀和软管接头，以便用软管连接风动工具或引至用气地点。

为了加快机组检修进度，缩短工期，应尽可能采用多台风动工具同时工作。一般按转轮室工作面的大小，确定同时使用风动工具的数量。表 4.2 给出了水电站常用风动工具的规格。

表 4.2　　　　　　　　　　　　　水电厂常用风动工具规格

名　称	型　号	工件尺寸 (mm)	工作压力 (MPa)	耗气量 (m³/min)	风管直径 (mm)
风砂轮	S－40	最大砂轮直径 40	0.5	0.4	6.35
风砂轮	S－60	最大砂轮直径 60	0.5	0.7	13
风铲	C－5	冲击行程 72	0.5	0.5～0.6	
风铲	C－6A	冲击行程 100	0.5	0.6	13
风钻	ZQ－6	最大钻孔直径 6	0.5	0.35	8
风钻	ZL－8	最大钻孔直径 8	0.5	0.35	10
除锈机	XH－6	300×220×200	0.6	1.3	19
打锈机	17－2		0.5	0.2	13

2. 设备选择计算

（1）空压机选择计算。空压机容量主要根据风动工具用气量来确定。风动工具的用气是持续的，因此，必须由空压机连续工作来满足。空压机的生产率应满足同时工作的风动工具耗气量，即

$$Q_K = K_l \sum q_i z_i P_0 / P_a \, (\text{m}^3/\text{min}) \tag{4.16}$$

式中　Q_K——空压机生产率，m^3/min；

　　　K_l——漏气系数，根据管网具体情况选取，一般取 $K_l = 1.2 \sim 1.4$；

　　　q_i——某种风动工具的耗气量，m^3/min；

　　　z_i——同时工作的风动工具台数；

　　　P_0、P_a 意义同前。

对于机组容量较小、台数不多的水电站，只需设置一台小型移动式空压机（带有储气罐），就可满足风动工具和吹扫用气。

（2）储气罐容积计算。风动工具和吹扫用气储气罐的作用，主要是缓和活塞式空压机由于往复运动而产生的压力波动，以使供气压力较稳定。当电站有调相压水供气系统时，一般可以利用调相储气罐兼用。如专设储气罐，其容积可用下述经验公式计算

$$V_g = \frac{Q_K}{P_K + 0.1} \, (\text{m}^3) \tag{4.17}$$

式中　V_g——储气罐容积，m^3；

　　　Q_K——空压机生产率，m^3/min；

　　　P_K——空压机额定工作压力，MPa。

为了保证风动工具的正常工作，空压机一般应装设调节器和自动卸荷阀，当耗气量降低时，卸荷阀自动使空压机处于空载运行。如果储气罐容积较大，有一定的能量储备，则当风动工具耗气量变化时，也可以通过储气罐上的接点压力表控制空压机的停机与启动。

为了保证气源可靠和提高设备利用率，当水电站已设有调相压水和制动用气的厂内低压气系统时，检修维护用气可与其共用一套设备，不必另设专用的空气压缩装置，但此时应按照几个用户可能同时工作所需最大耗气量来选择设备。

（3）管径选择。通常按经验在 $\phi 15\sim 50$mm 范围内选取。也可按概略的计算公式计算

$$d = 20\sqrt{Q_d}\ \text{（mm）} \tag{4.18}$$

式中　d——管道直径，mm；

　　　Q_d——管中流量，m^3/min。

当水电站设有调相压水供气系统时，检修维护用气一般不设置供气干管，而直接从调相干管中引出。

4.5.2　空气围带供气

水电站水轮机设备常用空气围带止水，最常见的有轴承检修密封围带和蝴蝶阀止水围带。

1. 轴承检修密封围带供气

水轮机导轴承检修时，多采用空气围带充气止水。充气压力通常采用 0.7MPa，耗气量很小，不设置专用的空气压缩装置，一般从制动干管或其他供气干管直接引取。

2. 蝴蝶阀止水围带用气

蝴蝶阀空气围带充气的目的是防止漏水。空气围带的充气压力应比作用在蝴蝶阀上的水头高 0.2~0.4MPa。蝴蝶阀止水围带的耗气量很小，一般不需设置专用设备。可根据电站的具体情况，从主厂房内的各级压力系统直接引取，或经减压引取。

如果阀室离主厂房较远，为保证供气压力，可在阀室设置一个小储气罐，或一台小容量的空压机。

4.5.3　防冻吹冰供气

1. 供气对象和供气要求

处于严寒地区的水电站、水泵站、拦河坝以及其他水工建筑物，冬季上层水面易于结冰。为了防止冰压力对水工建筑物和闸门造成危害，影响闸门正常工作，堵塞进水口拦污栅等，通常采用压缩空气防冻吹冰。

冬季水面结冻之后，冰面以下的水温随水的深度而增高，在 0~4℃ 左右，取决于气候条件和水库深度。利用压缩空气从水库一定深度喷出，形成一股强烈上升的温水流。此股温水流能溶化冰块，防止结成新冰层，同时空气与温水的上升又使水面在一定范围内产生波动，破碎薄冰，有利于防止水面结冰。

水电站防冻吹冰的用户通常有：

（1）机组进水口闸门及拦污栅防冻吹冰。

（2）溢流坝闸门防冻吹冰。

（3）尾水闸门防冻吹冰。

（4）调压井防冻吹冰。

（5）水工建筑物防冻吹冰。

在上述供气对象中，坝后式和引水式水电站进水口一般均设在水面以下较深处，实际运行时冬季一般不结冻。在冬季不经常运行和进水口较浅的河床式水电站，需设置防冻吹冰系统。溢流坝闸门的防冻吹冰，一般只考虑当冬季需要提闸门时才设置。冬季机组检修机会较多的水电站，尾水闸门一般应考虑设置防冻吹冰系统。调压井在运行时由于水位是波动的，一般不会结冻，只有当较长时间不运行时才会结冻，是否设置防冻吹冰系统应根据具体情况决定。水工建筑物的防冻吹冰，主要是考虑冰压力可能对水工建筑物造成的危害，但我国寒冷地区的水电站都没有采取防冻吹冰措施。

水面防冻面积的大小与喷嘴型式、空气压力和流量以及喷嘴在水中的深度有关。

喷嘴出口压力一般为 0.15MPa 左右，当喷嘴在水下较深时宜采用较高的压力。但出口压力过高时，压缩空气在喷嘴出口流速高、剧烈扩散，将引起喷嘴局部降温以致结冰封塞，因此不宜选用过高的压力。

吹气喷嘴一般设置在冬季运行水位以下 5～10m 处，对水库小、水温随水深变化小或当地气温低的水电站宜采用较大值。当冬季水库水位变化很大时，则应在不同高程上装设两排喷嘴，以满足不同水位时的运行要求。

喷嘴之间的距离可选取 2～3m，当地气温水温低、喷嘴装设较深的取小值。喷嘴间距小可使水面形成较强的波动，防冻效果好，但耗气量大。

防冻吹冰用气系统对压缩空气有干燥要求。由于供气管道常置于露天，为防止压缩空气流过管道后受外界气温影响达到露点，致使喷嘴口或管内结冰堵塞，要求压缩空气必须采取热力干燥措施。一般采用空压机和储气罐的压力为 0.7～0.8MPa，通过减压阀使气压降低到喷嘴所需的压力。

2. 设备选择计算

（1）耗气量计算。防冻吹冰用压缩空气的消耗量按下式计算

$$Q_b = Z_b q_b (\text{m}^3/\text{min}) \tag{4.19}$$

式中　Q_b——压缩空气消耗量，m^3/min；

　　　Z_b——喷嘴数；

　　　q_b——每个喷嘴的耗气量，与喷嘴型式有关，可取 $q_b = 0.1～0.15\text{m}^3/\text{min}$（自由空气）。

（2）工作压力的确定。防冻吹冰系统所需的工作压力（储气罐工作压力），应大于喷嘴外所受的水压力和管网及喷嘴的压力损失，即

$$P_b > 10^{-2}h + \Delta P + P_{b1} (\text{MPa}) \tag{4.20}$$

式中　P_b——供气压力，MPa；

　　　h——喷嘴的装设深度，一般取 5～10m；

　　　ΔP——管网阻力损失（按管道阻力损失计算），MPa；

　　　P_{b1}——喷嘴出口形成的压降，一般取 0.15MPa。

一般采用 $P_b = 0.2～0.3$MPa 即可满足要求。

（3）空压机生产率计算。防冻吹冰系统的空压机生产率按所需总用气量选择，即

$$Q_K = K_l Q_b \, (\text{m}^3/\text{min}) \tag{4.21}$$

式中　Q_K——空压机生产率，m^3/min；

　　　K_l——管网漏损系数，一般取 $K_l = 1.1 \sim 1.3$；

　　　Q_b——总用气量，m^3/min。

防冻吹冰通常采用间断供气，空压机可以不考虑备用，但应不少于两台，以保证当一台发生故障时仍能部分供气。防冻吹冰系统的连续工作时间按当地气温等具体条件确定。

（4）储气罐容积计算。储气罐在本系统中主要起稳压作用，同时也起散热降温析水作用。

储气罐容积可按式（4.21）计算。

高压储气罐的压力应等于空压机的压力，即 $0.7 \sim 0.8$MPa；工作压力储气罐的压力为 $0.3 \sim 0.35$MPa，但要保证喷嘴处有 0.15MPa 左右的压力。

储气罐应注意经常排水，并注意排水管防冻。

（5）管道和喷嘴选择。由空压机引出的供气干管，其管径可按压缩空气总流量计算。按经验选取，干管在 $\phi 80 \sim 150$mm 范围内选择，支管可取 $\phi 25$mm，均选用镀锌钢管。

喷嘴型式对防冻吹冰效果有一定影响，通常有法兰型、管塞型和特种型空气喷嘴。喷嘴材料一般为铜，以防止生锈。

3. 防冻吹冰压缩空气系统

防冻吹冰压缩空气系统一般均单独设置，如图 4.31 所示。该系统由两台空压机（1KY 和 2KY）、一个高压储气罐（1QG）及一个工作压力储气罐（2QG）、管网及喷嘴集管、控制元件等组成。空压机排出的压缩空气经油水分离器、止回阀后进入高压储气罐 1QG，其温度将继续降低，并析出水分。高压储气罐的压缩空气经减压阀 1JYF 后其压力由 0.7MPa 降至 0.35MPa，进入工作压力储气罐 2QG，根据热力干燥原理，其相对湿度将由 100% 降至 50%。然后经电磁阀 3DCF（或减压阀 2JYF）进入供气干管及各支管中。

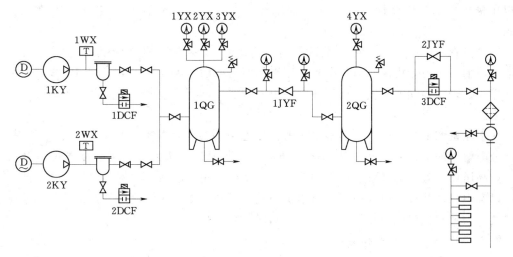

图 4.31　防冻吹冰压缩空气系统

为了避免供气管道因压缩空气温度降低而析出水分，储气罐应设置在室外，使其与供气管道所在地点的环境温度相同，并避免日晒。储气罐应经常排水，为防止排水管与排水阀冻结，应加装电热防冻装置。

当系统停止吹气时，为防止水进入喷嘴和管道形成冰塞，管网中仍需保持 $0.05\sim0.1MPa$ 的压力，使管道和喷嘴保持在充气状态。为此在电磁阀 3DCF 处并联一减压阀 2JYF（或局部开启的旁通手阀），在 3DCF 关闭停止全压供气时，仍可通过 2JYF 使喷嘴和管道中保持 $0.05\sim0.1MPa$ 的压缩空气。

管道布置须有 0.5％的坡度，并在端部设置集水器和放水阀。

防冻吹冰空气压缩装置应自动化。空压机的起动与停机由压力信号器 1～2YX 控制；储气罐 1QG 和 2QG 的压力过高或过低时，由压力信号器 3～4YX 发出信号；空压机排气温度过高时，由温度信号器 WX 作用于停机；电磁阀 1～2DCF 用来控制空压机卸载起动和排污，当空压机停机时打开，起动时延时关闭；电磁阀 3DCF 用来控制给气吹冰，由时间继电器控制。

当防冻吹冰用户距水电站厂房很近时，防冻吹冰压缩空气系统也可与厂内低压压缩空气系统结合，自厂内低压储气罐引出主供气管，经减压后直接向喷嘴供气，可以不另设工作压力储气罐，但设备容量应能满足冬季运行时厂内用户与防冻吹冰同时供气的需要。

4.6 油 压 装 置 供 气

4.6.1 油压装置供气的目的和技术要求

1. 油压装置供气的目的

油压装置的压力油槽是一个蓄能容器，提供水轮机调节系统和机组控制系统的操作能源，在改变导水机构开度和转轮桨叶角度时用来推动接力器的活塞。此外，油压装置也用来操作水轮机筒形阀、主阀、调压阀以及技术供水管路和调相供气管路上的液压阀。

压油槽容积中有 30％～40％是透平油，其余 60％～70％是压缩空气。压缩空气作用于透平油形成压力，提供调节系统和液压操作所需要的压力油源。由于压缩空气具有良好的弹性，是理想的储能介质，当压油槽中由于调节用油而造成油容积减少时仍能保持一定的压力。

在水轮机调节过程中，压油槽中所消耗的油用油泵自动补充。压缩空气的损耗很少，一部分溶解于油中；另一部分从不严密处漏失。所损耗的压缩空气可借助专用设备来补充，如高压储气罐、油气泵、进气阀等，以维持压油槽中的油气比例。采用油气泵或进气阀可以实现自动补气，但效率低，只用于小型油压装置中。大型油压装置都采用高压储气罐补气，安装和检修后的充气，也由高压储气罐来进行。

2. 油压装置供气的技术要求

（1）压缩空气的气压要求。进入油压装置的压缩空气，其压力值应不低于调节系统或液压操作系统的额定工作压力。我国所生产的油压装置，其额定油压多为 $P_y = 2.5\sim$

4.0MPa。随着机组容量的增加和制造水平的提高，为了缩小接力器及油压装置的尺寸，改进水轮机结构及厂房布置条件，额定压力有提高的趋势。目前，制造厂已开始生产 P_y ＝7.0MPa 及以上压力的油压装置，并有提高压力的趋势。

（2）压缩空气的干燥要求。随着环境温度的下降，压缩空气的湿容量减小，使油压装置给气网中压缩空气的相对湿度增大，可能形成水汽凝结，产生严重后果：①造成管道、管件、调速系统配压阀和接力器等部件的锈蚀；②冬季可能发生水分冻结，导致管道堵塞，使止回阀、减压阀等无法正常工作；③水分进入调节系统的压力油中造成油的劣化，严重影响调节系统性能。因此，要求供入压油槽中的压缩空气必须是干燥的，在最大日温差下，压缩空气的含湿量不可达到饱和状态。

（3）压缩空气的清洁要求。如果压缩空气中混有尘埃、油垢和机械杂质等，对空压机的生产率、调节系统各个元件的正常运行均有影响，有可能使阀件动作不灵或密封不良，造成意外事故。因此，必须采取过滤措施提高压缩空气的纯净度。

3. 油压装置的供气方式

向压油槽的供气方式，有一级压力供气和二级压力供气两种。我国早期设计的水电站大多采用一级压力供气，此种供气方式必须采取有效的冷却、排水措施，空气的干燥度才能适当提高。近年来设计的水电站多采用二级压力供气，这种供气方式更有利于提高压缩空气的干燥度。

（1）一级压力供气。空压机的排气压力 P_k 不需要专门减压而直接供气给压力油槽，即空压机的额定排气压力 P_k 与压油槽的额定油压 P_y 接近相等或稍大。

在这种供气方式中，受压缩而发热的空气经冷却后，温度接近于周围环境温度，过剩的水分将凝结于油水分离器及储气罐中。由于压缩空气处于饱和状态，即相对湿度 φ ＝100％，当环境温度下降时水分会继续析出。因此，一级压力供气方式空气的干燥度较差。

早期设计的水电站中，有的不设置储气罐，由空压机直接向压油槽进行一级压力供气，这种供气方式在压油槽中将有大量水分析出，对调节系统的运行十分不利。

（2）二级压力供气。空压机的排气压力高于压油槽的额定油压，一般取 $P_k＝(1.5\sim 2.0)P_y$，压缩空气自高压储气罐经减压后供给压油槽。

压缩空气在等温条件下减压膨胀后，供给压油槽的压缩空气相对湿度 φ 将等于

$$\varphi = \frac{P_y}{P_k} \times 100\% \tag{4.22}$$

式中　φ——压缩空气的相对湿度，％；

　　　P_k——空压机的额定排气压力，MPa；

　　　P_y——压油槽的额定工作压力，MPa。

比值 P_k/P_y 越大，压油槽中空气的干燥度越高，显然这种供气方式对减少压油槽中空气的水分是有利的。

4.6.2　压缩空气的干燥

空气的干燥程度通常用相对湿度来衡量。相对湿度是用空气的实际湿含量与同温度下

空气的饱和湿含量的比值来表示

$$\varphi = \frac{\gamma}{\gamma_H} \times 100\%$$

(4.23)

式中　φ——空气的相对湿度，%；

　　　γ——空气的实际湿含量，g/m^3；

　　　γ_H——同温度下空气的饱和湿含量，g/m^3。

单位容积的空气中所能含有的水汽量由空气的物理性质所决定，随空气的压力和温度而变化。各种温度下压缩空气的饱和湿含量见表4.3。

表4.3　　　　　　　　　　　大气压力为760mmHg时空气中水蒸气含量

空气温度 (℃)	1m³ 干燥空气重量 (kg)	饱和水蒸气压力 (mmHg)	不同相对湿度 φ 时水蒸气含量（g/m^3）						
			100%	90%	80%	70%	60%	50%	40%
−5	1.317	3.113	3.4	3.06	2.72	2.38	2.04	1.70	1.36
0	1.293	4.600	4.9	4.41	3.92	3.43	2.94	2.45	1.96
5	1.270	6.534	6.8	6.12	5.44	4.76	4.08	3.40	2.72
10	1.248	9.165	9.4	8.46	7.52	6.58	5.64	4.70	3.78
15	1.226	12.699	12.8	11.52	10.24	8.96	7.68	6.40	5.12
20	1.205	17.391	17.2	15.48	13.76	12.04	10.32	8.60	6.88
25	1.185	23.550	22.9	20.61	18.32	16.03	13.74	11.45	9.16
30	1.165	31.548	30.1	27.09	24.09	21.07	18.06	15.05	12.04
35	1.146	41.827	39.3	35.37	31.44	27.51	23.58	19.65	15.72
40	1.128	54.906	50.8	45.72	40.64	35.56	30.48	25.40	20.32
50	1.093	91.982	82.3	74.07	65.84	57.61	49.38	41.15	32.92
60	1.060	148.791	129.3	116.37	103.44	90.51	77.58	64.65	51.72
70	1.029	233.093	196.6	177.21	157.52	137.83	118.14	98.45	78.64
80	1.000	354.643	290.7	261.63	232.56	203.49	174.42	145.35	116.28
90	0.973	525.392	418.8	376.92	335.04	293.16	251.28	209.40	167.52
100	0.947	760.000	589.5	530.55	471.60	412.65	353.70	294.75	235.80

为了获得干燥的空气，常采用物理法、化学法、降温法及热力法对压缩空气进行干燥。

物理法是利用某些多孔性干燥剂的吸附性能，吸收空气中的水分。常用的干燥剂有铝胶、硅胶和活性氧化铝等，吸附后干燥剂的化学性能不变，经烘干还原后可重复使用，常用于仪表及油容器的空气呼吸器中，如储油槽和变压器的空气呼吸器。在水电站油压装置供气系统中，因用气量大，干燥剂用量多，烘干还原工作量大，故一般不采用。

化学法是利用善于从空气中吸收水分的化学物质作为干燥剂，如氯化钙、氯化镁、苛性钠和苛性钾等，吸收空气中的水分生成化合物，提高空气的干燥度。由于其装置和运行维护复杂，成本高，水电站一般不采用。

降温法也是利用湿空气性质的一种物理干燥法。降温干燥法有多种，一般在空压机与高压储气罐之间设置冷却器（又称机后冷却器），降低压缩空气的温度使其析出水分，提高干燥程度。对于已投入运行的电站，由于空压机额定压力偏低无法保证压缩空气的干燥要求时，采用降温干燥法是较为有效的补救措施。

热力法是利用在等温下压缩空气膨胀后其相对湿度降低的原理，先将空气压缩到某一高压，然后经减压阀降低到用气设备所使用的工作压力的方法来实现的，故热力干燥法又称降压干燥法或二级压力供气。由于该方法简单、经济、运行维护方便，是目前广泛采用的一种干燥方法。

热力法干燥空气由两个过程所组成：

（1）先使空气压缩和冷却，将空气中大部分水蒸气凝结成水，并将冷凝水排除。

（2）对压缩空气施行减压，利用压缩空气体积膨胀的方法降低其相对湿度。

第一干燥过程：空压机吸入的空气经压缩后，压力提高，温度上升（高达 100℃ 以上），空气的饱和湿含量增大，其相对湿度可能下降；压缩空气经中间冷却器和机后冷却器冷却，温度骤降，空气的饱和湿含量减小，其相对湿度增大，当达到极限值（$\varphi =$100%，即饱和状态）时，便开始析出水分。水蒸气的凝结不仅发生在中间冷却器和机后冷却器中，还发生在高压储气罐内。因为压缩空气进入储气罐后，将逐渐冷却到接近周围环境的温度，使水分继续析出。为了析出更多水分，最好将储气罐装置在温度较低的室外，并应避免阳光照射。

吸入每 $1m^3$ 自由空气，凝聚在冷却器和储气罐内的水量可按下式计算

$$G=\varphi_1 \gamma_H' - \frac{P_1 T_2}{P_2 T_1} \gamma_H'' \ (g) \qquad (4.24)$$

式中　G——凝聚在冷却器和储气罐内的水量，g；

　　φ_1——吸入空气的相对湿度，%；

T_1、T_2——吸入前和储气罐内空气的热力学温度，K；

γ_H'、γ_H''——温度为 T_1、T_2 时空气的饱和湿含量，g/m^3；

P_1、P_2——吸入空气和储气罐内空气的绝对压力，MPa。

例如空压机吸入空气的相对湿度为 $\varphi_1 = 80\%$，温度为 25℃，储气罐的工作压力为4MPa（表压力），温度接近周围大气的温度，则空压机每吸入 $1m^3$ 自由空气时，在冷却器和储气罐中凝聚的水量为

$$G=\frac{80}{100} \times 22.9 - \frac{0.1}{4+0.1} \times 22.9 = 17.8g$$

第二干燥过程：由于高压储气罐里的压缩空气处于饱和状态，当油压装置的温度低于高压储气罐的温度时，压缩空气进入油压装置后将产生水汽凝结。为了降低油压装置中空气的相对湿度，将高压储气罐里的压缩空气经减压阀降到油压装置的工作压力P_2。降压后绝对湿含量不变的气体由于体积随压力降低而反比例增大，因而其相对湿度相应降低。

减压膨胀后油压装置中压缩空气的相对湿度由下式确定

$$\varphi_c = \varphi_0 \frac{\gamma'_H P_2 T_1}{\gamma''_H P_1 T_2} \ (\%) \tag{4.25}$$

式中　φ_c——减压膨胀后油压装置中压缩空气的相对湿度，%；

　　　φ_0——高压储气罐中压缩空气的相对湿度，通常 $\varphi_0 = 100\%$；

　　　P_1——高压储气罐的额定工作压力，MPa；

　　　P_2——油压装置的额定工作压力，MPa；

T_1、T_2——高压储气罐和油压装置中压缩空气的温度，K；

γ'_H、γ''_H——与 T_1、T_2 相应的空气饱和湿含量，g/m³。

　　正确选择高压空压机的额定工作压力和空气压缩装置，并执行正确的运行制度，采用热力干燥法是可以保证油压装置供气必需的干燥度。

　　空气压缩装置工作压力的选择应考虑油压装置所采用的工作压力，空气压缩装置工作环境可能出现的最大温差，以及油压装置所要求的压缩空气干燥度等。为保证在任何情况下压缩空气均无水分析出，应根据可能出现的最大温差和压缩空气干燥度的要求来确定高压空压机的工作压力。

4.6.3　设备选择计算

1. 空压机生产率计算

空压机的总生产率根据压油槽容积和充气时间按下式计算

$$Q_k = \frac{(P_y - P_a) V_y K_v K_l}{60 T P_a} (\text{m}^3/\text{min}) \tag{4.26}$$

式中　Q_k——空压机生产率，m³/min；

　　　P_y——油压装置额定工作压力（绝对压力），MPa；

　　　P_a——大气压力，MPa；

　　　V_y——压油槽容积，m³；

　　　K_v——压油槽中空气所占容积的比例系数，$K_v = 0.6 \sim 0.7$；

　　　K_l——漏气系数，可取 $K_l = 1.2 \sim 1.4$；

　　　T——充气时间，一般取 $2 \sim 4$h，大型油压装置取上限。

空压机一般选两台，每台生产率为 $Q_k/2$。

空压机的压力应大于压油槽的额定压力，根据供气方式和热力干燥计算确定。

2. 储气罐容积计算

储气罐容积可按压油槽内油面上升 $150 \sim 250$mm 时所需要的补气量来确定。即

$$V_g = \frac{P_y \Delta V_y}{P_1 - P_y} \tag{4.27}$$

$$\Delta V_y = \frac{\pi}{4} D^2 \Delta h$$

式中　V_g——储气罐容积，m³；

　　　P_1——储气罐额定压力，MPa；

　　　P_y——油压装置工作压力，MPa；

ΔV_y——由于油面上升后需要补气的容积，m^3；

　　D——压油槽内径，m；

　　Δh——油面上升高度，取 0.15～0.25m。

3. 管道选择

一般按经验选取。对干管，根据压油槽容积来选，当 $V_y \leqslant 12.5m^3$ 时，选用 $\phi 32mm \times 2.5mm$ 无缝钢管；当 $V_y \geqslant 16m^3$ 时，选用 $\phi 44.5mm \times 2.5mm$ 无缝钢管。对支管，管径决定于压油槽的接头尺寸。

4.6.4 压油槽充气压缩空气系统

供油压装置用气的空气压缩机至少应设置两台，正常运行时一台工作；另一台备用。在油压装置安装或检修后充气时，两台空压机同时工作。空压机的启停根据油压装置系统的工作压力进行控制，油压装置的压力下降时，工作空压机首先启动，如果不能满足要求，备用空压机再启动。压缩空气系统应设置空气过滤器、冷却器、油水分离器和储气罐等。

正常运行的压力油槽，其压缩空气量的损耗决定于管路组件的安装质量，按一些电站的实际运行情况，一般补气间隔时间为 1～7 天。对于机组台数少的电站，补气方式可以采用手动操作，以简化系统设计。对单机容量大、机组台数多的大中型水电站，当可采用自动补气方式，由装设在压油槽上的油位信号器控制供气管路上的电磁空气阀向压油槽补气。

图 4.32 为油压装置供气压缩空气系统。该系统设有 1KY 和 2KY 两台空气压缩机，为了热力干燥的目的，采用二级压力供气，油压装置的额定工作压力为 2.5MPa，空压机的额定压力选用 4.0MPa。

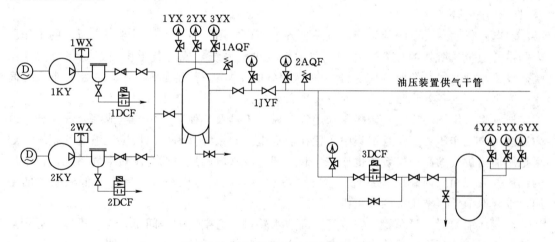

图 4.32 油压装置供气压缩空气系统

空压机的起动和停机由压力信号器 1YX 和 2YX 自动控制，储气罐的压力过高和过低时，由压力信号器 3YX 发出信号。为了防止空压机排气温度过高，在空压机排气管上装设温度信号器 1WX 和 2WX，温度过高时作用于停机，并同时发出信号。在油水分离器排污管上装设电磁阀，作用于空压机空载起动和自动排污。压油槽为自动补气，由压油槽上的油位信号器和压力信号器控制电磁阀 3DCF 自动操作。

4.7 水电站压缩空气的综合系统

4.7.1 水电站压缩空气综合系统的设计原则

　　根据压缩空气各用户所需工作压力的不同，以往将水电站的压缩空气系统大致分为高压和低压两个系统。属于高压系统的有压油槽充气和配电装置用气（随着大量新型开关的应用，配电装置用气在水电站正在逐步减少），属于低压系统的有机组制动用气、调相压水用气、防冻吹冰用气、风动工具与吹扫及其他工业用气。新的水电厂辅助设备系统设计技术规定按照最高工作压力，将压缩空气系统划分为高压、中压和低压三个压力范围：10MPa 以上为高压；1.0～10MPa 为中压；1.0MPa 以下为低压。前面章节中已分别介绍了各个单一系统的任务、要求、系统组成和设备选择计算，如果对每个系统都设置单独的空压机、储气罐、供气管网和监测控制元件等，不仅使水电站压缩空气系统十分庞大、复杂，而且增加了设备投资，使设备布置十分困难，加大检修维护工作量。为了简化气系统的结构，提高设备利用率，对同一压力等级的用户共用一套设备供气，这样就可将具有同一压力等级的用户和设备组成综合压缩空气系统。实际上每个单一的气系统都是整个水电站压缩空气系统有机联系的组成部分，不仅工作压力相同的用户可以组成综合压缩空气系统，就是工作压力不同的用户亦可以组成综合系统，即高低压综合系统。

　　综合系统比单一系统有许多优越性，首先在经济上较合理，可减小压气设备总容量，节省投资；其次，在技术上比较可靠，可互为备用，提高气源可靠性；第三，设备布置集中，便于运行维护。因此，在设计水电站的压缩空气系统时，应首先考虑对各用户建立综合供气系统的合理性。

　　水电站压缩空气系统的设计，应满足各个用户的用气需要，按照各用户所需的工作压力和供气质量及所处的位置，对用户单独设置供气系统，或对若干用户建立综合供气系统。设置压缩空气系统时，应保证主机等设备的正常运行及操作需要，并尽量使系统简化。为满足厂区各处临时性用气，应设置必要的移动式低压空压机。

　　通常将机组制动用气、调相压水用气、风动工具及其他工业用气组成综合气系统，因为这些用户工作压力相同且都集中布置在厂房里，此系统称为厂内低压压缩空气系统。如果把压油槽供气的高压气系统也连在一起，即组成水电站厂内综合压缩空气系统，包括厂内低压气系统和厂内高压气系统。这样即可利用高压空压机经减压后作为低压系统的备用，也可取消低压空压机的备用机组。

　　空气压缩装置一般布置在安装场下面或水轮机层有空闲的房间里，这样可以接近用户缩短供气管道长度，同时使空压机离运行人员的工作场所较远，以避免噪音影响运行值班人员的注意力。

　　容量在 50 万 kW 以上和机组台数在 6 台以上的水电站，可考虑分组设置专用的空气压缩装置，并将设备分别布置在相应的机组段内。

　　组成综合气系统时空气压缩机、储气罐及其附属设备应符合以下条件：

　　（1）满足各用户对供气量、供气压力、清洁度和相对湿度等要求。

（2）综合供气系统空气压缩机的总生产率、储气罐的总容积应按几个用户可能同时工作时所需要的最大耗气量确定。选择空气压缩机台数和储气罐个数时，应便于布置。

（3）在一个压缩空气系统中，至少应设两台空气压缩机，其中一台备用。对机组调相压水和检修用压缩空气系统，宜不设备用空气压缩机。

（4）在选择空气压缩机时，应考虑当地海拔高度对空气压缩机生产率的影响。

（5）当空气压缩机吸入的空气湿度较大时，应计及因压缩和冷却使空气中的水蒸气凝结成水分而降低了排气量的影响。

设计综合气系统时，压气设备的容量应按以下原则选择：

（1）每一类用户应设有各自的储气罐，其容积按单一系统的要求计算。但风动工具和空气围带供气一般不单独设置储气罐，可分别由调相储气罐和制动储气罐引取，其中空气围带用气的取得方式视空气围带的工作压力而定，可以取自低压气系统，也可从高压气系统减压而来。

（2）向压油槽供气的空压机容量常按单一系统要求计算。

（3）供调相压水、机组制动、风动工具和防冻吹冰用气的低压系统，其空压机容量按正常运行用气和检修用气之和的最大同时用气量确定。

设计压缩空气系统时，应保证满足所有用户的供气要求，同时满足某些用户对压缩空气质量的要求。在检修压气装置的个别组件时，应不致中断电站主要生产过程。同时不宜增大设备和管道的备用容量。空压机的台数及其生产率都应是保证所有用户供气需要的最小值。过多的储气罐、管道接头和配件都会增加压缩空气漏损，从而增加空压机的容量或连续运转时间。

对多机组的大型电站，制动储气罐最好为两个，每个罐的容积应为 $Vg/2$，以便于清扫。一般根据制动、调相、风动工具等所有低压用户的用气来综合考虑选择储气罐的个数和容积，但要特别注意其他用户用气后压力下降对制动的影响，往往在制动储气罐和其他用户储气罐之间加装逆止阀，只允许其他用户储气罐中的压缩空气向制动储气罐中流动，以保证制动供气的可靠性。

根据运行经验，管道的修理机会很少，可不设备用。当需要进行管道计划性检修时，可对用户暂停供气。

设计压缩空气系统时，应遵守下列主要技术安全要求：

（1）由空压机直接供气的储气罐，其压力应与空压机额定压力相等。若储气罐在较小压力下工作时，则应在储气罐与空压机之间装设减压阀。

（2）若高压和低压管道之间有连接管时，应在管道上安装减压阀，在减压阀后装置安全阀和压力表。

（3）在每台空压机和储气罐上均应装设接点压力表、安全阀和排污阀，在空压机上应装设温度信号器、油水分离器等元件。

如果空气压缩装置所服务的对象需要经常消耗定量空气，则空压机的运转必须自动化，如机组调相压水供气和防冻吹冰供气的空气压缩装置；若空气压缩装置所服务的是不经常需要供应压缩空气的用户，则空压机可以不必自动化，如压油槽供气和风动工具供气的压气装置。

必须自动化的空气压缩机上所装置的自动化组件，应保证下列操作：

（1）储气罐的压力降到工作压力的下限值时，工作空压机应自动投入运转，压力达到上限值后，应自动断开。

（2）储气罐的压力下降到允许值时，备用空压机应自动投入运转，压力达到上限值后，应自动断开。

（3）用来排泄油水分离器水分和空压机卸载用的电磁阀，应在空压机停机后或起动时自动操作。

（4）若装有电磁控制的泄放阀时，其自动操作时应保持储气罐或配气管路中的压力为规定值。

（5）当储气罐或配气管中的压力超过规定的最高或最低压力值时，应发出警告信号。

（6）在自动运行的水冷式空气压缩机冷却进水管道上，应装设自动阀门，在排水管道上装设示流信号器。

（7）当空压机中间级压力超过正常压力、排气管中空气温度过高或冷却系统发生故障时，空压机应自动紧急停机。

由于风冷式空压机不需要供给冷却水，可相应地简化自动控制系统。但风冷式空压机冷却效果较差，运行故障较多，由于自带风扇功率消耗较大。在设计时可根据电站所在地的气温及空压机容量等具体情况，确定选择何种冷却方式的空压机。

4.7.2 水电站典型综合压缩空气系统

图 4.33 为某水电站卧式机组厂内低压综合气系统图。该系统设有两台低压空压机，供给机组制动用气、空气围带密封用气和风动工具与吹扫用气。两台空压机一台工作；另一台备用，由储气罐上的电接点压力表 1YX～3YX 自动控制。

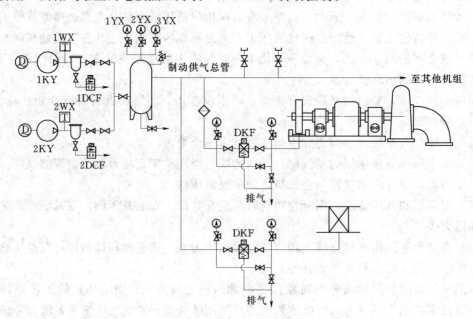

图 4.33　某水电站卧式机组厂内低压综合气系统图

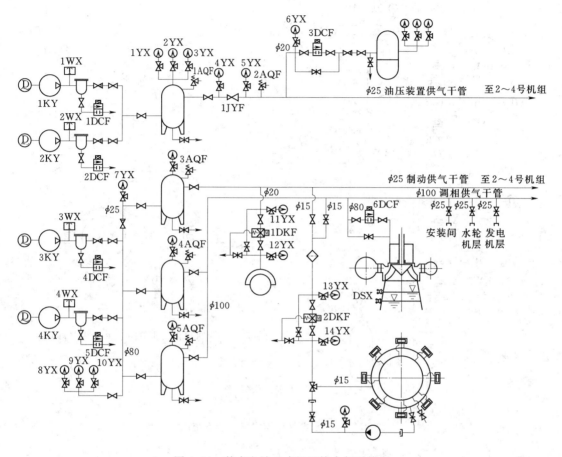

图 4.34　某水电站立式机组综合气系统图

图 4.34 是某水电站立式机组综合气系统图。高压气系统向油压装置供气，设有两台高压空压机，自动向高压储气罐充气。为保证压缩空气干燥度，油压装置供气采用二级压力供气，运行补气由干管引入各机组压油槽。低压气系统供给机组制动用气、调相压水用气、风动工具与吹扫用气和蝶阀空气围带用气，设有两台低压空压机，一台工作，另一台备用，由压力信号器自动控制空压机的运行。为保证制动供气的可靠性，设有单独的制动储气罐，并从调相供气干管引气作为机组制动的备用气源。蝶阀空气围带用气量很小，直接从制动供气干管引气。调相用气量大，设有两个储气罐并联供气，风动工具与吹扫用气直接从调相供气干管引气。

图 4.35 为某水电站压缩空气综合系统图。高压气系统的用户为油压装置供气，采用二级压力供气，设有两台高压空压机，自动向高压储气罐充气，经减压后引入油压装置供气干管，再引入各机组压油槽。低压气系统的用户为机组制动用气和风动工具与吹扫用气，设有两台低压空压机，一台工作；另一台备用，由压力信号器自动控制空压机的运行。制动供气设有单独的储气罐，并由油压装置供气经减压后作为机组制动的备用气源。风动工具与吹扫用气设一储气罐，供安装间及厂内各层用气。

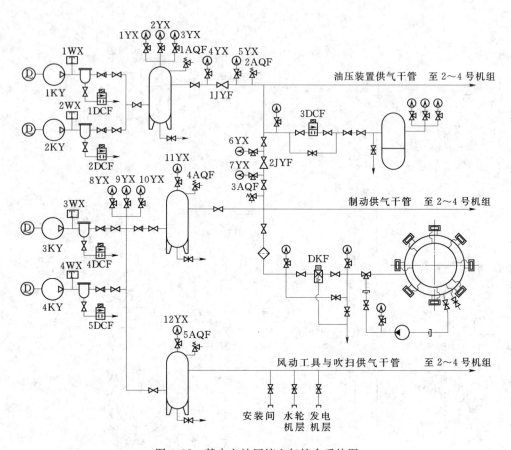

图 4.35 某水电站压缩空气综合系统图

习 题 与 思 考 题

4-1 水电站供气对象及其分类（按压力分）与用气特点是什么？

4-2 水电站压缩空气系统的任务是什么？压缩空气系统由哪些部分所组成？

4-3 空气压缩机如何分类？

4-4 活塞式空压机的主要类型有哪些？

4-5 何为活塞式空压机的理论工作过程和实际工作过程？

4-6 空压机生产率的含义是什么？

4-7 试述活塞式空压机的工作过程与压缩极限。

4-8 为什么要对空压机进行冷却？空压机的冷却方式有哪些？

4-9 储气罐、气水分离器的作用是什么？

4-10 水轮发电机组为什么要进行制动？

4-11 试述调相压水供气的作用过程和影响因素。

4-12 水电厂常用的风动工具有哪些？

4-13 防冻吹冰供气有哪些要求？

4 - 14　油压装置的供气方式有哪些？各有什么优缺点？

4 - 15　热力干燥法干燥压缩空气的原理与过程各是什么？

4 - 16　机组制动、调相压水、空气围带、风动工具与吹扫、防冻吹冰及油压装置供气的供气特点各是什么？

4 - 17　水电站采用综合气系统有哪些优越性？

4 - 18　水电站压缩空气系统自动化的要求是什么？

4 - 19　分析综合气系统图。

第5章 供 水 系 统

5.1 概 述

水电站的供水包括技术供水、消防供水和生活供水。中、小型水电站常以技术供水为主、兼顾消防及生活供水，组成统一的供水系统。

技术供水主要是向水轮发电机组及其辅助设备供应冷却用水、润滑用水，有时也包括水压操作用水（如高水头电站的水压操作主阀、射流泵等）。消防供水是为厂房、发电机、变压器、油库等提供消防用水，以便发生火灾时进行灭火。生活供水是水电站生产区域的生活、清洁用水。

供水系统和辅助设备其他系统一样，是保证水电站安全、经济运行所不可缺少的重要组成部分。本章主要讨论技术供水，并简要介绍消防供水。

5.2 技术供水系统的任务与组成

5.2.1 技术供水的对象与作用

水电站用水设备随电站规模和机组形式而不同。水轮发电机组的用水设备主要有：发电机空气冷却器、水轮发电机组轴承油冷却器、水冷式变压器、水冷式空压机、油压装置回油箱油冷却器、水润滑的水轮机导轴承、水轮机主轴密封及深井泵轴承、水压操作的主阀与射流泵等。

下面分别讨论各技术供水对象及其作用。

1. 发电机空气冷却器

发电机在运行过程中有电磁损耗和机械损耗，即定子绕组损耗、涡流及高次谐波的附加损耗、铁损耗、励磁损耗、通风损耗及轴承摩擦机械损耗。这些损耗转化为热量，如不及时散发出去，不但会降低发电机的效率和出力，而且还会因局部过热损坏绕组绝缘，影响发电机使用寿命，甚至引起事故。因此，运转中的发电机必须加以冷却。发电机允许的温度上升值随绝缘等级而不同，一般为 $70\sim80\,^{\circ}\mathrm{C}$，需由一定的冷却措施来保证。

水轮发电机大多采用空气作为冷却介质，用流动的空气对定子、转子绕组以及定子铁芯表面进行冷却，带走发电机产生的热量。空气通风冷却是水轮发电机采用最广泛的一种冷却方式，从小型到大型水轮发电机均有采用。由于水轮发电机型式不同，相应的通风系统也不同。按照冷却空气的循环形式，水轮发电机的通风方式可分为开敞式（川流式）通风、管道式通风和密闭式通风。

开敞式通风是利用发电机周围环境空气自流冷却，冷却空气经过发电机各散热面时吸收电机的热量后直接排出机外，不再重复循环。这种通风方式具有结构简单、安装方便的优点,但发电机的温度直接受环境温度的影响,防尘、防潮能力差,散热量有限,故适用于额定容量 1000kVA 及以下的水轮发电机。

管道式通风的冷却空气一般取自温度较低的水轮机室,靠发电机自身的风压作用将热空气经风道排至厂外。借助风道高差的拔风作用,管道式通风的散热能力在相同条件下比开敞式通风略有提高,适用于发电机机率在 1000kVA 以上的水轮发电机。为防止灰尘进入发电机内,可在进风口设置滤尘器。

除小功率的发电机采用开敞式(或川流式)通风外,一般大中型发电机均采用密闭式通风。

密闭式通风就是将发电机空间加以封闭,其中包含着一定体积的空气,利用发电机转子上装置的风扇,强迫空气流动,冷空气通过转子绕组,再经过定子中的通风沟,吸收发电机绕组和铁芯等处的热量成为热空气,热空气通过设置在发电机四周的空气冷却器,经冷却后重新进入发电机内循环工作。

密闭式通风系统利用空气冷却器进行热交换,冷风稳定,温度低,不受环境温度的影响,冷却空气清洁、干燥,有利于发电机绝缘寿命,通风系统风阻损失小,具有结构简单、安全可靠和安装维护方便等优点,因此广泛应用于大中型水轮发电机。

图 5.1、图 5.2 分别表示横轴机组和竖轴机组内冷却空气的通流路径。

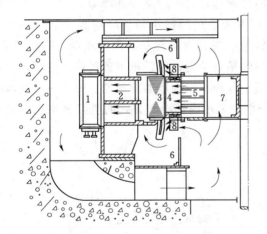 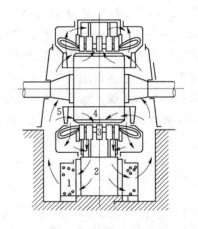

图 5.1 竖轴机组内冷却空气的通流路径
1—冷却器;2—机座热风区;3—定子铁芯;
4—磁极;5—磁轭;6—挡风板;7—转子
支架;8—风扇

图 5.2 横轴机组内冷却空气的通流路径
1—冷却器;2—机座热风区;3—定子铁芯;
4—磁极;5—风扇

空气冷却器是将发电机内的热空气进入冷却器后与冷却水进行热交换,把热量传递给冷却器中流动的冷却水带走,使热空气温度降低到允许的规定温度,以保证发电机安全运行,故空气冷却器又称为热交换器。水轮发电机空气冷却器是水管式热交换器,它由许多根黄铜水管和两端的水箱所组成。为了增加吸热效果,在黄铜管上装有许多铜片(或绕有许多铜丝)。

冷却水由一端进入空气冷却器,吸收热空气的热量变成温水,从另一端排出。立式水轮发电机组的空气冷却器布置在定子外壳的风道内,卧式机组安装在发电机下面的机坑中。冷却器的个数和安装状况随机组容量和结构而不同。

空气冷却器的冷却效果对发电机的功率及效率有很大影响：当进风温度较低时，发电机的效率较高，发出功率较大；当进风温度升高时，发电机的出力降低，效率显著下降，如表 5.1 所示。

表 5.1   进风口空气温度对发电机出力的影响

进风口空气温度（℃）	15	20	30	35	40	45	50
发电机功率相对变化（%）	+10	+7.5～+10	+2.5～+5	0	−5～−7.5	−15.2	−22.5～−25

2. 水轮发电机组轴承油冷却器

水轮发电机组轴承的工作温度一般为 40～50℃，最高可达 60～70℃。控制轴承的工作温度是保证机组正常运行的重要条件。水轮发电机组的轴承一般都浸没在油槽中，用透平油进行润滑。机组运行时机械摩擦所产生的大量热量聚集在轴承中，传递给透平油并随透平油的流动带出。这部分热量如不及时导出，将使轴瓦和油的温度不断上升。过高的温度不仅加速油的劣化，而且影响轴承润滑状态，缩短轴瓦寿命，严重时可能使轴承烧毁。因此，水轮发电机组通常设置轴承油冷却器，通过冷却水的流动，吸收并带走透平油内的热量。

油槽内油的冷却方式有两种：一种是内部冷却；另一种是外部冷却。

内部循环冷却系统是传统的油循环冷却系统。机组轴承和油冷却器浸于同一个油槽中，油的循环主要依靠轴承转动部件的旋转使油在轴承与冷却器之间流动，进行热交换；冷却器水管中通入冷却水，由冷却水把油中的热量带走，使轴承不致过热。内循环冷却系统结构简单，不需任何外加动力，广泛应用于各种机组轴承油冷却器。图 5.3 为发电机推力轴承内循环冷却系统。图 5.4、图 5.5 分别为采用内部冷却方式的机组分块瓦导轴承和水轮机稀油润滑筒式导轴承。

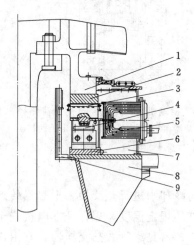

图 5.3 推力轴承内循环冷却系统

1—推力头；2—镜板；3—推力轴瓦；4—支撑；

5—油冷却器；6—轴承座；7—油槽；

8—推力支架；9—挡油管

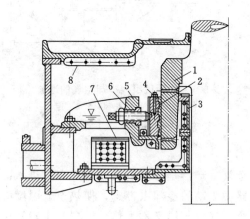

图 5.4 机组分块瓦导轴承

1—主轴轴领；2—分块轴瓦；3—挡油箱；4—温度

信号器；5—轴承体；6—支顶螺丝；7—冷却器；

8—轴承盖

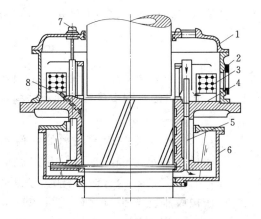

图 5.5　水轮机稀油润滑筒式导轴承
1—油箱盖；2—油箱；3—冷却器；4—轴承体；
5—回油管；6—转动油盆；7—浮子信号器；
8—温度信号器

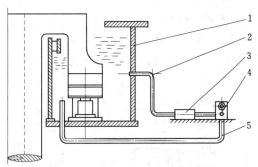

图 5.6　推力轴承外循环冷却系统
1—油槽；2—热油管；3—外加泵装置；
4—冷却器；5—冷油管

外部循环冷却系统，是将润滑油用油泵抽到油槽外浸于流动冷却水中的冷却器进行冷却。采用外循环冷却系统，油槽内部结构可以简化，阻挡物少，油槽内油路畅通，能有效降低油的流动损耗。油冷却器置于油槽外，便于检修、维护。外循环冷却系统适用于大型机组的推力轴承冷却。图 5.6 为机组推力轴承外循环冷却系统。

3. 水冷式变压器

电力变压器常用的冷却方式一般分为三种：油浸自冷式、风冷式和水冷式。容量较大的变压器常采用水冷却。水冷式变压器有内部水冷式和外部水冷式两种。内部水冷式变压器的冷却器安装在变压器的绝缘油箱内，通过冷却器的冷却水将变压器运行时发出的热量带走。外部水冷式即强迫油循环水冷式，这种变压器用油泵把油箱中的运行油抽出，加压送入设置在变压器体外的油冷却器进行冷却。后一种冷却方式能提高变压器的散热能力，使变压器的尺寸缩小，便于布置，但需要设置一套水冷却系统。

4. 水冷式空压机

空压机中空气被压缩时，温度可能升高到 180℃ 左右，因此需要对空压机气缸进行冷却，降低压缩空气温度，提高生产能力，降低压缩功耗，并且避免润滑油达到碳化温度造成活塞内积碳和润滑油分解。空压机的冷却方式有水冷式和风冷式两种。水冷式是在气缸及气缸盖周围包以水套，其中通冷却水，以带走热量。水冷式空压机冷却效率高，冷却效果好，大容量的空压机多采用水冷式。此外，采用水冷却的多级压缩空压机的级间冷却器、压缩空气冷却器都必须供给足够的冷却水。

5. 油压装置回油箱油冷却器

运行中的油压装置会由于油泵压油及油高速流动时的摩擦而产生热量，使油温升高。某些水电站由于调节系统接力器或主配压阀漏油量大油泵频繁启动，致使回油箱的油温迅速上升。油温过高会使油的黏度下降，对液压操作不利，同时会加速油的劣化，造成严重后果。为了使油温不致过高，大型油压装置常在回油箱中设置油冷却器，以保持油温正常。流通式的特小型调速器，由于没有压力油箱，油泵需连续运转，也在回油箱中设置冷却器对油进行冷却。

6. 水润滑的水轮机导轴承

水轮机导轴承采用橡胶轴瓦时，为了对橡胶导轴承进行润滑和冷却，避免橡胶瓦块运行时摩擦发热而烧瓦，采用水直接润滑和冷却的方式。水轮机的水润滑橡胶导轴承结构见图 5.7。

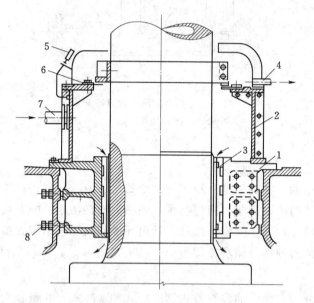

图 5.7 中橡胶导轴承的润滑水箱设在轴承上部，橡胶轴瓦内表面开有纵向槽，运行时一定压力的水从橡胶轴瓦与轴颈之间流过，形成润滑水膜并将轴承摩擦产生的热量带走。润滑水从摩擦表面底部流出后，经水轮机转轮上冠泄水孔排出。轴瓦背面的螺栓用来调整轴瓦和轴颈的间隙。轴颈包焊有不锈钢轴衬防止主轴锈蚀。

橡胶导轴承结构简单，工作可靠，安装检修方便，其位置较稀油润滑的导轴承更接近转轮，硬质橡胶轴瓦具有一定的吸振作用，可提高机组的运行稳定性。但橡胶轴承对水质的要求很高，水中含有泥沙时易磨损轴颈和轴瓦，轴瓦间隙易随温度变化，轴承寿命较短，刚性

图 5.7　水轮机的水润滑橡胶导轴承
1—轴承体；2—润滑水箱；3—橡胶瓦；4—排水管；5—压力表；
6—橡胶平板密封；7—进水管；8—调整螺栓

不如稀油润滑轴承，运行时间稍长就易发生较大振动，目前在中小型水轮机上已很少采用。

7. 水轮机主轴密封及深井泵轴承

许多水轮机主轴的工作密封采用橡胶密封结构，机组运行时需供给具有一定压力的清洁水起密封和润滑作用。水电站装置有深井泵时，深井泵起动前也需要注入清洁水，对深井泵的橡胶导轴承进行润滑。

8. 水压操作的主阀与射流泵

有的高水头水电站采用高压水操作主阀和其他液压阀，可以节省油压装置或使油系统简化，方便运行并降低费用。引入操作接力器的高压水必须清洁，防止配压阀和活塞严重磨损和阻塞，并需要注意工作部件的防锈蚀。高压水流还可用来操作射流泵，作为水电站的排水泵或辅助离心泵的启动。

根据对以上各种供水对象的讨论可知，水电站技术供水的作用主要有：

（1）冷却。

（2）润滑。

（3）液压操作。

5.2.2 技术供水系统的任务与组成

1. 技术供水系统的任务

供水系统所提供的技术用水，应当满足各种用水设备对水压、水量、水温和水质的技术要求，安全可靠地供水，并符合经济性要求。

2. 技术供水系统的组成

技术供水系统由水源、水处理设备、管道系统、测量和控制元件及用水设备等组成。

（1）水源是技术供水系统获取水量的来源。

（2）水处理设备是当技术供水的水质不符合要求时对水质进行净化与处理的设备。

（3）管道系统是将从水源引来的水流分配到机组各个用水设备处的管网，由干管、支管和管件等组成。

（4）测量与控制元件是为了保证技术供水系统安全、可靠地运行而设置。测量元件是对供水的压力、流量、温度和管道中水流的流动情况等进行量测和监视的设备；控制元件是根据运行要求对技术供水系统有关设备进行操作与控制的设备。

（5）用水设备即上述各技术供水对象。

5.3 用水设备对供水的要求

各种用水设备对供水系统的水量、水压、水温、水质均有一定的要求，其总的要求是：水量充足，水压合适，水质良好，水温适宜。现分述如下。

5.3.1 水量

用水设备的供水量，通常由制造厂家经设计计算后提出。初步设计时，在没有取得制造厂家资料的情况下，可参考类似电站和机组设备的用水量进行估计，或采用经验公式和图表、曲线进行估算，求得近似数值，作为设计依据。在技术设计阶段，再按制造厂提供的资料进行修改与校核。

大中型水电站机组供水量最大的设备往往是发电机空气冷却器，其所需水量约占技术供水总量的70％；其次是推力轴承与导轴承的油冷却器，约占18％；水润滑的水轮机导轴承约占5％；水冷式变压器约占6％；其余用水设备约占1％。小型水电站机组通常不设发电机空气冷却器，其用水量最大的设备是推力轴承油冷却器，总冷却水量大大减少。所以，发电机的冷却水量对电站技术供水系统的规模起着决定性的作用。

1. 水轮发电机总用水量

水轮发电机的总用水量是指其空气冷却器的用水量加上推力轴承和导轴承油冷却器的用水量。初步估算这个总水量时，可按图5.8查取。

2. 空气冷却器用水量

发电机运行中铁芯与绕组的允许最高温度，与发电机采用的绝缘等级和型式有关。小型电机一般采用A级绝缘，允许最高温度为105℃；大型电机采用B级绝缘，允许最高温度为130℃。为了限制发电机内部温升，一般规定：经过空气冷却器后的空气温度不超过

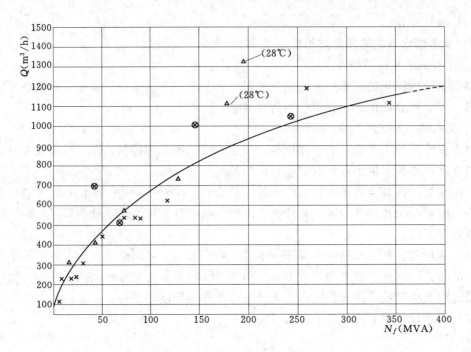

图 5.8　水轮发电机总用水量曲线

△—全伞式发电机；⊗—半伞式发电机；×—悬式发电机

35℃；空气吸收热量后的温度不高于 60℃；空气冷却器的进水与出水温度差要求在 2～4℃范围内；进水最高温度不允许超过 30℃。制造厂在确定发电机冷却水量时，均以进水温度为 25℃、机组带最大负荷、发电机连续运行时所产生的最大热量为设计依据。

（1）初步估算空气冷却器用水量时，可根据发电机额定容量由如图 5.9 所示的曲线上查取。

（2）空气冷却器用水量亦可根据发电机额定容量按每千伏安 0.0065m³/h 粗略计算。

（3）空气冷却器所需的冷却水量，可根据热量平衡条件，采用下式计算

$$Q_K = 3600 \frac{\Delta N_d}{C\Delta t} (\text{m}^3/\text{h}) \tag{5.1}$$

式中　Q_K——空气冷却器所需的冷却水量，m³/h；

　　3600——功热当量，取 $860 \times 4.187 \times 10^3 = 3600 \times 10^3$，J/(kW·h)；

　　ΔN_d——发电机的电磁损耗功率，kW；

　　　C——水的比热，取 $C = 4.187 \times 10^3 \text{J/(kg·℃)}$；

　　Δt——冷却器进出水温度之差，取 $\Delta t = 2 \sim 4$℃。

为了求取发电机的电磁损耗功率，首先要求得发电机总的功率损耗。发电机总的功率损耗在发电机未设计之前是不确定的，初步估算时可根据发电机的效率进行推算，即

$$\Delta N_f = \frac{N_{fe}}{\eta_f} - N_{fe} (\text{kW}) \tag{5.2}$$

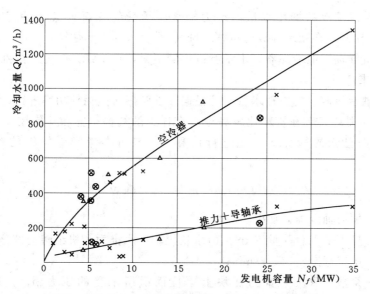

图 5.9 水轮发电机空气冷却器、轴承冷却水量曲线
△—全伞式；⊗—半伞式；×—悬吊式

式中 ΔN_f——发电机总的功率损耗，kW；

N_{fe}——发电机的额定容量，kW；

η_f——发电机的效率，大中型水轮发电机一般为 0.96～0.98。

而 $$\Delta N_d = \Delta N_f - \Delta N_z \tag{5.3}$$

式中 ΔN_z——轴承机械损耗，kW。

轴承机械损耗包括推力轴承与导轴承两部分。这两部分的损耗计算见后面所列公式。

（4）空气冷却器的用水量也可采用经验公式进行估算，即

$$Q_K = 8.5 N_{fe} \left(\frac{1 - \eta_f}{0.025} \right) \times 10^{-3} (\text{m}^3/\text{h}) \tag{5.4}$$

式中符号意义同式（5.2）。

按式（5.4）计算所得数值与制造厂提供的数值相比较，单机容量在 10 万 kW 以下的机组基本相近，10 万 kW 以上的机组则计算数值偏大，但作为估算还是可用的。

空气冷却器的用水量与发电机负荷的大小有关，这是因为发电机的定子铜损和附加损耗随负荷大小而变化，其余几种损耗则为定值。因此，当负荷减少时，空气冷却器的耗水量也部分地减少。当发电机功率因数 $\cos\varphi$ 是常数时，空气冷却器的冷却水量随发电机负荷变化的关系见图 5.10。

3. 发电机推力轴承和导轴承油冷却器用水量

（1）初步估算时，推力轴承和导轴承油冷却器所需冷却水量，可查图 5.9 曲线求取。

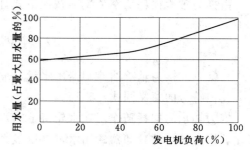

图 5.10 空气冷却器用水量与
发电机负荷的关系

（2）推力轴承油冷却器用水量与推力轴承所承受的总荷重（t）和它的转数 n（r/min）的乘积成比例，在初步计算时可按每吨转/分为 0.75l/h 估算。

（3）发电机导轴承油冷却器用水量所占比例不大，初步设计时可以按推力轴承用水量的 $10\%\sim20\%$ 来考虑。

（4）推力轴承所需要的冷却水量，可根据轴承摩擦所损耗的功率进行计算。

推力轴承的损耗只有在资料比较齐全、有详细的结构布置和几何尺寸、推力轴承负荷及转速等数据已知的情况下才能进行计算，一般可参考类似机组的资料按下式计算，即

$$\Delta N_t = AF^{3/2} n_e^{3/2} \times 10^{-6} (\text{kW}) \tag{5.5}$$

式中 ΔN_t——推力轴承损耗功率，kW；

  F——推力轴承总荷重，kN，由水轮机轴向水推力和机组转动部分重量所组成；

  n_e——机组额定转速，r/min；

  A——系数，取决于推力瓦块上单位面积所承受的压力 p，p 通常取 $3.5\sim4.5$MPa。A 值由图 5.11 曲线查取。

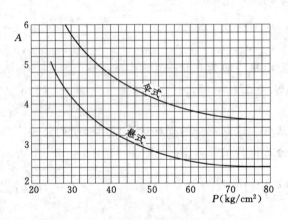

图 5.11 推力轴瓦上的单位压力 P 与
系数 A 的关系曲线

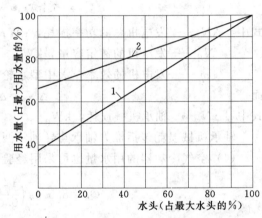

图 5.12 推力轴承油冷却器用水量与
水轮机水头的关系
1—转桨式水轮机；2—混流式水轮机

由推力轴承损耗功率 ΔN_t，按照下式计算所需冷却用水量，即

$$Q_t = 3600 \frac{\Delta N_t}{C \Delta t} (\text{m}^3/\text{h}) \tag{5.6}$$

式中 Q_t——推力轴承油冷却器用水量，m^3/h；

  其他符号的意义同式（5.1）。

推力轴承的损耗随作用在水轮机上的水头变化而变化，故其油冷却器的用水量也随之变化。推力轴承油冷却器的用水量（以最大用水量的％表示）随水轮机水头变化的关系如图 5.12 所示。

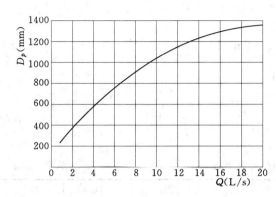

图 5.13 橡胶轴承润滑水量与主轴直径关系曲线

4. 水轮机导轴承用水量

稀油润滑的水轮机导轴承一般均装有油冷却器，其冷却水量很小，可按推力轴承用水量的 10%～20% 考虑，或按机组总用水量的 5%～7% 估算。

水导轴承采用橡胶轴瓦时，由于橡胶轴瓦不能导热，所以在工作过程中产生的全部热量需要用水来带走。橡胶轴瓦不能耐受高于 65～70℃ 的温度，在高温下会加速老化，其供水必须十分可靠，不允许发生任何中断。

初步估算水轮机橡胶导轴承的冷却和润滑用水量时，可由图 5.13 的曲线查取。图中的水轮机主轴轴颈 D_p，可根据机组的扭力矩初选。扭力矩按下式计算，即

$$M = 97400 \frac{N_z}{n_z} (\text{kg} \cdot \text{cm}) \tag{5.7}$$

式中　M——扭力矩，kg·cm；

　　　N_z——主轴传递功率，kW；

　　　n_z——主轴转速，r/min。

由扭力矩与主轴外径关系曲线图（图 5.14）查出相应的主轴直径 D_z，并根据表 5.2 中的系列尺寸确定相应的直径 D_z 和 D_p。

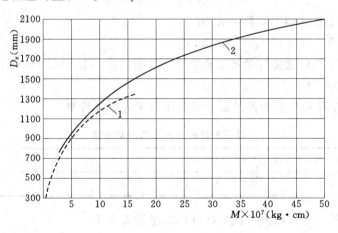

图 5.14　扭力矩与主轴外径关系曲线图
1—厚壁轴；2—薄壁轴

5. 水冷式变压器冷却用水量

初步设计时，水冷式变压器的冷却用水量可按变压器的容量每千伏安耗水 $0.001\text{m}^3/\text{h}$ 来估算。

水冷式变压器的用水量与变压器的损耗（包括空载损耗和短路损耗）有关。当变压器的容量和型式确定以后，可根据其额定负荷时的总损耗和冷却器系列产品的额定冷却容

量，由下式计算出一台变压器的总用水量

$$Q_B = \frac{N_B}{N} \times q \quad (\text{m}^3/\text{h}) \tag{5.8}$$

式中　Q_B——一台变压器的总用水量，m^3/h；

　　　　N_B——变压器损耗，kW；

　　　　N——冷却器的额定冷却容量，kW；

　　　　q——每台冷却器的耗水量，m^3/h。

表 5.2　　　　　　　　　主轴及轴颈外径系列表　　　　　　　　单位：mm

D_z	D_p	D_z	D_p	D_z	D_p	D_z	D_p
400	415	650	670	900	920	1300	1320
450	465	700	720	950	970	1400	1420
500	515	750	770	1000	1020	1500	1520
550	565	800	820	1100	1120	1600	1620
600	615	850	870	1200	1220		

变压器强迫油循环水冷却器已成系列，冷却器的额定冷却容量和耗水量可参考厂家资料和有关设计手册。

6. 水冷式空压机冷却用水量

初步设计时，水冷式空压机的用水量可按下式估算

$$Q_y = Q_r q \quad (\text{m}^3/\text{h}) \tag{5.9}$$

式中　Q_y——空压机冷却用水量，m^3/h；

　　　　Q_r——空压机额定排气量，m^3/min；

　　　　q——空压机单位排气量所需要的冷却水量，$(\text{m}^3/\text{h})/(\text{m}^3/\text{min})$；一般取 $q=0.18$ ~0.3 $(\text{m}^3/\text{h})/(\text{m}^3/\text{min})$。

水冷式低压空压机所需要的冷却水量，也可按表 5.3 计算。

表 5.3　　　　　　　　　低压空压机生产率与冷却水量

空压机生产率（m^3/min）	1.5	3	6	10	14	20
冷却水量（m^3/h）	0.5	1	2	3	4	5.2

国内已生产的一些水轮发电机各部分用水量见表 5.4。

表 5.4　　　　　　　　国内已生产的水轮发电机各部分用水量

单机容量 H（kW）/S（kVA）	机组型式	推力导轴承用水量 $Q_推/Q_导$（m^3/h）	空气冷却器用水量 $Q_空$（m^3/h）	总用水量 Q（m^3/h）	制 造 厂
300000/343000	悬式	250/60	1300	1610	哈厂
225000/258000	悬式	250/75	940	1265	哈厂
210000/240000	半伞	200/26	820	1046	东方

单 机 容 量 H（kW）/S（kVA）	机组型式	推力导轴承用水量 $Q_推/Q_导$ （m³/h）	空气冷却器用水量 $Q_空$ （m³/h）	总用水量 Q （m³/h）	制 造 厂
150000/176560	全伞	140/60	900	1100	东方
110000/129500	全伞	140/合在一起	595	735	东方
100000/111000	悬式	130	510	640	哈厂
75000/88200	悬式	40/6	500	546	哈厂
72500/85000	悬式	40/6	500	546	哈厂
65000/72300	悬式	80	450	530	哈厂
60000/70600	全伞	80	500	580	
50000/58700	半伞	100	420	520	东方
50000/62500	悬式	120	2016（单回路）	2136	哈厂
45000/53000	半伞	120	350		
45000/53000	半伞	120/25	510	810	哈厂
40000/44500	悬式	54/51	200	305	哈厂、东方、天发
36000/42400	全伞	80	350	430	哈厂
36000/41200	半伞	320	380	700	东方
25000/31200	悬式	45/5	220	270	东方
20000/23100	悬式	60	180	240	哈厂
17000/21200	悬式	60/20	380	460	
15000/18700	悬式	10.5	222	232.5	哈厂
11000/13750	悬式	62.4	163	225.4	天发
8000/10000	悬式	25	110	135	哈厂
7500/9400	悬式	22	200	222	哈厂
5000/6250	悬式	10.4	93	103.4	重庆

5.3.2 水压

1. 机组冷却器对水压的要求

为了达到冷却器的冷却效果，冷却器需要一定的进口水压，以保证所需要的水量。因此，冷却器的水压是以满足流量要求为主。

冷却器进口水压的上限由其强度条件所决定，一般不超过 0.2MPa，超过上述要求，则冷却器铜管强度不允许。当有特殊要求时，需与制造厂协商提高强度。冷却器的试验压力，在无厂家规定值时，可采用 0.35MPa，试验时间 1h，要求无渗漏。冷却器进口水压的下限，取决于冷却器和排水管的流动阻力，一般不低于 0.04～0.075MPa，只要足以克服冷却器内部压降及排水管路的水头损失、保证通过所需要的流量即可。

通过冷却器的冷却水压降，按照下式计算，即

$$\Delta h = n\left(\lambda\frac{l_0}{d} + \Sigma\zeta\right)\frac{V^2}{2g}(\text{mH}_2\text{O}) \tag{5.10}$$

式中　Δh——冷却器的水压降，mH_2O；

　　　　n——水路回路数，对空气冷却器一般为4或6路，对轴承油冷却器通常为1路；

　　　　λ——管道沿程阻力系数，对铜管一般按0.031考虑；

　　　　l_0——冷却水管的长度，m；

　　　　d——冷却水管内径，m；

　　　　$\sum \zeta$——局部阻力系数，空冷器可取$\sum \zeta = 1.3$，油冷却器可取$\sum \zeta = 3.5 \sim 4$；

　　　　V——管内水流速度，m/s；一般取平均流速为$1.0 \sim 1.5 m/s$；

　　　　g——重力加速度，m/s^2。

冷却器在长期使用之后，由于铜管内表面发生积垢和氧化作用，使冷却器水流特性变坏，散热性能降低，所以制造厂提供的压降值比计算值大，一般均按计算值加上1倍或更多的安全系数。国内冷却器一般压力降为$4 \sim 7.5 mH_2O$。

表5.5为国内一些发电设备厂生产的发电机空气冷却器工作压力。

表5.5　　　　　　　　　　国内已生产的发电机空气冷却器工作压力

厂　　名	工作水压 （MPa）	试验水压 （MPa）	允许最大强度 压力（MPa）	内部水压降 （mH_2O）
哈尔滨电机厂	$0.2 \sim 0.6$	$0.4 \sim 0.9$		3
东方电机厂	一般$\leqslant 0.3$ 少数$0.4 \sim 0.6$	0.6 <1		$\leqslant 5$
天津发电设备厂	一般$0.15 \sim 0.2$ 少数$0.2 \sim 0.6$	$0.4 \sim 0.5$ 0.9	0.26 0.6	$1 \sim 2.7$
杭州发电设备厂	$0.15 \sim 0.2$	0.4	0.5	
富春江水工机械厂	0.2 0.6	0.4 1.2	0.3 0.7	
陵零水电设备厂	$0.15 \sim 0.25$			

2. 水冷式变压器对水压的要求

水冷式变压器对冷却水水压要求较严格，因为它涉及变压器的安全运行。在水冷式变压器中如果发生冷却水管破裂或热交换器破裂时，就会使油水渗合，对变压器造成很大危险。为确保安全，制造厂要求，冷却器进口处水压不得超过$0.05 \sim 0.08 MPa$；对强迫油循环体外冷却装置，油压必须大于水压$0.07 \sim 0.15 MPa$，这样就可以保证即使冷却水管破裂，也只能允许油进入水中，而水不能进入油中。当电站技术供水引到水冷式变压器前的压力较高时，应采用减压措施，并设置安全阀。

3. 水冷式空压机对水压的要求

水冷式空压机的冷却水套强度较大，其进口水压可以较高，一般要求不超过$0.3 MPa$。进口水压的下限，由其水力损失大小决定，一般不低于$0.05 MPa$。

4. 水轮机橡胶导轴承对水压的要求

水轮机橡胶导轴承入口水压的高低主要由润滑条件决定，以保证轴颈与轴瓦之间形成足够的承力水膜。中、小型机组橡胶导轴承的进口水压为$0.15 \sim 0.2 MPa$。水压过高时可能造成轴承润滑水箱破坏。

5.3.3 水温

冷却器的冷却效果，不仅与通过的冷却水量有关，而且受冷却水温度的影响。因此，供水水温是供水系统设计中一个十分重要的条件，一般按夏季经常出现的最高水温考虑。为了设计与制造的方便，根据我国的具体情况，制造厂通常以进水温度 25℃ 作为设计依据。

水电站技术供水的水温与很多因素有关，如取水的水源、取水深度、当地气温变化等。根据我国各水电站水库水温实测资料及电站实际运行情况来看，大部分电站获得 25℃ 的水温是可能的。

水温对冷却器的影响很大。如果冷却器进水温度增高，为了达到冷却效果，就得加大冷却器的换热表面积，从而使冷却器的尺寸加大，有色金属消耗量增加，并造成布置上的困难。冷却器的高度与冷却水温的关系见表 5.6。

表 5.6 　　　　　　　　　　冷却器高度与进水温度的关系

进 水 温 度（℃）	25	26	27	28
冷却器有效高度（mm）	1600	1800	2050	2400
相对高度（%）	100	113	128	150

由表 5.6 中可以看出，由于冷却水温增高了 3℃，致使冷却器高度增加了 50%。同时，水温超过设计温度，会使冷却效果变差，发电机无法发足额定出力。因此，正确地采用水温是很重要的。进水温度最高应不超过 30℃。

我国南方部分地区夏季水温超过 25℃ 达一个多月，若技术供水水温超过 25℃，则应向制造厂提出要求，由制造厂专门设计特殊的冷却器，加大冷却器尺寸，或增加冷却水量。

对北方的某些地区，水库水温长年达不到 25℃，则可根据图 5.15 进行折算，适当减小供水水量。

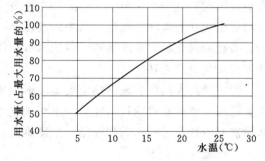

图 5.15　水温低于 25℃ 时冷却水量的折减系数

冷却水温过低也是不适宜的，这会使冷却器水管外壁结露凝聚水珠。一般要求进口水温不低于 4℃。冷却器进出口水的温差不能太大，一般要求保持在 2～4℃，避免沿管长方向因温度变化太大产生温度应力而造成管道裂缝。

5.3.4 水质

水电站的技术供水，不管是取自地表水还是地下水，或多或少总会有各种杂质，具有不同的物理化学性质。河流、湖泊及水库的地表水，一般流经地面的途径不长，溶解矿物质较少，水的硬度较小；但随着水的冲刷流动，特别是洪水期间，往往夹带了大量的泥沙、悬浮物、有机物及杂质。地下水由于地层的渗透过滤，通常不含悬浮物、有机物等，但当水渗过不同的岩层时，溶解了各种无机盐类，故地下水含有较多的矿物质，具有较大的硬度。

对水质方面总的要求是限制水中的机械杂质、生物杂质和化学杂质，保证技术供水清洁、硬度适中、不含腐蚀性物质，避免对供水系统设备造成腐蚀、结垢和堵塞。

冷却水的水质一般应满足以下几方面的要求。

1. 悬浮物

河流中常见的树枝、杂草、碎木、塑料垃圾等悬浮物，如果进入技术供水系统，就会堵塞取水口、管道和设备，使技术供水流量减小甚至中断。因此，技术供水中不允许包含这类悬浮物。

2. 含沙量

水中泥沙会在管道中沉积，增大水力损失，妨碍水流的正常流动，影响冷却器换热效果。泥沙进入橡胶导轴承，会加速轴颈与轴瓦的磨损，缩短轴承寿命。因此，对技术供水的泥沙含量必须加以限制。

要求冷却用水含沙量在 $5kg/m^3$ 以下，泥沙粒径不大于 $0.1mm$，其中含沙粒径大于 $0.025mm$ 的不应超过含沙量的 5%；润滑用水含沙量不大于 $0.1kg/m^3$，泥沙粒径不大于 $0.025mm$。对多泥沙的河流，要特别注意防止水草与泥沙的混合作用，堵塞管道。

3. 冷却水应是软水，暂时硬度不大于 $8°\sim12°$

水中的盐类杂质，其含量以硬度表示。硬度依钙盐和镁盐的含量而定，以度表示。硬度 $1°$ 相当于 $1L$ 水中含有 $10mg$ 氧化钙或 $7.14mg$ 氧化镁，即 $1L$ 水中含钙盐或镁盐 $357\mu g$ 当量。硬度又分为暂时硬度、永久硬度和总硬度三种。暂时硬度即碳酸盐硬度。水中若含有酸式碳酸钙 $[Ca(HCO_3)_2]$、酸式碳酸镁 $[Mg(HCO_3)_2]$ 等，它们在水加热煮沸时即分解析出钙镁的碳酸盐沉淀，水中的硬度即行消失，故称之为暂时硬度。水中含有钙、镁的硫酸盐或氯化物，在水加热、煮沸过程中不会产生沉淀，即为永久硬度。总硬度为暂时硬度与永久硬度之和。

暂时硬度大的水在较高的温度下易形成水垢，水垢层会降低冷却器的传热性能，增大水流阻力，降低水管的过水能力。永久硬度大的水，高温时的析出物能腐蚀金属，形成的水垢富有胶性，易引起阀门黏结，坚硬难除。

水依硬度可分为：

极软水	$0°\sim4°$；中等硬水 $8°\sim16°$
软水	$4°\sim8°$；硬水 $16°\sim30°$

为避免形成水垢，水电站的技术供水要求是软水，暂时硬度不大于 $8°\sim12°$。

4. 要求 pH 值反应为中性

水中氢离子浓度以 10 为底的对数的负值称为 pH 值，即

$$pH = -\lg[H^+] = \lg\frac{1}{[H^+]}$$

依据 pH 值，可将水分为：

水为中性反应，pH＝7；碱性反应 pH＞7；酸性反应 pH＜7。

大多数的天然水 pH 值为 7～8。pH 值过大或过小都会腐蚀金属，产生沉淀物堵塞管道。为了防止腐蚀管道与用水设备，要求 pH 值反应为中性，不含游离酸、硫化氢等有害物质。

5. 要求不含有机物、水生物及微生物

有机物进入技术供水系统会腐烂变质，腐蚀管道，滋生水草，促使微生物繁殖，进而堵塞管道。水生物如果进入技术供水管道，可能附着在管壁上，加大水流阻力，影响冷却水的正常流动和冷却器换热。因此，技术供水要求不含有机物、水生物及微生物。

6. 含铁量不大于 0.1mg/L

水中的铁，以 $Fe(HCO_3)_2$ 的形式存在，短时间是透明的；与空气、日光接触后，逐渐被氧化成胶体状的氢氧化铁 $[Fe(OH)_3 \cdot nH_2O]$，有赤褐色的析出物，在管路系统和冷却器中生成沉淀，使传热效率和过水能力降低。要求水中含铁量不大于 0.1mg/L。

7. 不含油分

油分进入技术供水管道，会粘附在冷却器管壁上，阻碍传热，影响冷却器正常运行。油分还会腐蚀橡胶导轴瓦，加速轴承老化。因此，技术供水要求不含油分。

对水轮机橡胶导轴承润滑水的水质要求（水导轴承密封、推力轴承水冷瓦的水质要求均相同）更为严格：

(1) 含沙量及悬浮物必须控制在 $0.1kg/m^3$ 以下，泥沙粒径应小于 0.01mm。

(2) 润滑水中不允许含有油脂及其他对轴承和主轴有腐蚀性的杂质。

潮汐发电站对海水的腐蚀问题应特别予以注意。

5.4 水的净化与处理

由河流流经地域的环境所决定，河流来水中含有多种杂质。特别是在汛期，来水中漂浮物、泥沙含量剧增。当水质不符合技术供水的要求时，就需要对河水进行净化和处理，以满足各用水设备的要求。

5.4.1 水的净化

水的净化可分为两大类：一为清除污物；二为清除泥沙。

1. 清除污物

(1) 拦污栅。在技术供水取水口设置拦污栅，可隔挡水中较大的悬浮物。从蜗壳或压力管道引水的取水口，宜采用平条型拦污栅。平条型拦污栅分顺水平条型和正交平条型两种，正交平条型的拦污性能比顺水平条型好，但水力损失较大；顺水平条型拦污效果较正交平条型差，但水力损失小，取水流量降低少，吹扫条件较正交平条型有利。兼顾拦污栅的工作条件，采用顺水平条型拦污栅较为适宜。栅条的间距应根据水中漂浮物的大小确定，其净间距宜为 30~40mm。过栅流速与供水管道经济流速有关，应为 0.5~2m/s。为防止污杂物堵塞取水口，可在拦污栅后设置压缩空气吹扫接头，进行反向吹淤。特别在汛期运行时，水中泥沙、杂草较多，易发生淤堵，应注意及时清除。取水口拦污栅如图 5.16 所示。

(2) 滤水器。滤水器是清除水中悬浮物的常用设备。按滤网的形式可分为固定式和转动式两种。

滤水器利用滤网隔除水流中的悬浮物。滤网宜采用不锈钢制作，其网孔尺寸视悬浮物的大小而定，一般采用孔径为 2~6mm 的钻孔钢板，外面包有铜丝滤网，滤水器内水的

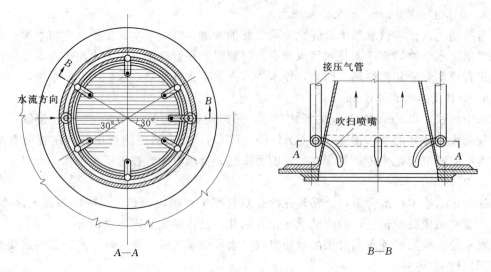

图 5.16　取水口拦污栅

过网流速一般为 0.1～0.25m/s，不宜大于 0.5m/s。滤水器的尺寸取决于通过的流量。滤网孔的过流有效面积至少应等于进出水管面积的 2 倍，这是考虑到即使有二分之一的面积受堵，仍能保证足够的水量通过。

固定式滤水器如图 5.17 所示。需要过滤的水由进水口流入，经过滤网过滤后，由出水口流出，污物被阻挡在滤网外边。隔离出的污物可定期采用反冲法清除，反冲时需在滤水器进出口之间设一旁通管或并联另一滤水器。正常运行时，将 3、4 阀关闭，1、2 阀打开。冲污时将 1 阀关闭，3、4 阀打开，压力水从滤网内部反冲出来，隔挡在滤网外部的污物即被冲入排污管排出。

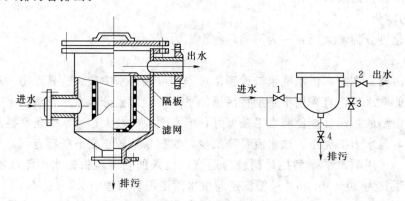

图 5.17　固定式滤水器

固定式滤水器结构简单，但清污较难，对水中悬浮物较多的电站不宜采用。

对于水中悬浮物较多的电站，可采用转动式滤水器，如图 5.18 所示。这种滤水器的滤网安装在可以回转的转筒外，水从滤水器下部进入带滤网的转筒内部，由内向外经滤网过滤后流出，然后从转筒与筒形外壳之间的环形流道进入出水管。转筒上有可操动转筒旋转的转柄。转筒内用钢板分隔成几等格，其中一格正对排污管口。当转筒上的某一格滤网需反向冲洗时，只需旋转转筒使该格对准排污管，打开排污阀，转筒与筒形外壳之间的清洁水即由外向内流过滤网，该格滤网上的污物便被反冲水流冲至排污管排出。与固定式滤水器相比，转动式滤水器可在运行中冲洗，运行方便灵活。

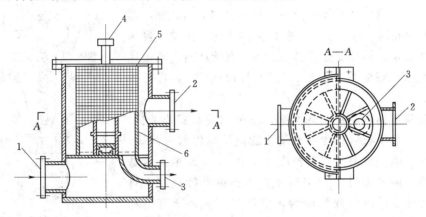

图 5.18　转动式滤水器
1—进水管；2—出水管；3—排污管；4—转柄；5—滤网；6—转筒

大型转动式滤水器手动操作十分吃力，可加设电动机及减速机构，即电动转动式滤水器。

图 5.19 为电动转动式全自动滤水器。该滤水器主要由电动行星摆线针轮减速机、滤水器本体、电动排污阀、差压控制器及带 PLC 控制器的电气控制柜组成。该滤水器可自动过滤、自动冲污、自动排污，在清污、排污时不影响正常供水。电气控制采用 PLC 可编程控制器自动控制，也可手动操作，并设有滤网前后差压过高、排污阀过力矩故障报警器，可实现无人值班。

正常过滤时，电动减速机不启动，排污阀关闭。当达到清污状态时，排污阀打开，减速机启动，带动滤水器内转动机构旋转，使每一格过滤网与转动机构下部排污口分别相连通，沉积于滤网内的悬浮物反冲后经排污管排出。

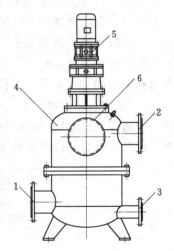

图 5.19　电动转动式滤水器
1—进水管；2—出水管；3—排污管；
4—滤水器本体；5—减速器；
6—检修孔

2. 清除泥沙

我国河流众多，水力资源丰富，但其中不少河流由于流域水土流失严重，往往水流浑浊，挟带泥沙。水流挟带泥沙的数量，不同河流有显著差异。不仅挟沙居世界诸河之冠的黄河泥沙问题十分严重，即使挟沙较少的南方河流，也有程度不同的泥沙问题。特别是在汛期，水中泥沙激增，严重威胁用水设备的安全运行。

为清除技术供水中的泥沙，常采取以下措施：

（1）水力旋流器。水力旋流器是利用水流离心力作用分离水中泥沙的一种装置，在水电站技术供水系统中具有除沙和减压的功用。常用的圆锥形水力旋流器如图 5.20 所示。

133

水力旋流器的工作原理是：含沙水流由进水管 3 沿圆筒切向进入旋流器，在进出水压力差作用下产生较大的圆周速度，使水在旋流器内高速旋转。在离心力的作用下，泥沙颗粒被甩向筒壁 2 并旋转向下，经出沙口 5 落入储沙器 7 内；清水旋流到一定程度后产生二次涡流向上运动，经清水出水管 4 流出。储沙器连接排沙管 8，当储沙器内沙量达到一定高度（由观测管 6 看出），打开控制阀门 9，进行排沙、冲洗。

水力旋流器结构简单、造价低，易于制造和安装维护，平面尺寸小，易于布置；含沙水流在旋流器内停留时间短，除沙效果好，除沙效率高，对粒度大于 0.015mm 的泥沙基本上能清除，除沙率可在 90％以上；能连续除沙且便于自动控制。旋流器的水力损失较大，壁面易磨损，杂草不易分离，除沙效果受含沙量和泥沙颗粒大小的影响，适用于含沙量相对稳定、粒径在 0.003～0.15mm 的场合。旋流器还应满足耐压、耐磨和内表面光滑的要求。冲沙水量一般为进水量的 1/3～1/4。

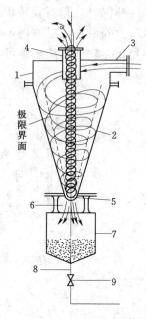

图 5.20　水力旋流器
1—圆筒；2—圆锥体；3—进水管；
4—清水管；5—出沙口；6—观测
管；7—储沙器；8—排沙管；
9—控制阀门

多泥沙河流上的水电站采用水力旋流器除沙，应进行技术上的论证，并参照专门的规定进行设计计算。

（2）沉淀池。沉淀池利用悬浮颗粒的重力作用来分离固体颗粒和比重较大的物体，一般可分为平流式、竖流式、辐流式和斜流式等型式。我国水电站采用的主要有平流式和斜流式两种。

1）平流式沉淀池。平流式沉淀池如图 5.21 所示。平流式沉淀池池体平面是一个矩形，进水口和出水口分设在池子的两端。水由进口缓慢地流入，沿着水平方向向前流动，水中的悬浮物和泥沙在重力作用下沉到池底，清水从池体的另一端溢出。

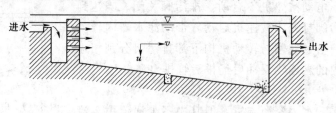

图 5.21　平流式沉淀池

平流式沉淀池结构简单，施工方便，造价低；对水质适应性强，处理水量大，沉淀效果好，出水水质稳定；运行可靠，管理维护方便。缺点是占地面积较大，需设机械排泥沙装置；若采用人工排沙则劳动强度大，常用两池互为备用交替排沙。

2）斜流式沉淀池。斜流式沉淀池是根据平流式沉淀原理，在沉淀池的沉淀区加斜板或斜管而构成，分别称为斜板式和斜管式。斜流式沉淀池如图 5.22 所示。

根据平流式沉淀池去除分散颗粒的沉淀原理，在一定的流量和一定的颗粒沉降速度条

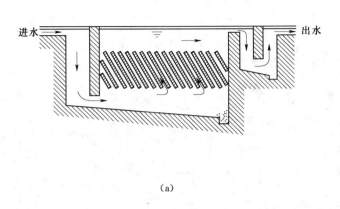
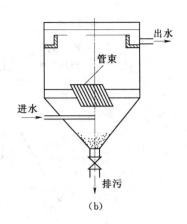

(a) （b）

图 5.22　斜流式沉淀池

（a）斜板式；（b）斜管式

件下，平流式沉淀池的沉淀效率与池子的平面面积成正比。从理论上来说，如果将同一池子在高度上分成 N 个间隔，平面面积则增大 N 倍，其沉淀效率可提高 N 倍，但加装平板后排泥困难。若将水平板改为斜板，水流斜向流动，沉淀池水平投影面积保持相同倍数，则积泥可自动落入池底，易于排除。斜流式沉淀池加装斜板，可以加大水池过水断面湿周，减小水力半径，在同样的水平流速时大大降低了雷诺数，从而减小了水流的紊动，促进泥沙沉淀。同时因颗粒沉淀距离缩短，沉淀时间可以大为减少。斜流式沉淀池具有沉淀效率高、停留时间短、操作简单、占地面积较小等优点，效果可提高 3～5 倍。斜板一般与水平方向成 60°角。

斜管式沉淀池是在斜板式沉淀池的基础上发展起来的。斜管断面常采用蜂窝六角形，亦可采用矩形或正方形，其内径或边长一般为 25～40mm，斜管长度为 800～1000mm，斜管与水平方向成 60°角，倾角过小时会造成排沙困难。从水力条件看，斜管比斜板的湿周更大、水力半径更小，因而雷诺数更低，沉淀效果亦更显著。斜管式沉淀池水流阻力大，一般适用于水头较高的电站。

蜂窝斜管式沉淀池管路系统如图 5.23 所示。

蜂窝斜管式沉淀池的结构如图 5.24 所示。

沉淀池的水源取自上游水库，在取水口处装有拦污栅，自不同高程取水。根据不同用水量开启一台或两台水泵向沉淀池注水，每台水泵前装有自动滤水器一台。水泵的开停由沉淀池中的液位信号器控制。布水帽出口流速 5cm/s。浑浊水经蜂窝斜管沉淀后，清水从表层通过集水孔眼流入八条辐射式集水槽，并汇集至环形集水槽，然后经 ϕ500mm 出水管送至用户。在环形集水槽上装有 ϕ300mm 的溢水管一根，当水位超高时进行溢流。

在水泵出水管路上装有 ϕ150mm 的进水量调节管一根，调整其上的阀门开度，以平衡水泵注水量与沉淀池出水量。该管道亦可用于水泵出水管排出泥沙及放空存水。

沉淀下的泥沙采用连续排泥方式。在沉淀池底部设有 ϕ150mm 经常排泥管一根，当进出水管路上阀门打开时，该管上的排泥阀即打开，连续排泥。在排泥斗锥底以上 0.6m 处还设 ϕ250mm 不定期排泥管一根，根据连续排泥管及沉淀池进出水管上取样情况，开启

135

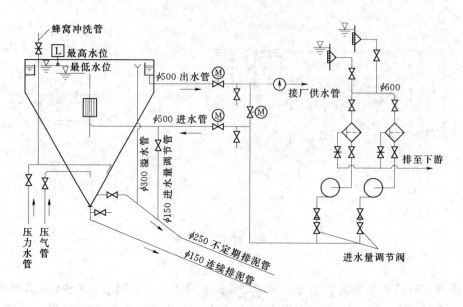

图 5.23　蜂窝斜管式沉淀池管路系统图

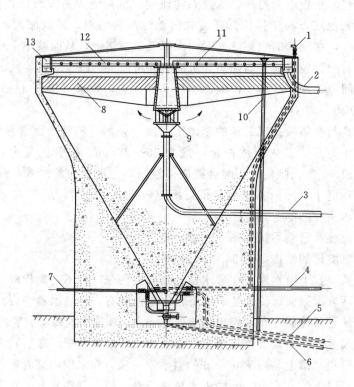

图 5.24　蜂窝斜管式沉淀池结构图

1—蜂窝冲洗管；2—出水管；3—进水管；4—压力冲沙管；5—不定期排泥管；6—连续排泥管；
7—压力吹沙管；8—蜂窝斜管区；9—布水帽；10—溢水管；11—集水孔眼；
12—辐射式集水槽；13—环形集水槽

或关闭该管上的排泥阀。为防止池底及排泥管堵塞，在池底以上 1.04～1.44m 处内壁设置 ϕ50mm 的压力水（0.6MPa）冲沙管、ϕ40mm 的压缩空气（0.7MPa）冲沙管各一根，当池底及排泥管堵塞时用以冲沙。

水池顶部引出 ϕ50mm 压力水管一根，供冲洗蜂窝斜管表面积泥用。在 ϕ150mm 连续排泥管和沉淀池进出水管上，均装有取样阀门，用以提取水样进行分析化验。

蜂窝斜管沉淀池的缺点是沉淀池占地面积大，体积大，管路布置较长，土建投资大。随运行时间延长蜂窝斜管会出现结垢，影响排泥效果，使出水水质降低，应及时进行冲洗。由于沉淀池远离供水设备，对于供水系统运行、操作和维护带来一定的困难。

5.4.2 水的处理

对技术供水中化学杂质的清除称为水的处理。由于化学杂质的清除比较困难，设备复杂，投资和运行费用较高，因此中、小型水电站大多在确定供水水源时选用化学杂质符合要求的水，一般不进行水的处理。大型水电站当水中化学杂质不满足运行要求时，需对技术供水水质进行处理。

1. 除垢

天然水中溶解有各种盐类，如重碳酸盐、硫酸盐、氯化物、硅酸盐等。当技术供水中水的暂时硬度较高时，冷却器内常有结垢现象发生，影响冷却效果和设备使用寿命。水垢的形成主要是由于水中的重碳酸盐类杂质 $Ca(HCO_3)_2$、$Mg(HCO_3)_2$ 受热分解，游离 CO_2 散失，产生碳酸钙或碳酸镁的过饱和沉淀。在换热器的传热表面上，这些微溶性盐很容易达到过饱和状态从水中结晶析出。当水流速度比较小或传热表面比较粗糙时，这些结晶沉积物就容易沉积在传热表面上，形成水垢。这一过程即

$$\left.\begin{array}{l} Ca(HCO_3)_2 \longrightarrow CO_2 \uparrow + H_2O + CaCO_3 \downarrow \\ Mg(HCO_3)_2 \longrightarrow CO_2 \uparrow + H_2O + MgCO_3 \downarrow \end{array}\right\} \qquad (5.11)$$

这些水垢都是由无机盐组成，故又称为无机垢。水垢结晶致密，比较坚硬，通常牢固地附着在换热表面上，不易被水冲洗掉。水垢形成后，使冷却器导热效率大为降低，需要定期清除。

水垢可采用人工或机械的方法清除。人工除垢是用特制的刮刀、铲刀及钢丝刷等专用工具来清除水垢，该方法除垢效率低、劳动强度大，除垢不够彻底，对容器内表面可能造成损伤，目前已很少使用。机械除垢是用电动洗管器和风动除垢器清除管内或受热面上的水垢的一种方法，电动洗管器主要用来清除管内水垢，风动除垢器常用的是空气锤和压缩空气枪。上述方法受设备形状和管径的限制，在许多情况下不能使用或效果不好。

水电站常用的防结垢措施有：

（1）化学处理。化学除垢是以酸性或碱性药剂溶液与水垢发生化学反应，使坚硬的水垢溶解变成松软的垢渣，然后用水冲掉，以达到除垢的目的。化学除垢有酸洗和碱洗之分，而以酸洗除垢最为常用且效果好。

酸洗除垢所用的酸通常采用盐酸和硫酸。硫酸浓度虽然较盐酸为高，但因缺乏良好的

缓蚀剂，特别是当水垢中含有较多钙盐时，会在酸洗过程中形成坚硬的硫酸钙。目前广泛应用的缓蚀盐酸清洗方法是在盐酸溶液中配以一定浓度的缓蚀剂，起到即能除去水垢、又能防止设备腐蚀的作用。

当水垢是纯粹的碳酸盐时，可用盐酸与它直接作用，使水垢溶解。化学反应式如下

$$\left.\begin{array}{l} CaCO_3 + 2HCl \longrightarrow CaCl_2 + H_2O + CO_2 \uparrow \\ MgCO_3 \cdot Mg(OH)_3 + 4HCl \longrightarrow 2MCl_2 + 3H_2O + CO_2 \uparrow \end{array}\right\} \tag{5.12}$$

酸洗除垢一般具有效率高、成本低、除污比较彻底等优点，特别是设备死角也可被较好地清洗。但酸性清洗介质尤其是强酸，对于多数金属与某些非金属材料有腐蚀作用。水垢愈厚，冲洗所需的酸溶液浓度就愈高，所以水垢层过厚用酸洗是不适宜的。用苏打或磷酸盐清洗水垢的能力虽比酸洗要差，但可使水垢松动，这样在使用机械清洗时就相当方便，所以常常作为机械清洗前的准备工作。

(2) 物理处理。物理处理主要是指采用超声波处理和电磁处理方法，通过改变结垢的结晶和改变通流表面的吸附条件防止水垢的形成。

1) 超声波处理。超声波处理的原理，是利用频率不低于 28kHz 的超声波在液体里传播过程中所产生的效应，来起到防垢与除垢作用的。当超声波在介质中传播时，介质产生受迫振动，使质点间产生相互作用。当超声波的机械能使介质中的质点位移速度、加速度达到一定数值时，就会在介质中产生一系列物理和化学效应，其中超声凝聚效应、超声空化效应、超声剪切应力效应会防止和破坏水垢的形成。

a) 超声凝聚效应。当超声波在含有悬浮粒子（微粒杂质）的液体介质中传播时，其悬浮粒子就会与液体介质一起产生振动，由于大小不同的悬浮粒子具有不同的相对振动速度，它们之间会相互碰撞、黏合、聚集，使液体中的硬度盐和悬浮的微粒杂质凝聚成较大的颗粒絮状物，形成体积和重量均会增大的颗粒状杂质，变大后的颗粒状杂质很容易被流动介质带走并逐渐沉淀。

b) 超声空化效应。当液体中有强度超过该液体空化阈值的超声传播，分子的聚合力不足以维持分子结构保持不变时，就会有大量的空穴（真空气泡）形成，并随着超声振动而逐渐生长增大，达到一定程度又突然崩溃破裂。当真空小气泡急速崩溃破裂时，会在气泡内产生高温高压，并且气泡周围的液体高速冲入气泡，还会在气泡附近的液体中产生能量极大的局部高速激流波（微流冲击波），这一过程发生在与金属换热界面临近处时，就形成了对金属换热界面的强烈冲刷作用。超声空化效应具有防垢与除垢双重作用。

c) 超声剪切应力效应。当超声波由结垢的热交换设备金属外表面向里传播时，即会引起板结在金属换热界面上的垢质跟随金属同步振动。但由于垢质的性态和弹性系数与金属不同，垢质与金属之间会在换热界面上形成剪切应力作用，导致板结在金属换热界面上的垢质层疲劳、裂纹、疏松、破碎而脱落。

超声波作用于流体所产生的上述三方面效应具有防垢功能：一是破坏了垢物生成和其在器壁上的板结条件，使成垢物在溶液中形成分散的垢结晶，只能析出疏松粉末状的垢物，不再沉积板结；二是由于超声波的空化作用，使液体内产生大量空穴和高压气泡，当

其破裂时，在一定范围内产生强大的压力峰，使成垢物变成小垢物悬浮于液体中；三是超声波在垢层和器壁中的传播速度不同，产生速度差，在其界面形成剪切应力，导致垢物与界面的结合力降低，致使垢层脱落。

2）电磁处理。电磁处理方法即当硬水通过电场或磁场时，其溶解盐类之间的静电引力会减弱，使盐类凝结的晶体状态改变，由具有黏结特性的斜六面体变成非结晶状的松散微粒，防止生成水垢或引起腐蚀。

利用磁场效应对技术供水进行处理，就是使冷却水通过强磁场，盐类结晶发生了变化，变成为非常薄的薄层，进而使离子的排列与磁场的轴向一致。使沉淀的结晶不形成水垢，而是成为无定形的粉末，不再互相凝聚、黏附在金属管壁或其他物体的表面上，从而用排污或简单的操作就能去除。水流横向切割在时间上或空间上可能变化的磁场，引起对水中盐类分子或离子的磁性力偶的磁滞效应，从而改变了盐类在水中的溶解性，同时使盐类分子相互之间的亲和性（结晶性）消失，比水分子与盐类分子之间的亲和性还弱，因而保持了防止形成大结晶的水分子外膜。磁化处理使盐类在受热面上直接结晶和坚硬沉积大大减少，起到防垢作用。

按磁场形式方式可将磁水器分为永磁式和电磁式两种。永磁式和电磁式磁水器在间隙磁场强度相同情况下效果相同，但各有特点。永磁式磁水器最大的优点是不消耗能源，结构简单，操作维护方便，但其磁场强度受到磁性材料和充磁技术限制，且随时间延长或水温提高有退磁现象。电磁式磁水器的优点是磁场强度容易调节，可以达到很高的磁场强度，同时磁场强度不受时间和温度影响，稳定性好，但需要外界提供激磁电源。

静电水处理设备分为两类：一类是利用高压静电场进行水处理；另一类是水流经低压静电场，与电极接触，水中大量电子被激励，从而达到处理的目的。静电水处理属于物理方法，与化学药剂方法不同，基本上不是靠改变水中离子成分达到水处理目的，而是通过高压或低压静电场的作用，改变水分子结构或改变水中的电子结构，致使水中所含阳离子不致趋向器壁，更不致在器壁聚集，达到防垢除垢目的。

2. 除盐

随着我国电力工业的发展，水轮发电机的设计制造容量越来越大，特别是大容量空冷发电机已逐渐接近或达到极限，迫切需要提高水轮发电机的极限容量。影响水轮发电机极限容量的因素很多，如发电机转子的机械强度和绝缘条件等，但首先受到绕组温度的限制。因此，大型水轮发电机的极限容量与发电机的冷却方式密切相关。

由于水的热容量是同体积空气的 3500 倍，因此，在发电机空心导线内通入冷却水，可对定子绕组和转子绕组进行有效冷却，使导线电流密度大大提高，从而增大发电机的极限容量。

对相同容量的水轮发电机而言，采用水内冷方式时，其总重量比空冷发电机可减轻6％～10％，铜导线、硅钢片和绝缘材料等要比空冷发电机平均减轻 45％左右，从而节省了材料费用，发电机的成本随之降低。由于发电机外形尺寸减小，同时也将减少水电站土建部分的投资。当然，采用水内冷机组需要增加空心铜线等材料费用和加工制造成本，因此，按照目前的技术水平，这两种冷却方式的发电机在成本上虽有差异但并不大。从提高发电机的极限容量、确保大容量发电机安全可靠运行来看，水内冷机组具有显著的优点。

当然，水电站将增加为水内冷所必需的辅助设备的成本。

定子、转子绕组都进行水冷却的发电机称为双水内冷水轮发电机。近年来，水内冷水轮发电机根据容量、转速及结构型式不同，定子、转子的冷却也采取了不同的组合方式，如表 5.7 所示。

表 5.7　　　　　　　　水内冷水轮发电机定子、转子冷却组合方式

冷却方式 部件	Ⅰ	Ⅱ	Ⅲ	Ⅳ
定子绕组	水冷	水冷	水冷	水冷
转子绕组	水冷	水冷	水冷	空冷或强迫空冷
定子铁芯	水冷	水冷	空冷	空冷

由表 5.7 可知，水轮发电机采用水内冷有不同的组合方式，实际使用中以Ⅲ和Ⅳ两种方式应用较多。对方式Ⅲ，由于转子采用水内冷后结构和进出水装置的密封更为复杂，因而目前大容量水轮发电机在冷却条件允许的情况下，大多选用方式Ⅳ，即定子绕组采用水冷却，转子绕组采用空气通风冷却或强迫通风冷却。

对双水内冷水轮发电机的供水系统，包括一次水和二次水两部分。一次水是指通入发电机定子、转子空心导线内部的冷却水，水质的好坏直接影响到发电机的安全经济运行和线棒的寿命。如水质不好时水的电导率增大，泄漏电流增加，对线棒的电腐蚀加大，严重时会造成线棒的击穿；水的硬度大时在高温下易结垢，在空心线棒内会造成局部堵塞。因此，对一次水的水质要求很高，需经过严格的化学处理，费用较高。为了提高经济性，必须对一次水冷却后循环使用。二次水是用来冷却一次水的冷却水，即一般的技术供水，取自供水系统，不循环使用。水内冷水轮发电机的水处理流程，如图 5.25 所示。

对一次水的水质要求，应符合下列规定：

导电率——小于 $5\mu\Omega/cm$；　　硬度——小于 10mg 当量/L；

pH 值——6～8；　　　　　　　机械混合物——无。

为保证一次水的纯度，对不符合要求的水质，常采用离子交换法除盐。离子交换法是用具有离子交换能力的阳离子交换树脂中带有活动性的 H^+ 离子，与原水中的 Ca^{2+}、Mg^{2+}、Na^+ 等阳离子进行交换，达到除盐的目的。除盐装置由机组制造厂家供给。

5.4.3　水生物的防治

我国南方气候温暖，水温较高，河流水库中往往生长着大量的蚌类、贝类水生物，称为"壳菜"。这些水生物在环境、温度适宜时繁殖速度很快，附着能力很强，一旦进入技术供水系统，就会附生在供排水管道内、混凝土蜗壳壁、滤水器内及进水口拦污栅上，使有效过水断面大为减少，增大了水流阻力，影响输水能力和冷却器换热，严重时甚至堵塞管道、阀门、滤水器，迫使机组停机进行清理，对机组的安全、正常运行造成很大威胁。

"壳菜"属于软体群栖性的动物，它依靠本身分泌的足丝牢固地附生在物体上，形成堆层群体。它最适宜的生长条件是水流比较平稳、流速不大的地方（如阀门背向水流的一面、管道转弯处及进口拦污栅上等），水温在 16～25℃。"壳菜"附着紧密，质地坚硬，很难用机械方法清除。根据这些特点，可采取相应措施进行防治。

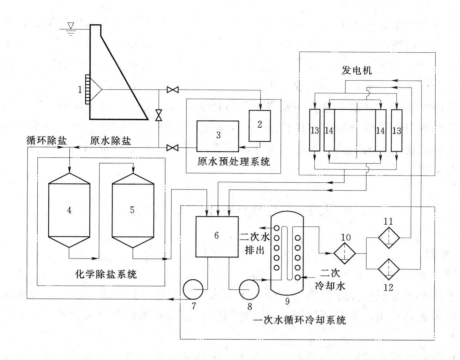

图 5.25 水内冷发电机水处理流程图

1—原水取水口；2—沙层过滤器；3—清水储水池；4—阳离子交换器；5—阴离子交换器；
6—合格水水箱；7—循环除盐泵；8—循环供水泵；9—热交换器；10—滤水器；
11—转子进水滤水器；12—定子进水滤水器；13—定子；14—转子

1. 改变管道水温

"壳菜"生长需要一定的环境，温度过高过低均不适宜。在设计用水设备供水管道时，可按照双向运行方式设置。运行时通过定期切换阀门改变管道运行方式，将供排水管路倒换使用，即将供水管改为排水管、排水管改为供水管。由于排水管道水温比较高，当水温超过 32℃以上时"壳菜"就不易生存，由此造成"壳菜"逐步死亡、脱落。

对于建有高坝的水电站，技术供水可在水库深层取水，降低供水水温，可有效抑制"壳菜"的生长繁殖。

2. 提高管内流速

提高水流流速也可造成"壳菜"不易生长的条件。一般来说，低水头水电站由于库容小，受环境温度影响夏季水温较高，容易产生"壳菜"危害。如果低水头电站技术供水采用水泵供水，提高供水流速，即可有效防止"壳菜"的生长。

3. 药杀

为了去除水生物所造成的危害，用药物杀灭是行之有效的方法。在实践中常采用在水中投放氯或五氯酚钠来杀灭"壳菜"。进行氯处理时，可采用氯气、氯水或次氯酸钠，投氯量的大小、最有效的投放浓度、处理时间及一天的处理次数应慎重确定。有关试验表明，氯水和次氯酸钠作为"壳菜"的杀灭剂，氯水的杀灭效果略优于次氯酸钠。投放五氯酚钠定期杀火"壳菜"价格低廉且效果较好，投放时需根据水温采用不同的浓度，一般浓度控制在 5～20ppm（1ppm 为百万分之一）。当水温高于 20℃时，采用低浓度；水温低于 20℃时，采用高浓度。一般要求在投药后，连续处理 24h 或更多一些时间，其杀灭效果能达到 90％以上。投药时间以在 9～11 月为好，因为这时正是"壳菜"繁殖期，其幼虫对药物的耐力远远小于成虫，杀灭效果更好。

采用药物杀灭"壳菜"时要注意采取防毒措施，特别是对电站下游用户，虽药物浓度很小，且在水中会逐渐分解使毒性逐渐消失，但投药后一段时间内仍有一定毒性，因此投药后要密切监视水质的变化，进行水样化验，避免对下游河道造成污染，使供水水质符合国家的有关规定。

5.5　水源及供水方式

5.5.1　水源

1. 水源选择的原则

技术供水水源的选择非常重要，是决定供水系统是否经济合理、安全可靠的关键。如果供水水源选择不当，不仅可能增加水电站投资，还可能增加在以后长期运行和维护中的困难。

选择技术供水水源时，在技术上须考虑水电站的型式、布置与水头，满足用水设备所需的水量、水压、水温和水质的要求，力求取水可靠、水量充足、水温适当、水质符合要求、引水管路短，以保证机组安全运行，并使整个供水系统设备操作简单、维护方便，在经济上投资和运行费用最省。

技术供水系统除主水源外，还应有可靠的备用水源，防止因供水中断而停机。对水轮机导轴承的润滑水和水冷式推力瓦的冷却水，要求备用水源能够自动投入，因为这些设备的供水稍有中断，轴瓦就有可能烧毁。

一般情况下，均采用水电站所在的河流（电站上游水库或下游尾水）作为供水系统的主水源和备用水源，只有在河水不能满足用水设备的要求时，才考虑其他水源（例如地下水源）作为主水源、补充水源或备用水源。

因此在选择水源时必须全面考虑，根据电站具体情况，进行详细的分析论证，从所有可能的水源方案中，选出技术先进、供水可靠、运行维护方便、经济合理的方案。

2. 供水水源

（1）上游水库作水源。水电站上游水库水量充足，是一个丰富的水源；从水质方面看，水库调节容量越大，水深越深，水流越平缓，有利于水中泥沙沉降，除一些悬浮的落枝飘草等需用进水口拦污栅和管路中滤水器加以清除外，平时泥沙不多，不致阻塞部件，较易获得良好水质；从水温方面看，水库越深水温越低，水下 30m 水温趋于稳定，因此上游水库水深较大时比自然径流或低坝浅库易于取得温度较低的底层水，有利于提高冷却效果；从上游水库取水可以利用水流的自然落差（水头），不需要或减少了提水设备，节省投资与运行费用。因此，上游取水是技术供水设计中首先考虑的水源类型。

上游水库作水源，取水口的位置有以下几种：

1）坝前取水。坝前取水如图 5.26 所示。在坝前电站进水口附近不同高程或不同位置上设置几个取水口，可根据水库水位变化和运行需要选择使用，在运行中也可作为备用互相切换。取水口高程设置在死水位以下，但要防止泥沙淤积到进口高程进入供水系统。在每个取水口后设有压缩空气吹扫管道与接头，当取水口堵塞时可用压缩空气对进水口拦污栅进行反向吹淤。坝前取水经过滤后引入主厂房。

直接从坝前取水的优点是：供水可靠性高，在机组检修、进水闸门关闭时，技术供水仍不中断，当某个坝前取水口堵塞或检修时，也不影响供水；运行灵活、方便，可随着上游水位、水质和季节温度的变化，选用不同高程的取水口，以选择合适的水温及水质（比如在夏季水温高时可取深层水，以提高冷却效果；在洪水期则取表层水，可减少水中含沙量），特别是库大水深的电站，更易于满足用水设备对水质、水温的要求；当河流水质较差时，便于布置沉淀池等大型水处理设施。其缺点是：引水管道长，特别对进水口距厂房较远的引水式电站此缺点尤其突出，使工程投资增大，

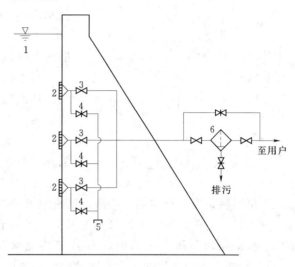

图 5.26 坝前取水

1—水库；2—取水口；3—取水口选择阀；4—拦污栅吹扫选择阀；
5—压缩空气吹扫接头；6—滤水器

运行维护不便。所以，这种取水方式一般在河床式、坝内式和坝后式电站使用较多。由于坝前取水供水可靠，常用它作为备用水源。

为了防止水库悬浮物进入管道，以及便于取水口的选择使用，一般坝前取水口处均装设有拦污栅和小型闸门。

2）压力引水钢管或蜗壳取水。在压力引水钢管或蜗壳侧壁取水，取水口布置如图5.27所示。

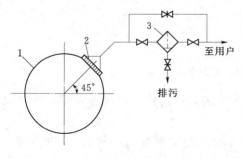

图 5.27 压力钢管与蜗壳取水

1—压力钢管（或蜗壳）；2—取水口；3—滤水器

取水口的位置最好布置在钢管或蜗壳断面的两侧，一般在45°方向上，避免布置在顶部和底部，因为布置在顶部易被悬浮物堵塞，而布置在底部又容易被泥沙淤堵。

对长引水管道的水电站，可采用压力引水钢管取水。对单元引水式水电站和一根压力引水总管分供几台机组的水电站，可自各引水钢管取水后再并联供水，以提高供水的可靠性。当电站设有主阀时，压力钢管上的取水口最好设置在主阀的上游侧，这样在主阀关闭后仍可保证供水。

这种取水方式的引水管道短，设备简单，投资较为节省，管道阀门等可以集中布置，

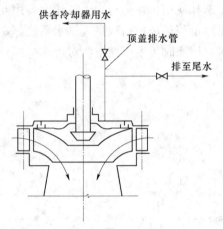

图 5.28 水轮机顶盖取水

操作和维护管理方便，运行费用少，供水可靠，只有在压力钢管发生故障时供水才中断。这种取水方式的缺点是对水质较差的水电站，布置水处理设备比较困难。水电站一般用压力钢管或蜗壳取水作为技术供水的主水源。

3）从水轮机顶盖取水。水轮机顶盖取水，如图 5.28 所示。

对中高水头的混流式机组，可利用水轮机顶盖止漏环的漏水作为技术供水，适用于水头大于 60m 的混流式水轮机。其优点是：水源可靠，水量充足，供水便利，消除了水中枯枝、水草等污物；止漏环间隙对漏水起到良好的减压作用，水压稳定，并可在顶盖某一半径处获得所需的水压；操作简单，随机组启、停而自动供、停水，随机组出力增减而自动增减供水量；不消耗水能或电能，供水设备简单，取消了水泵和滤水器，更便于布置。试用证明效果良好。其主要缺点是：当机组作调相压水运行时，需另有其他水源供水。顶盖取水的压力一般为 0.2～0.3MPa，高于下游水位的压力，因此供水系统的水力损失不能太大。

顶盖取水是我国 20 世纪 70 年代末提出的新的供水方式，在一些水电站机组上改造试用成功后逐渐推广。目前，我国许多水电站包括一些大型水电站也采用了这种供水方式。图 5.29 为漫湾水电站机组顶盖取水水量、水压和出力的实测曲线。

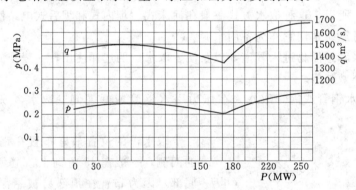

图 5.29 漫湾水电站机组顶盖取水曲线

（2）下游尾水作水源。如果上游水库形成的水头过高或过低，常用下游尾水作水源，通过水泵将水送至各用水设备。如图 5.30 所示。

自下游尾水取水时，要注意取水口不要设置在机组冷却水排出口附近，以免水温过高，影响机组冷却效果。同时应注意机组尾水冲起的泥沙及引起的水压脉动，以及下游水位因机组负荷变化而升降等情况给水泵运行带来影响。应尽可能提高取水口的位置，但取水口必须在最低尾水位 0.5m 以下。水泵吸水管的管口应设有拦污栅网，以防杂物吸入。地下厂房长尾水管的水电站，从下游尾水取水时，取水口一般均设在尾水管或尾水管出口附近，由于水轮机补气使水中含有气泡，这些气泡带入冷却器中影响冷却效果，必须设置除气设施。

从尾水取水作为主水源或备用水源时，要考虑在电站安装或检修后，首次投入运行时供机组启动的用水。

这种取水方式每台水泵需有单独的取水口，布置灵活，管道较短，但比坝前取水的可靠性要差一些，在水泵故障或厂用电断电时技术供水也会中断，且运行费用较大。

（3）地下水源。地下水源一般比较清洁，含沙量少，不含水生物和有机质，水质较好，水温较低且恒定，某些地下水源还具有较高的水压力。为了取得经济、可靠和较高质量的清洁水，以满足技术供水特别是水轮机导轴承润滑用水的要求，当电站附近有地下水源时，可考虑加以利用。

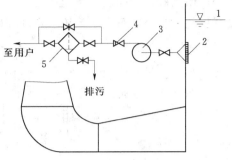

图 5.30　下游尾水取水
1—下游尾水；2—取水口；3—供水泵；
4—止回阀；5—滤水器

但有时地下水的硬度较大，水量有限，长期抽取可能导致地下水位下降或流量不足。为了获得可靠的地下水源，在电站勘测初期即需提出要求，对电站所在地区地下水的分布，以及地下水流量、水质、水量、水温、静水位和动水位等的数据及变化情况进行详细的勘测。采用地下水源时，一般地下水水压不足，必须用水泵抽水增压，因而投资和运行费用较高，供水系统比较复杂。

（4）其他水源。当电站水质不好或利用电站水源不经济时，可在电站附近寻找水质较好、水量有保证的其他水源。除以上所述各种水源外，水电站附近如有瀑布、支流和小溪，或大坝基础渗漏水等，在水质、水温、水量等满足用水要求、且技术可行经济上合理时，都可以作为技术供水的水源。

总之，上述水电站技术供水水源及取水方式各有特点，适用于一定条件，在选择水源时必须全面考虑，根据电站的具体条件选用合理的水源方案。

5.5.2　供水方式

水电站技术供水方式因电站水头范围不同而不同，常用的供水方式有以下几种。

1. 自流供水

自流供水系统的水压是由水电站的自然水头来保证的。当水电站水头在 15～80m 范围内，水温、水质符合要求时，一般都采用从上游取水的自流供水方式。水头小于 15m 时，采用自流供水将不能保证一定的水压；而水头大于 80m 时，采用自流供水一方面浪费了水能，另一方面又使减压实现起来较为困难。

由于自流供水方式设备简单，供水可靠（无转动设备），投资少，操作简单，维护方便，运行费用低，是设计、安装、运行都乐于选用的供水方式。特别是水头在 20～40m 的水电站，一般都采用自流供水方式。

当电站水头大于 40m 而采用自流供水时，为了保证各冷却器的进口水压符合制造厂的要求，一般要装设可靠的减压装置，对多余的水头进行削减，这种供水方式称为自流减压供水。常用的减压装置有自动减压阀、固定减压装置、手动闸阀减压等型式。自流减压供水的可靠性主要取决于减压的措施和设备，当减压不多时可提高冷却器耐压等级、缩小管径或用闸阀、球阀、不锈钢孔板减压，当减压多时一般采用具有阀后压力稳定性好的自动减压阀。自流减压供水系统示意图如图 5.31 所示。

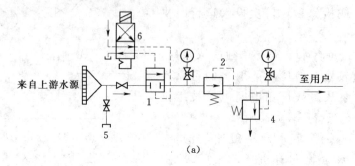

(a)

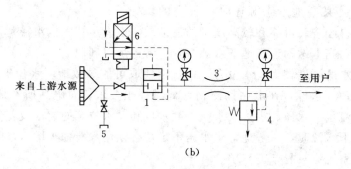

(b)

图 5.31 自流减压供水
(a) 采用自动减压阀；(b) 采用固定减压装置
1—供水总阀；2—自动减压阀；3—固定减压装置；4—安全阀；
5—压缩空气吹扫接头；6—电磁配压阀

这种供水方式所削减掉的水头，实际上是对能量的浪费。而电站的水头越高，为符合冷却器进口水压要求所需要削减掉的水压就越大，浪费的能量就越多。为此，需要把浪费的水能与采用水泵供水所消耗的电能和增加的设备费用进行技术经济比较，以确定合理的供水方式。当电站库容小、溢流几率大时，即使水头较高也可考虑采用自流减压供水方式。水电站自流减压供水的水头范围为 70～120m，国内已运行采用自流减压供水方式的电站中，有的水头高达 130m。

有些水电站采用自流虹吸的供水方式，它利用水电站的自然水头供水，但因为冷却器的位置高于电站的上游水位，开始供水时要用真空泵抽去管路系统内的空气。形成虹吸后，便有足够的水流通过，这是上述自流供水的一种特例。但必须注意水温和汽化等问题，而且虹吸负压应有一定限制。

2. 水泵供水

当水电站水头高于 80m，用自流供水方式已不经济；而当水头小于 12m 时，用自流供水已无法满足用水设备对水压的最低要求，此时通常采用水泵供水方式。对低水头电站，取水口可设置在上游水库或下游尾水，视具体情况而定，从上游取水时水泵扬程减少，运行比较经济；对于高水头电站，一般均采用水泵从下游取水。

当技术供水采用地下水源时，多数电站因水压不足，亦采用水泵供水。

水泵供水系统由水泵来保证所需要的水压和水量。水质不良时，布置水处理设备也较容易。特别是对大型机组，采用水泵供水可以各自设置独立的供水系统，即省去了机组间的供水联络管道，又便于机组自动控制，运行灵活。水泵供水的主要缺点是供水可靠性差，当水泵电源中断时要停止供水，因此要求电源可靠，并要设置备用水泵，设备投资大，运行费用高。

某些采用水泵供水的电站，为了节省投资、提高设备利用率，技术供水和检修排水合用一组水泵，即采用供排水结合的系统。

3. 混合供水

当电站最高水头大于15m而最低水头又不能满足自流供水的水压要求，或电站最低水头小于80m而最高水头采用减压装置又不经济时，都不宜采用单一供水方式。一般设置混合供水系统，即自流供水和水泵供水的混合系统，当水头适中时采用自流供水，水头不足或水头过高时采用水泵供水。自流供水与水泵供水的分界水头应经过水力计算和技术经济比较来确定。在水泵使用时间不多的情况下，可不设置备用水泵，且主管道只设一条，这样可以在不降低供水安全可靠性的条件下，减少设备投资，简化系统。

也有一些混合供水的水电站，根据用水设备的位置及水压、水量要求的不同，采用不同的供水方式。对自流供水能满足水压要求的设备，采用自流供水；对自流供水不能满足水压要求的设备，采用水泵供水。

4. 射流泵供水

当水电站工作水头为100～170m时，为了减少自流供水的水能浪费，宜采用射流泵供水。由上游水库（或蜗壳、压力引水钢管）取水作为高压工作水流，在射流泵内形成射流，抽吸下游尾水，两股液流相互混合，形成一股压力居中的混合液流，作为机组的技术供水，如图5.32所示。

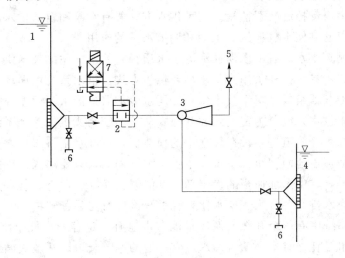

图 5.32 射流泵供水

1—上游水库；2—供水总阀；3—射流泵；4—下游尾水；5—至供水用户；
6—压缩空气吹扫接头；7—电磁配压阀

上游压力水经射流泵后，水压减小，不需再进行减压；原减压所消耗的能量被利用来抽吸下游尾水，增大了水量，供水量是上、下游取水量之和。射流泵供水是一种兼有自流供水和水泵供水特点的供水方式，它设备简单，易于布置，本身无转动部件，运行可靠，便于操作，维护方便，不需动力电源，设备和运行费用较低，已经得到设计和使用部门的重视，在我国大型水电站供水系统中已逐步推广应用，运行稳定可靠，取得了明显的经济效果。但射流泵的效率较低，工作范围较窄，正在不断改进和完善。射流泵在水电站的应用已引起国内外的重视，相关的理论研究与设计制造技术已取得显著进展，有关设计研究单位已编制了水电站技术供水射流泵系列化设计，具有广阔的应用前景。

5. 其他供水方式

由于电站所在地区不同，具体条件不同，因而经济指标也不一样。对各种供水方式的水头范围的规定，是按一般情况比较出来的。电站设计中对供水方式的选用，应分析电站的具体情况，并进行技术经济比较后确定。

除以上常用的几种供水方式外，一些电站根据本身的具体条件，采用一些其他的供水方式，例如：

(1) 高水头电站小机组尾水供水。高水头电站由于减压困难和能量损失大，采用小机组尾水供水的方式，装设厂用小型水轮发电机组，利用小机组发电后的尾水，通过自流方式供给主机组技术用水；又有的水电站利用附近溪沟水自流供水；还有的中、高水头的水电站用转轮密封漏水作为机组技术供水的供水方式。

(2) 中间水池供水。在技术供水的水压、水质和水量不稳定时，有的水电站采用中间水池的供水方式。中间水池可兼有储存水量、稳定水压、调节流量和泥沙处理的作用，当电站水头不足或过高时，技术供水采用水泵打入供水水池或经过减压引入供水水池，水质不好的水电站也可对水质处理后引入中间水池，水池的上、下部分别设有溢流和排污管道，水池的水位由自动控制装置监视。这种供水方式兼有水泵和自流供水的特点，水池的容积应足够大，以起到储水、稳压、沉淀和调节水量的作用。

(3) 冷却水循环供水。有的多泥沙河流上水质很差的水电站的技术供水，由于经处理得到的清洁水来之不易，往往采用冷却水循环供水方式。供水系统由循环水泵、循环水池和设在尾水中的冷却器组成，机组技术供水经尾水冷却器降低水温后循环使用。

循环冷却技术供水系统分为密闭式和开敞式两种。密闭式供水整个系统都处于封闭的管道中，机组冷却水经管道进入设在尾水中的换热器，再经水泵将水打入机组。其优点是没有大的循环水池，占地面积小，系统基本上与大气隔绝，只要注入系统的水是经处理达到标准的清洁软水，水中添加适当的稳定剂，就能够长期安全运行。其缺点是没有大的调节容积，系统的充水排气、排水、换水比较麻烦，设计时需妥善解决。

开敞式供水系统中有一个开敞的循环水池，水池有一定容积，便于沉淀和排出泥沙、污物，当系统中水量耗损时不必随时加水，有一定的调节余地。开敞式循环供水系统便于充水时排气、换水、补水操作及水质监视，其缺点是系统有大的自由水面与大气直接接触，脏物易落入，水生物易生长，影响循环水水质，需要定期换水，使补水装置的制水、水处理任务加重。

采用循环供水方式的电站，循环供水可作为工作水源或备用水源。清水期机组供水从坝前或蜗壳取水时,可利用该时段对供水系统的水进行更换,对水质较好的水源,可不进行处理,直接引用水库蓄水或自来水。

国外一些发达国家在中、小型水电站技术供水系统中采用循环供水较早。近年来这种供水方式在我国也逐步得到重视和应用,目前我国南方许多水电站技术供水系统已采用循环冷却供水方式,特别是黄河等多泥沙河流上新设计的水电站,技术供水基本上都采用了循环冷却供水,机组容量最大为 60MW。

水电站供水系统采用循环冷却方式是解决机组对冷却水质要求的一种较好的方法,适用于多泥沙或多污物等水质的水电站。冷却系统循环供水方式取代了价格贵、占地多的沉沙池等水处理设备,设备简单,提高了供水的可靠性,还可减少机组技术供水设备的检修、维护工作量,具有较好的经济效益。

5.5.3 设备配置方式

供水系统的设备配置方式,根据机组的单机容量和电站的装机台数确定,一般有以下几种类型。

1. 集中供水

全电站所有机组的用水设备,都由一个或几个公共的取水设备取水,通过全电站公共的供水干管供给各机组用水。这种设备配置方式便于集中布置和管理,运行、维护比较方便,适用于中、小型水电站。

2. 单元供水

全电站没有公共的供水设备和干管,每台机组各自设置独立的取水口、供水设备和管道,自成体系,独立运行。这种设备配置方式适用于大型机组或水电站只装机一台的情况。特别对于水泵供水的大中型水电站,每台机组各自设一台(套)工作水泵,虽然水泵台数可能多些,但运行灵活,机组间互不干扰,可靠性高,容易实现自动化,便于运行与维护,有其突出的优点。

3. 分组供水

当电站机组台数较多时,采用集中供水设备选择与布置困难,供水可靠性低;采用单元供水设备数量过多,加大工程投资,且运行操作、管理维护不便。这时可将机组分成若干组,每组设置一套取、供水设备。其优点在于供水设备可以减少,而仍具有单元供水的主要优点。例如两台机组作为一组,采用三台水泵,其中两台工作,一台备用,比一机二泵的单元供水系统,每一组可节省一台水泵。

为避免供水管路过长和供水管径过大给布置和运行维护造成不便,采用集中供水方案或分组供水方案时,机组台数不宜过多。

采用水泵供水时,机组与主变压器的供水设备宜分开配置。

5.6 消 防 供 水

水电站厂房有许多易燃物,如厂房木结构、油类及电气设备等,存在发生火灾事故的可能性。一旦发生设备事故或由人为过失而引起火灾,可能蔓延扩散造成设备或建筑物的毁坏,甚至造成人身伤亡、全厂停电等严重事故。由于水电站失火可能造成十分严重的后果，除了在运行维护中加强预防措施外，必须设置有效的灭火装置，一旦发生火灾能够迅速扑灭，减少火灾损失，保证生产安全。

常用的灭火材料有水、砂土和化学灭火剂等，但最基本的有效灭火剂是水。砂土用于扑灭小范围内的油类着火；灭火剂储存、使用均方便，而且灭火速度快、电绝缘性能好、装置体积小，但是成本较高，对发电机内部着火难于扑灭；水是最普通的灭火材料，水电站水源充沛，十分容易取得，使用方便，灭火效果好，尤其是水喷雾灭火，具有冷却、窒息和稀释的效应，是一种优良而经济的灭火介质。因此，目前在水电站中主要还是使用水进行灭火。

水电站都设有消防报警系统，由报警器和若干感温、感烟探测器组成，发生火情时能自动报警并显示着火位置。同时设有消防供水系统，专门供给厂区、厂房、发电机和油系统等的消防用水。

5.6.1 消防用水的要求

1. 水量

机电设备的消防用水，通常是指主厂房消火栓用水、发电机灭火用水、油库水喷雾灭火装置用水、变压器和开关站及电缆层等电气设备的消防用水。

上述机电设备，在同一时间内发生的火灾次数，一般情况下按一次考虑。

消防用水量按以下两项灭火用水中的最大一项水量确定：

(1) 一个设备一次灭火的最大灭火水量。

(2) 一个建筑物一次灭火的最大灭火水量。

2. 水压

水电站消防供水，可分为低压消防用水和高压消防用水两个系统。

低压消防用水主要是供主厂房消火栓和发电机灭火用水，以及采用小流量喷头的变压器、油罐、电缆等的水喷雾灭火装置，供水压力为 0.3～0.5MPa。高压消防用水主要是供变压器、油库等处的大流量水喷雾灭火装置等，供水压力为 0.5～0.8MPa。

地面主厂房屋外宜采用高压或临时高压给水系统，地下厂房、封闭厂房或坝内厂房的地面辅助生产建筑物，宜采用低压给水系统。

高压或临时高压给水系统的管道压力，应保证当消防用水量达到最大、且水枪布置在主厂房屋外其他任何建筑物最高处时，水枪充实水柱不得小于 10m。低压给水系统的管道压力，应保证灭火时最不利点消火栓的水压不小于 10m 水柱（从地面算起）。

3. 水质

要求供水水质清洁，不得堵塞喷孔及喷雾头。

5.6.2 消防水源与供水方式

1. 消防水源

要有充足而可靠的水源作为消防水源，保证有足够的水量和水压。电站设计时，消防供水水源应与技术供水水源同时考虑。水电站的生产、生活供水的技术要求基本上能满足消防给水的要求时，可合用一个水源。消防供水的水源可以是上游水库或下游尾水。当生活水池有足够的水压时，也可选作消防水源。对于消防给水压力高于生产、生活供水压力时，一般可利用生产、生活供水水源加压后供给消防给水，或单独设置高压消防供水系统。

2. 消防供水方式

消防供水的方式是根据消防设备所需的水压以及电站的水头，它同电站的技术供水方式一样，亦可分为自流供水、水泵供水、混合供水以及消防水池供水等几种方式。

（1）自流供水方式。对水头大于 30m 的水电站，消火供水系统的水源可从电站的上游或电站的技术供水管道中引入，设置单独的消防供水总管与各消防设备连接，组成电站自流供水方式的消防系统。为了保证在任何情况下均能供给消防用水，其取水口不应少于两个。对于高水头电站，为了避免因水压过高而损坏消火设备，要求在其消防水源的取水口处设置减压设备。

（2）水泵供水方式。对水头低于 30m 的水电站，因自流供水水压不能满足消火要求，应采用水泵供水方式，设置两台专用的消防水泵，一台工作一台备用，备用水泵的工作能力不应小于一台主要水泵。消防水泵通常采用离心泵，其取水口多设在电站下游。为了保证消火水泵在任何情况下都能充水启动，应保证水泵随时处于完好备用状态，水泵设底阀，充水水源可从电站技术供水主联络管中引水。消火水泵的工作电源必须十分可靠，通常采用双回路或双电源供电；水泵的启停一般采用人工手动方式操作，规定在火警后 5min 内消火水泵应能投入工作。

（3）混合供水方式。在水头为 30m 左右的水电站，消火供水可采用自流供水和水泵供水结合、互为备用的混合供水方式。即当电站的水头低于 30m 时，消防用水以水泵供水为主；当水头高于 30m 时，则以自流方式供水。

（4）消防水池供水方式。为保证消防供水的水量和水压，可在电站适当位置设置专用的消防水池，储存一定的消防水量，以备火灾事故扑救之用。也可将消防水池与电站技术供水、生活供水的水池相合并，但应有确保消防用水的水量不作其他用处的技术措施。

水电站的消防给水，可根据水电站水头，按不同设备对消防水压的要求，选用自流供水、水泵供水或消防水池供水等方式。当采用单一供水方式不能满足要求时，可采用混合供水方式。消防给水方式应经技术经济比较选定。

消防给水宜与厂房内生产、生活供水系统结合，但应保证消防必需的水量和水压。当技术上不可能或经济上不合理时，可采用独立的消防给水系统。

对不同的消防供水方式，应根据水电站的运行水头范围，选择不同的消防取水方式。可按表 5.8 选择。

表 5.8   **消防供水的取水方式**

水头（m）	低压消防	高压消防	说　明
30 以下	水泵直接供水	水泵直接供水	水泵取水口一般设在下游。其位置应当在水电厂任何运行方式的情况下都能充水。应设专用的取水口和备用取水口。 一般需设置储存 10min 消防用水量的水箱
30～60	自流供水	自流引水再用水泵加压	自流供水可自坝前直接取水或从压力钢管上取水。取水口不少于两个
60～100	自流减压	自流供水	
100 以上	水泵供水或自流减压供水	水泵供水或自流减压供水	有条件布置水池时，可采用消防水池供水

3. 消防供水设备

为确保消防给水的安全，消防给水管道应与生产、生活供水管道分开，设置独立的消防给水管道。为了防止消防管道与消火设备的堵塞，在水质较差的地方，应设置滤水器。消防水泵一般设置两台，一台工作一台备用，双电源供电。消防水泵的吸水管不宜合用一根水管路。在冰冻地区，消防取水口应有防冻措施。

5.6.3　厂房消火

水电站厂房内部及厂区的消火，除设置必要的灭火器外，主要的消防设备是消火栓，依靠消火栓中经过软管、水枪喷出的水柱消火。

1. 厂房消火用水量的计算

厂房消火用水量与同时喷水的消防栓数量有关，主厂房内发电机层消火栓的数量和位置应通过计算水柱射程决定，消火供水的原则是必须保证两相邻消防栓的充实水柱能在厂房内最高最远的可能着火点处相遇。

根据《水利水电工程设计防火规范》(SDJ 278—90) 的规定，水电站主厂房内消火栓的用水量与厂房的高度、体积有关，应根据同时使用的水枪数量和充实水柱高度确定，并且不应小于表 5.9 的规定。

表 5.9 　　　　　　　　　　　　　　　　屋 内 消 火 栓 用 水 量

建筑物名称	高度、体积	同时使用水枪数量（支）	每支水枪最小流量（L/s）	消火栓用水量（L/s）
厂房	高度≤24m、体积≤10000m³	2	2.5	5
	高度≤24m、体积>10000m³	2	5	10
	高度>24~50m	5	5	25
	高度>50m	6	5	30

厂房灭火延续时间按 2h 考虑。

2. 消火栓的选择与布置

消火栓及软管、水枪均为标准产品，可根据需要选用。消火栓通常采用 $\phi 50 \sim 65mm$ ($2'' \sim 2\frac{1}{2}''$) 的消防软管，并配用喷嘴直径为 $13 \sim 19mm$ 的消防水枪。国内生产的消防软管，工作压力为 0.75MPa，最大试验压力达 1.5MPa。

主厂房内消火栓可按一机组段或每两机组段设置一个，具体应视机组间距大小而定。主厂房内发电机层消火栓的间距不宜大于 30m，并应保证有两支水枪的充实水柱能同时到达发电机层任何部位。当发电机层地面至厂房顶的建筑高度大于 18m 时，可只保证桥式起重机轨顶以下实际需要保护的部位有两支水枪的充实水柱能同时到达。主厂房发电机层以下各层消火栓的位置和数量，可根据设备布置和检修要求确定。消火栓的布置方式一般采用单列式，即沿厂房长度方向布置在发电机层的一侧。但当厂房较宽、消火水龙头喷射水柱有效半径不能满足要求时，应采用双列式，即布置在厂房两侧，如图 5.33 所示。

消火栓一般嵌入厂房侧墙内，高度应设置在离发电机层地面 1.2~1.3m 高处，以方便操作。

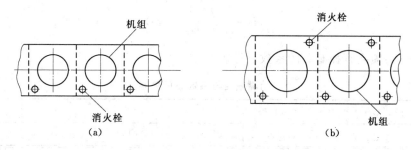

图 5.33 消火栓在厂房内的布置

(a) 单列布置；(b) 双列布置

主厂房外部也应设置消火干管，应沿厂区道路设置，一般与厂内干管平行并相互连成环状管路（联络管由手动阀控制）。在厂外的适当位置，如主厂房两端，设置消火栓。厂外干管还应延伸至其他生产用建筑，并布置相应的消火栓。厂区消火栓的间距在主厂房周围不宜大于 80m，在其他建筑物周围不应大于 120m，其数量和位置应使每一建筑物都能保证有两股充实水柱灭火。

3. 主厂房消火供水的水力计算

主厂房消火供水水力计算的目的，一是校核在给定水压下每个消防栓的灭火范围，一是根据该厂房消火所需的充实水柱高度来确定消火供水水压。

（1）消火栓喷射水柱的有效半径。每个消火栓喷射水柱的有效半径可按下式计算

$$R = L + H_k \text{(m)} \qquad (5.13)$$

式中　R——消火栓喷射水柱的有效半径，m；

　　　L——消防水龙带（消防软管）长度，m；通常采用 10m、15m、20m 三种；

　　　H_k——喷射水柱密集部分的长度，即水柱的有效射程，m。

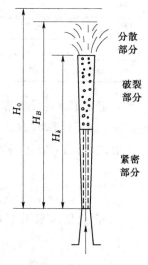

图 5.34　消防水枪射流示意图

消火栓喷射水柱的有效半径与喷射水柱的有效射程有关，其喷射高度由消防供水压力决定。当水头为 H_0 的水由水枪喷嘴垂直向上射出时，由于空气阻力使射流掺气，射流离开喷嘴后逐渐分散，其喷射高度 H_B 小于 H_0，有部分水头 ΔH 消耗于克服大气阻力。最高喷射高度 H_B 由三部分组成，即紧密部分、破裂部分和分散部分，如图 5.34 所示。其中前两部分之和为 H_k，其水柱集中，水流密实，称为充实水柱，亦称为密集部分，是消火的有效部分。

设计时，H_k 的数值应大于发电机层地面至消火最高点的距离，再加上 6～8m 裕量，因为消火时不能垂直向上浇射。

（2）消火供水水压计算：

1）喷嘴出口处水压力 H_0。根据实验，最高喷射高度 H_B 与喷嘴出口处水压力 H_0 的关系为

$$H_B = \frac{H_0}{1+\varphi H_0} \quad (m) \tag{5.14}$$

式中 φ——与喷嘴直径有关的系数，见表 5.10。

表 5.10 　　　　　　　喷嘴直径与系数 φ 的关系

喷嘴直径 d （mm）	10	11	12	13	14
φ	0.0228	0.0209	0.0183	0.0165	0.0149
喷嘴直径 d （mm）	15	16	19	22	25
φ	0.0136	0.0124	0.0097	0.0077	0.0061

喷射高度 H_B 与充实水柱 H_k 的关系为

$$H_B = \alpha H_k \quad (m) \tag{5.15}$$

式中 α——与 H_B 有关的系数，见表 5.11。

表 5.11 　　　　　　　系数 α 与 H_B、H_k 关系

H_B (m)	7	9.5	12	14.5	17.2	20
α	1.19	1.19	1.2	1.21	1.22	1.24
H_k (m)	6	8	10	12	14	16
H_B (m)	24.5	26.8	30.5	35	40	48.5
α	1.27	1.32	1.38	1.45	1.55	1.6
H_k (m)	18	20	22	24	26	28

确定了消火栓位置和最远最高的可能着火点，可计算出充实水柱高度 H_k。通过上表查取 α，即可计算出 H_B。

由式 (5.14)，可得喷嘴出口处水压力 H_0，即

$$H_0 = \frac{H_B}{1-\varphi H_B}(m) \tag{5.16}$$

2）消火供水水压 H，即

$$H = H_0 + H_1 + H_2 (m) \tag{5.17}$$

式中 H——消火供水水压 H，m；

H_1——消火管网的水力损失，m；

H_2——消防水龙带（消防软管）的水力损失，m。

消防水龙带（消防软管）的水力损失 H_2 可由下式计算

$$H_2 = AQ^2 L(m) \tag{5.18}$$

式中 Q——流量，L/s；

L——水龙带长度，m；

A——水龙带（消防软管）的阻力系数，可按表 5.12 选取。

154

表 5.12   消防软管阻力系数 A 值

消 防 软 管	软 管 直 径		
	50mm	65mm	75mm
橡胶水龙带	0.0075	0.00177	0.00075
帆布水龙带	0.015	0.00385	0.0015

火灾发生后形成的强烈冷热空气对流，对消防水枪射流影响很大，使充实水柱的作用半径减小。对于直流水枪的充实水柱高度、喷嘴压力水头和喷嘴流量间的关系，可按表 5.13 进行换算。

表 5.13   直流水枪的密集射流技术数据换算

充实水柱 (m)	喷嘴在不同口径时的压力水头和流量									
	$\phi13mm$		$\phi16mm$		$\phi19mm$		$\phi22mm$		$\phi25mm$	
	压力水头 (m)	流量 (L/s)	压力水头 (m)	流量 (L/s)	压力水头 (m)	流量 (L/s)	压力水头 (m)	流量 (L/s)	压力水头 (m)	流量 (L/s)
6	8.1	1.7	8.0	2.5	7.5	3.5	7.5	4.6	7.5	5.9
7	9.6	1.8	9.2	2.7	9.0	3.8	8.7	5.0	8.5	6.4
8	11.2	2.0	10.5	2.9	10.5	4.1	10.0	5.4	10.0	6.9
9	13.0	2.1	12.5	3.1	12.0	4.3	11.5	5.8	11.5	7.4
10	15.0	2.3	14.0	3.3	13.5	4.6	13.0	6.1	13.0	7.8
11	17.0	2.4	16.0	3.5	15.0	4.9	14.5	6.5	14.5	8.3
12	19.0	2.6	17.5	3.8	17.0	5.2	16.5	6.8	16.0	8.7
13	24.0	2.9	22.0	4.2	20.5	5.7	20.0	7.5	19.0	9.6
14	29.5	3.2	26.5	4.6	24.5	6.2	23.5	8.2	22.5	10.4
15	33.0	3.4	29.0	4.8	27.0	6.5	25.5	8.5	24.5	10.8
16	41.5	3.8	35.5	5.3	32.5	7.1	30.5	9.3	29.0	11.7
17	47.0	4.0	39.5	5.6	35.5	7.5	33.5	9.7	31.5	12.2
18	61.0	4.6	48.5	6.2	43.0	8.2	39.5	10.6	37.5	13.3
19	70.5	4.9	54.5	6.6	47.5	8.7	43.5	11.1	40.5	13.9
20	98.0	5.8	70.0	7.5	59.0	9.6	52.5	12.2	48.5	15.2

5.6.4 发电机消火

水轮发电机着火主要是由发电机定子绝缘事故引起的。运行中的发电机可能由于定子绕组发生匝间短路、接头开焊等事故而引起燃烧。发电机起火后燃烧快，蔓延迅速，特别对于密闭自循环空气冷却的发电机，由于风道内部空间较小，消防人员难以进入，起火后扑灭较困难。为了避免事故的扩大，应设置灭火装置。

1. 发电机消火方式

目前，水轮发电机采用的灭火方式有三种：水、二氧化碳和卤代烷。

以二氧化碳（CO_2）为灭火剂，主要作用是降低空气中氧气的相对含量，其次是降低燃烧物的温度。由于 CO_2 是一种不导电的惰性气体，故适宜扑灭带电设备的火灾。CO_2 灭火较迅速，灭火后能快速散逸，不留痕迹，来源广泛，对生态影响小，所以国外水轮发电机一般选用 CO_2 灭火装置。CO_2 灭火装置也存在缺点：因 CO_2 灭火是靠窒息作用来达到灭火的目的，只有当发电机内 CO_2 体积浓度达到 $30\%\sim50\%$，且保持一定抑制时间（约 30min）时才能使燃烧物彻底熄灭，不再复燃，因此灭火过程中要不断补充泄露的 CO_2，使机内保持一定的浓度，否则可能复燃；CO_2 是一种窒息性气体，当 CO_2 浓度大于 9% 时对人有生命危险，故一定要避免灭火系统误动作使 CO_2 气体外逸，灭火后也要注意将 CO_2 置换干净，不能残留在机内或厂房内；液态 CO_2 可能凝固成雪花状干冰，使温度降低到 194.7K，在化雪时因强冷却作用易冻伤人；固态 CO_2（干冰）还可能堵塞灭火喷嘴造成灭火失效。

卤代烷灭火剂是通过对燃烧的化学抑制作用即负催化作用而达到迅速灭火。卤代烷灭火剂的分子中含有一个或多个卤素原子的化合物，目前以 1211（二氟一氯一溴甲烷）灭火剂应用较广，它是一种无色略带芳香味的气体，分子式为 $CBrClF_2$，化学性质稳定，能有效地扑灭电气设备火灾、可燃气体火灾、易燃和可燃液体火灾，以及易燃固体的表面火灾。灭火时，卤代烷喷向燃烧区，遇高温迅速分解，在有活化氢存在时，其分解产物对燃烧有很强的抑制作用，可中断燃烧的链式反应，使火焰熄灭，因而具有很高的灭火效力，并可使灭火过程瞬间完成。一般体积浓度达 2% 时即可产生灭火效果，而且灭火时间短，灭火剂喷射时间约 10s，灭火剂浸渍时间约 $5\sim10min$。此外，它具有电绝缘性能好、耐储存、腐蚀性小、灭火后不留痕迹、对发电机影响很小等优点。卤代烷灭火剂的缺点是价格昂贵，经济性差；其分解物对人体有一定毒性；灭火剂中含有氟，大量使用可能导致地球臭氧层的破坏，对生态环境极为不利。近年来国际上已开始限制氟元素成分化合物的使用，因此卤代烷灭火剂势必被其他的灭火剂所替代。

利用水作为灭火剂，由于水的汽化热高，比热大，导热系数小，水汽化变成水蒸气后容积迅速扩大，灭火时因水受热汽化，一方面吸收大量的热量，降低燃烧物及四周的温度；另一方面，水蒸气在燃烧物周围形成一个绝热层，并使燃烧物周围的氧浓度迅速降低，即可迅速将火扑灭，故用水灭火效率高，加之取水容易、价廉、经济性好，因此是目前国内外普遍采用的灭火方式。水作为水轮发电机的灭火剂也存在缺点。如一旦使用后会使定子铁芯的硅钢片锈蚀，使绕组绝缘电阻下降；事故后必须对绕组进行清洗、烘干，恢复发电机绝缘；灭火钢管可能发生生锈堵塞，事故时难以打开。此外，还要防止水进入轴承或制动器及机坑内的其他电气设备。

上述三种灭火方式的应用比例大致为：CO_2 灭火方式约占 35%；水灭火方式次之，约占 25%；卤代烷灭火方式仅占大约 8%；此外还有近 32% 的机组未设置灭火装置。从灭火方式的应用来看，欧美一些国家主要采用 CO_2 灭火方式，中国、日本、俄罗斯和加拿大等国家主要采用水灭火方式。由于发电机绝缘介质的耐燃性能不断提高，国外机组也有不采用灭火措施的。

发电机消火不宜采用砂土、泡沫灭火剂灭火。砂土易进入发电机内部，堵塞定子通风槽隙，事后清理十分困难。泡沫灭火剂会造成发电机绝缘的污损。

以前认为采用消防水对发电机进行灭火对电机绝缘不好，事实证明水对绝缘的影响并不严重。因为绕组是经过绝缘处理的，防水性能良好，水分不易渗透到绝缘内层。在消火期间发电机绕组的绝缘性能将可能完全丧失，但这只是暂时性的，绕组经过烘干后绝缘性能能够恢复到正常水平，仍可继续使用。

我国以前运行的水轮发电机普遍采用喷孔射水灭火方式，由于喷孔射水灭火存在一些缺点，改进后采用喷雾灭火装置。与喷孔射水灭火相比，水喷雾灭火装置的优点是：减少了灭火水量，缩短了灭火时间；水喷雾对发电机线棒的冲击压力小，可以减轻对线棒的破坏程度；适用水头比较广泛，便于已建电站的技术改造。此外，由于喷雾灭火的耗水量小，故管路的压力损失也小，所以对一些低水头电站不能满足喷孔射水所要求的水压时，可以采用水喷雾灭火装置。

按照我国《水轮发电机基本技术条件》（GB/T 7894—2001）的规定，额定容量为12.5MVA 及以上的水轮发电机，应在发电机定子绕组端部的适当位置装设水喷雾灭火装置。

2. 发电机消火装置

如图 5.35 所示为发电机环形灭火管道系统布置图。此种灭火系统的上水管是用角钢和管夹固定于上机架支臂上，下水管用管夹固定于下挡风板上。也有采用垫块和管夹固定于下机架支臂上。为了便于制造和运输，环形管一般分成 2、4、6、8 等分的管段。

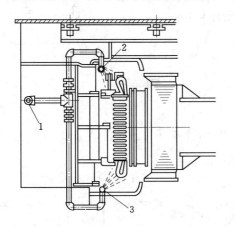

图 5.35　发电机灭火管道布置图
1—总进水管；2—上环管；3—下环管

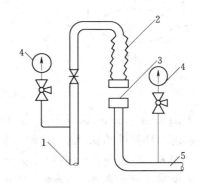

图 5.36　灭火环管供水快速接头
1—引自消防水管；2—消防软管；3—快速接头；
4—压力表；5—至发电机灭火环管

发电机在正常运行时，必须保持足够干燥，以保证线圈的绝缘。因此，设计发电机消防水管时应采取有效措施，严格防止平时有水漏入发电机而造成事故。对有人值班的电站，可手动操作供水，供水管道如图 5.36 所示。消防供水并不直接连接至发电机的灭火环管，在灭火环管前设置控制阀门与快速接头，平时消防水源至灭火环管的快速接头是断开的。需要灭火时，利用软管快速接头与消防水源接通，再开启阀门将消防水引至发电机消火环管。图 5.37 为采用固定连接方式的马鞍型发电机消火栓，平时排水阀 4 打开，防止消火控制阀门 3 关闭不严产生的漏水进入灭火环管；发电机消火时关闭排水阀 4，同时打开消火控制阀门 3 进行灭火。给灭火环管供水的消防栓，各机组可单独设置，也可与厂

157

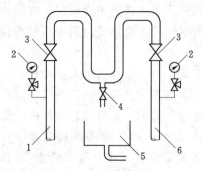

图 5.37 马鞍型发电机消火栓

1—引自消防水管；2—压力表；3—消火
控制阀门；4—排水阀；5—集水器；
6—至发电机灭火环管

房消防栓合并，后者必须采用双水柱式消防栓。

水喷雾灭火管道系统采用双路进水结构，如图 5.38 所示。上、下灭火环管通过三通与进水管相连。上、下灭火环形管采用紫铜管或不锈钢管或其他能防锈蚀的管材，进水管可用镀锌钢管。上、下环形管可按结构尺寸的许可，布置一定数量的喷头。喷头的布置应使水雾喷射到定子绕组的所有部分，包括端部。喷头的间距控制在 60～90mm 之间，根据需要采用两排或多排交错分布。

水电站也可采用自动灭火装置，如图 5.39 所示。在发电机风罩内装设电离式烟探测器、感温式火灾探测器等。探知火情后，立即将信号送至中控室报警、

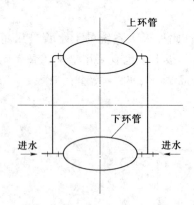

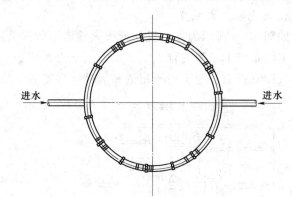

图 5.38 灭火环管双路进水示意图

记录，并使消防自动控制装置中的电磁阀 2 开启，压力水进入环管喷水灭火。在该装置中，还设置有电磁阀 6，是避免因电磁阀 2 关闭不严密导致有消防水漏入发电机而设置的。排水电磁阀 6 平时开启，将电磁阀 2 的漏水排入排水系统，消火时电磁阀 6 关闭。集水器 3 中设有水位信号器 4，当排水管堵塞或漏水量过大时，均可发出信号，从而提高发电机运行的安全性。

发电机消火必须按照严格的操作程序进行，防止发电机消火装置的误投。在对发电机进行灭火操作前，首先应确认发电机是否起火，可通过

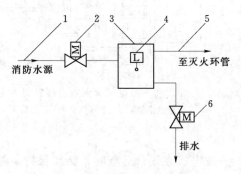

图 5.39 发电机消防自动控制装置

1—引自消防水源；2、6—电磁阀；3—集水器；
4—水位信号器；5—至灭火环管

烟雾、绝缘焦烟气味、火光以及电气表计反映和监视、保护装置动作情况判定。此时机组如未停机，应立即操作机组事故停机。在确认发电机出口断路器和灭磁开关已跳开、机端无电压后，方可打开消火供水阀门进行灭火。消火供水阀门打开后，还应在水车室观察是否有水从下机架盖板处流出，确认消防水已可靠投入。规范规定的水轮发电机灭火延续时

间为 10min，在确认发电机火灾已消灭后，关闭消防供水阀门。在灭火期间，应将发电机风洞门关闭，不允许破坏风洞密封，以阻止火势蔓延，灭火过程中不准进入风洞。火灾熄灭后进风洞检查时，必须佩戴防毒面具，并有两人以上同行。

3. 发电机消火供水的水力计算

发电机水喷雾灭火系统的流量、消防用水量和喷头数量的确定，可参考以下方法估算：

(1) 确定喷水作用面积 A（m^2）。可根据发电机定子尺寸，计算喷水灭火时水雾需要覆盖的面积。

(2) 选定喷水强度 p'。根据《水利水电工程设计防火规范》的规定，水轮发电机采用水喷雾灭火时，在发电机定子上下端部绕组圆周长度上喷射的水雾水量，不应小于 $10L/(min \cdot m^2)$。

因此，p' 应不低于 $10L/(min \cdot m^2) = 0.167[L/(s \cdot m^2)]$。

(3) 计算灭火系统喷水流量 Q，即

$$Q = (1.15 \sim 1.30)p'A = (1.15 \sim 1.30)0.167A[L/(s \cdot m^2)]$$
$$= (0.192 \sim 0.217)A \ (L/s) \tag{5.19}$$

式中 Q——灭火系统喷水流量，L/s。

灭火系统喷水流量 Q 应不小于上式计算所得数值。

(4) 选定喷头直径 d。一般取喷头直径为 $d = 15mm$。

(5) 计算每个喷头的出水量 q，即

$$q = K\sqrt{\frac{p}{9.8 \times 10^4}} \ (L/min) \tag{5.20}$$

式中 q——喷头出水量，L/min；

p——喷头工作压力，Pa；一般取 $p = 9.81 \times 10^4$；

K——喷头流量特性，当喷头直径为 15mm 时，$K = 80$。

将 K 值代入式（5.20），得

$$q = 80\sqrt{\frac{9.8 \times 10^4}{9.8 \times 10^4}} = 80(L/min) = 1.33 \ (L/s)$$

(6) 确定喷头数量 N，即

$$N = \frac{Q}{q} \tag{5.21}$$

式中 N——喷头数量。

计算出喷头数量 N 后，应向上取整数。

5.6.5 油系统消火

水电站中的油库、油处理室、油化验室等都是消防的重点部位，均需要设置消防设备。

油处理室及油化验室一般采用化学灭火器及砂土灭火。当接受新油或排出废油时，为了防止油或干燥的空气沿管道流动与管壁摩擦产生静电引起火灾，在管道出口及管道每隔100m 处都应装接地线，并用铜导线将所有的接头、阀门及油罐良好接地。

油库采用的消防设施，应在油库出入口处设置移动式泡沫灭火设备及沙箱等灭火器材。当油库充油油罐总容积超过 $100m^3$、单个充油油罐的容积超过 $50m^3$ 时，宜设置固定式水喷雾灭火系统，在储油罐上方加装消防喷头，下部装设事故排油管。发生火灾时，将存油全部经事故排油管排至事故油池。同时消防喷头喷出水雾包围油罐，既降低油罐表面温度，又阻隔空气，从而使明火窒息，防止火灾蔓延和油罐爆炸，从多方面达到灭火的目的。小型水电站可只设置化学灭火器及沙箱。

油罐消防喷头的供水水源与油库的布置位置有关。当油库布置在厂房内时，从厂房消防总管引取；布置在厂房外且与厂房相距较远时，应设置单独的消防水管，阀门则采用手动控制。供水压力应保证喷水雾化，试验证明，常用的消防喷头入口水压为 $0.5\sim0.6MPa$ 时，喷水雾化较好，灭火效果显著。

按照《水利水电工程设计防火规范》（SDJ 278—90）的规定，绝缘油和透平油油罐按要求设置水喷雾灭火时，其喷射的水雾水量不应小于 $13L/(min\cdot m^2)$，油罐火灾延续时间应按 20min 计算。水喷雾系统的喷头、配管与电气设备带电部件的距离应满足电气安全距离的要求，管路系统应接地，并与全厂接地网连接，以确保消火安全。

5.6.6 消火供水系统

图 5.40 为水电站消防供水系统图。

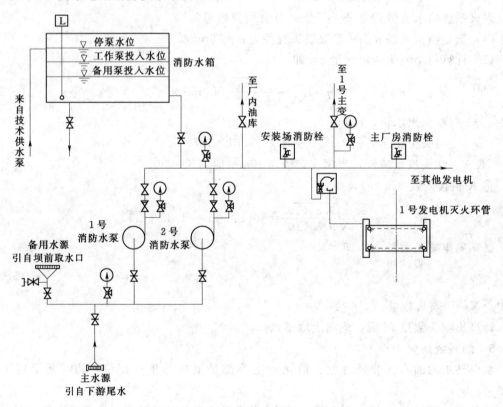

图 5.40 消防供水系统图

消火供水系统设置了两台消防水泵，主水源引自下游尾水，备用水源引自坝前取水口。为了防止水泵出现故障，还设置了消防水箱作为备用水源。消防水箱的水源从技术供水管道引来，由浮子式液位信号器控制供水水泵向消防水箱补水。发生火灾时，先由两台消防水泵供水灭火；当水量不足时，打开消防水箱同时供水。为了迅速扑灭火灾，也可在消防水泵开启的同时打开消防水箱。消防供水系统也可与技术供水系统放在一起考虑。

5.7 技 术 供 水 系 统 图

5.7.1 技术供水系统设计的原则与基本要求

技术供水系统的设计，应根据水电站的实际情况，选择水源，确定供水方式与设备配置方式，拟定供水系统，计算供水参数，选择供水设备，确定技术供水系统图。

1. 设计原则

（1）供水可靠。供水系统应保证各用水设备对水量、水压、水温和水质的要求，在机组运行期间，不能中断供水。

（2）便于安装、维护和操作。技术供水系统管网组成应简单、明确，设备与管件连接布置合理，方便运行、维护和检修。管道及操作控制元件的布置要力求各机组一致，防止发生误操作，并与电气设备的布置相配合，避免相互干扰。

（3）满足水电站自动化操作要求。应具有适应电站水平的自动化装置，按电站自动化程度配置相应的自动化元件和监测仪表，根据机组的运行要求，实现对供水系统的自动操作、控制与监视。

（4）节省投资与运行费用。应满足电站建设和运行的经济性要求，使设备投资和运行维护费用最少。

2. 技术供水系统设计的基本要求

（1）供水系统应有可靠的备用水源，取水水源至少应有两路。从上游取水时，通常自本机蜗壳或压力管道引水作主供水，从坝前引水作备用水；对坝前取水的自流集中供水方式，可从压力钢管取水作为备用；对自流单元供水系统，可设联络总管，将几台机组的主供水管连接起来互为备用。当主供水故障时，备用水能及时投入。如采用水泵供水又无其他备用水源时，应有并联且能自动起停的备用水泵。

（2）取水口应设拦污栅（网），并设有压缩空气吹污管接头或其他清污设施。

（3）贯穿全厂的供水总管应有分段检修措施，可为单管、双管及环管。双管和环管较单管供水可靠性高，但管路复杂、多占场地。管道形式根据机组台数的多少及电站在电力系统中的重要程度确定。对水流含沙量较大或有防止水生物要求和存在少量漂浮物不易滤除时，为使泥沙或水生物不易积存在管路和用水设备中，冷却器管路宜设计成正、反向运行方式。管路上选用的示流信号器（示流器）亦应为双向工作式。

（4）每台机组的主供水管上应装能自动操作的工作阀门，并应装设手动旁路切换检修阀门。装有自动减压阀、顶盖取水或射流泵的供水系统，在减压阀、顶盖取水或射流泵后应装设安全阀或其他排至下游的安全泄水设施，以保证用水设备的安全。并在减压阀、射流泵前后装设监视用的接点压力表或压力信号器。

（5）对多泥沙河流电站，可考虑水力旋流器、沉淀池、坝前斜管取水口等除沙方案，经技术经济分析后选取。

（6）机组总供水管路上应设置滤水器，滤水器装设冲污排水管路。对大容量机组、多泥沙水电厂，滤水器的冲污水应排至下游；中型水电厂往下游排污有困难、滤水器排污水量不大时，可排至集水井。

（7）机组各冷却器的进出水管口附近均应设有阀门及压力表，当出水管有可能出现负压时，则设压力真空表，以便调节水压和分配水量。各机组进水总管上设温度表；各冷却器出口处设温度表或表座。

（8）各轴承油冷却器的排水管上应设示流信号器。为便于测定各用水设备所通过的冷却水量，在有关管路合适的管段上应装设流量计或留有装设流量计的位置。

（9）采用水泵供水方式时，宜优先采用单元供水系统，每单元可设置 $1\sim2$ 台工作水泵，一台备用水泵；当采用水泵集中供水系统时，工作水泵的配置数量，对大型水电厂宜为机组台数的倍数（包括一倍），对中型水电厂宜不少于两台。备用水泵台数可为工作水泵台数的 $1/2\sim1/3$，但不少于一台。水泵应能自动起停。水泵出水管应装有逆止阀和闸阀，水泵吸水管侧和出水管侧应分别装有真空表和压力表。

（10）水轮机导轴承润滑水、主轴密封润滑以及推力轴承水冷瓦的冷却水应有可靠的备用水源。进水管路应装有示流信号器和压力表。备用水应能自动投入。

（11）水冷式空压机进水管上的给水阀门宜自动启闭，阀后设压力表，排水管上设示流信号器。

（12）水冷式变压器的进口水压有严格限制，因此必须有可靠的减压和安全措施。当电站尾水位较高、妨碍变压器冷却水的正常排水时，应另考虑排水出路。进水口应有自动启闭的阀门和监视水压的电接点压力表；排水管上应设置示流信号器。

5.7.2　技术供水系统图

技术供水系统由水源、供水设备、水处理设备、管道系统、测量控制元件和用水设备等组成。在选定水源、供水方式、设备配置方式和供水设备后，即可拟定技术供水系统图。技术供水系统图的优劣，应根据运行安全可靠、操作维护方便、经济、易于实现自动化等条件来衡量。由于各水电站的具体条件、特点、机组型式和供水要求不同，因而产生了适用于各个具体情况的各种技术供水系统图。

1. 自流供水系统图

图 5.41 为自流供水系统图（图中未示出供水用户部分）。该系统在每台机的蜗壳或压力钢管上取水，并且全厂连接成一供水干管 6，蜗壳或压力钢管上的取水口 1 按 $1.5\sim2$ 台机组的用水量设计，同时可作为其他机组的备用水源。取水口后装有止回阀 4，以免输水系统故障时冷却水倒流。此外，全厂设 $2\sim3$ 个坝前取水口 5，作为技术供水的备用水源，并供给生活用水和消火用水。利用设在坝前不同高程的取水口可对技术供水的水质、水温进行调节，在洪水季节切换坝前取水口取表层水，水中含沙量较小；夏季水温较高时取深层水，提高冷却效果。这种供水系统具有布置简单、运行可靠的优点。大型水电站当水头适合、水质条件好时，一般都采用这种系统。图中每台机组前均装有供水总阀，可实现开机前自动投入供水、停机后自动切除供水的操作。其他阀门的开度都调节好，开停机时一般不再进行操作。供水总阀常采用电磁液压阀或电动闸阀。

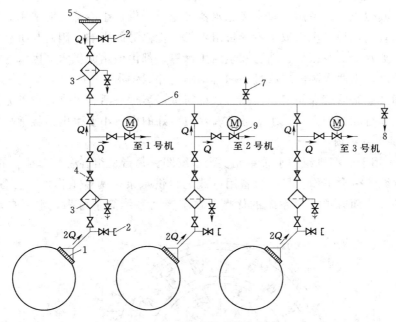

图 5.41 自流供水系统图

1—蜗壳或压力钢管取水口；2—压缩空气吹扫接头；3—转动式滤水器；4—止回阀；5—坝前取水口；
6—供水干管；7—放气阀；8—管道清洗时通向下游的排水管；9—机组供水电动总阀

图 5.42 为水电站自流单元供水系统图。主水源取自蜗壳，取水口按两台机组用水量

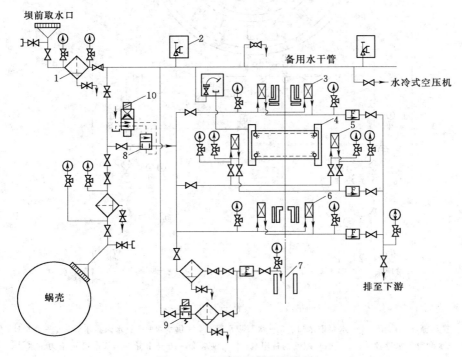

图 5.42 自流单元供水系统图

1—滤水器；2—主厂房消火栓；3—推力、上导轴承油冷却器；4—发电机灭火环管；5—发电机空气冷却器；
6—下导轴承油冷却器；7—水润滑水导轴承；8—技术供水总阀门；9—备用水电磁阀；10—主供水电磁阀

考虑，以作为其他机组的备用。取水经滤水器过滤后，供机组冷却、润滑用。坝前取水作为技术供水的备用水源。坝前取水不受机组停机、检修等的影响，因此与机组开、停状态无关的用水，如水冷式空压机、消防和生活用水等，都由该水源供水。因水导对供水可靠性和水质要求高，由两水源经二次过滤和自动阀门并联供水。

两水源通过联络管道和阀门相连接，系统简单，运行灵活、可靠，设备分散布置在地面上，安装、运行和维护方便。水头适合、水质良好的中、小型水电站经常采用。

2. 水泵供水系统图

图 5.43 为用于大型机组的水泵单元供水系统图。每台机组各有一套独立的供水系统，设两台供水水泵，一台工作；另一台备用（或三台供水泵，两台工作，一台备用）。工作水泵随机组的开停而开停。该系统的优点，在于管路系统简单可靠，水泵自动化接线简

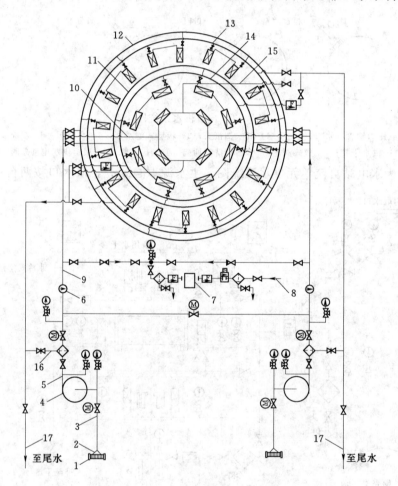

图 5.43　水泵单元供水系统图

1—拦污栅和闸门槽；2—水泵取水口；3—水泵吸水管；4—供水泵；5—水泵压水管；6—流量计；
7—水润滑的水导轴承；8—引自蜗壳的备用水；9—供水管；10—下导供水管；11—推力供水管；
12—空气冷却器供水管；13—空气冷却器排水管；14—推力排水管；15—下导排水管；
16—滤水器冲洗水管；17—排水管

单，管理方便。但水泵台数较多，投资较大。图中供、排水各有两套管路互为备用，比较可靠。水轮机导轴承为水润滑，供水可靠性要求高，不能中断，除原有主水源两路供水外，另用蜗壳引水作备用水源，并设有备用水自动投入装置，管路系统中直径大于 $\phi250mm$ 的阀门，采用电动闸阀，以改善操作条件。

图 5.42 和图 5.43 中，机组各供水用户分别采用了常用的两种不同表示方法示出：图5.42 中，将机组各轴承及发电机空冷器按其相对位置上下排列，立体感鲜明，多用于表示中、小型机组；图 5.43 则用若干同心圆表示机组各轴承冷却器和发电机空气冷却器的供排水环管，这种表示方法能清晰地示出各种冷却器的个数及其联结方式，常用来表示大、中型机组。

3. 混合供水系统图

图 5.44 为水电站混合供水系统图。该电站水头变化范围 13～22m，每台机组都有一套独立供水设备，水源取自坝前。当水头适中时，采用自流供水；水头过低时，启动水泵向机组供水。供水方式的改变，通过切换水泵回路和自流供水旁路上的电磁阀门来实现。

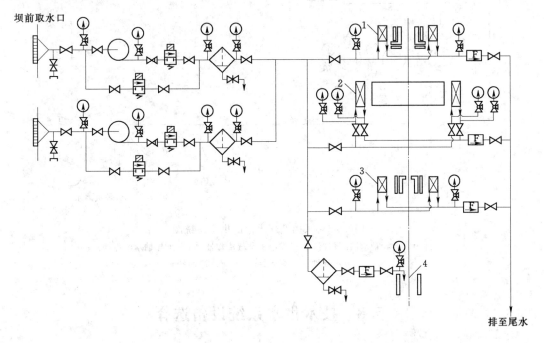

图 5.44 混合供水系统图

1—推力、上导轴承油冷却器；2—发电机空气冷却器；3—下导轴承油冷却器；4—水润滑水导轴承

图 5.45 为采用循环水池的供水系统。对于河流水质较差的水电站，经过净化处理的清洁水用于冷却后并不直接排出，而是循环使用。冷却水循环供水系统由循环水池、循环水泵和设在尾水中的冷却器组成。冷却水通过机组冷却器后，带走机组运行所产生的热量，经回水总管排入循环水池；水泵从循环水池内抽水加压，送至布置在尾水中的尾水冷却器，利用河水进行热交换，降低冷却水温度，再送至机组冷却器进行冷却。由于循环水采用了经过处理后的清洁水，可有效防止管道堵塞、结垢、腐蚀和水生物滋生。

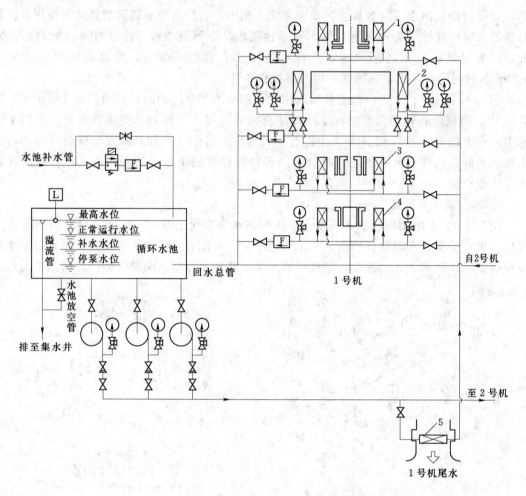

图 5.45 采用循环水池的供水系统图
1—推力、上导轴承油冷却器；2—发电机空气冷却器；3—下导轴承油冷却器；
4—水导轴承油冷却器；5—尾水冷却器

5.8 技术供水系统设备选择

5.8.1 取水口设置

1. 取水口的布置

取水口的布置，应考虑下列要求：

（1）技术供水系统应有工作取水口和备用取水口。取水口一般设置在上游坝前、下游尾水或压力钢管、蜗壳、尾水管的侧壁。

（2）取水口设置在上游水库或下游尾水时，其顶部位置一般应设在最低水位 2m 以下；对冰冻地区，取水口应布置在最厚冰层以下，并采取破冰防冻措施。

（3）对河流含沙量较高和工作深度较大的水库，坝前取水口应按水库的水温、含沙量及运行水位等情况分层设置，以取得较好水质和水温的冷却水，并满足初期发电的要求；取水口侧向引水较正向引水有利，应尽可能减小引水流速对于主水流流速的比值（一般应控制在 1/5～1/10 以下）。

（4）设置在蜗壳进口处或机组压力引水钢管上的取水口，宜布置在侧面，以 45°角的位置为好，不能设置在流道断面的底部和顶部，以避免被泥沙淤积和漂浮物堵塞。

（5）取水口应布置在流水区，不要布置在死水区或回水区，以免停止引水时被泥沙淤积埋没。

2. 取水口个数的确定

取水口的个数，应按实际需要确定，一般要求为：

（1）单机组电站全厂不少于两个。

（2）多机组电站每台机组（自流供水系统）或每台水泵（水泵供水系统）应有一个单独的工作取水口；备用取水口可合用；或将各工作取水口用管道联络，互为备用。

（3）多机组大型电站自流供水系统，可考虑每台机组平均设置两个取水口，坝前取水口应按实际需要埋设在不同高程上。

（4）设坝前取水口的供水系统，兼作消防水源且又无其他消防水源时，水库最低水位以下的全厂取水口应有两个。

3. 取水口流量的确定

通过取水口的流量，应根据供水系统的情况确定：

（1）当每台机组的自流供水与消火供水共用一取水口时，则每个取水口的流量可按一台机组的最大用水量加上该机组的最大消防用水量确定。

（2）在电站的消防供水不与技术供水系统共用同一取水口时，且电站的技术供水系统还设有备用取水口，则通过每个取水口的流量按一台机组的最大用水量确定。若无备用取水口时，则按全电站有一个取水口检修、通过其余取水口的流量应能满足全电站总用水量的要求确定。

（3）水泵供水的取水口流量，应按每台水泵最大流量的要求确定。

4. 取水口的其他要求

（1）设在上、下游的取水口，应装设容易启落清污的拦污栅。压力钢管和蜗壳上的取水口，应备有沉头螺丝固定的拦污栅。拦污栅的流速按 0.25～0.5m/s 范围内选取（上限适用于压力钢管和蜗壳上的拦污栅）。拦污栅的机械强度应按拦污栅完全堵塞情况下最大作用水头进行设计。拦污栅条杆之间的距离在 15～30mm 范围内选取。取水口要装设压缩空气吹扫接头，或考虑用逆向水流冲洗，以防拦污栅堵塞。

（2）取水口后第一个阀门，应选用带防锈密封装置的不锈钢阀门，以增强其安全可靠性。坝前取水口不设检修闸门时，对取水管路上的第一道工作阀门应有检修和更换的措施，如增加一个可以封堵取水口的法兰或检修阀门，以备首端第一个阀门故障时截水检修。

（3）取水口的金属结构物，一般应涂锌或铅丹。对于含有水生物（贝壳类）的河流，取水口金属结构物应涂特殊涂料，以防水生物堵塞水流。

5.8.2 供水泵选择

1. 水泵型式的选择

在水电站技术供水系统中，常用的水泵有卧式离心水泵、深井泵和射流泵。设计时应根据水泵的特点和使用场合，选择供水可靠、经济合理的水泵型式。

卧式离心泵结构简单，价格低廉，运行可靠，维护方便。但水泵安装中心高于取水水面时，要在启动前进行充水，自动化较为复杂。如果将水泵布置在较低高程上，则能自动充水，省去底阀或其他充水设备，但这样水泵室的位置就很低，增加了运行检查的不便。同时，水泵室位置过低，环境比较潮湿，对电气设备特别是对备用水泵的电动机等有不良影响，并容易发生水淹泵房的事故。

也可采用立式深井泵作为技术供水泵。深井水泵是立式多级离心泵，其优点是结构紧凑，性能较好，管道短，占地较少，可布置于机旁，运行检查方便。与卧式离心泵相比，深井泵结构比较复杂，维修较麻烦，价格也较离心泵贵，但其突出的优点是水泵电机可以安装在较高的位置，有利于防潮防淹，且不需要启动前充水设备。

射流泵无转动部分，结构简单、紧凑，制造、安装方便，成本较低；它可以作为管路系统的一部分，容易布置，所占厂房面积较小；射流泵不需要电源作动力，其工作不受厂用电源可靠性的影响，且不怕潮湿，不怕水淹，工作可靠。但射流泵能量损失较大，故其效率较低。

在选择水泵时，应首先求得流量、全扬程、吸水高度等主要参数，按选定水泵类型的生产系列，确定水泵型号，使所选择的水泵满足下列条件：

（1）水泵的流量和扬程在任何工况下都能满足供水用户的要求；

（2）水泵应经常处在较有利的工况下工作，即工作点经常处于高效率范围内，有较好的空蚀性能和工作稳定性；

（3）水泵的允许吸上高度较大，比转速较高，价格较低。

2. 水泵工作参数的选择

（1）流量。在水电站技术供水系统中，每台供水泵的流量按下式确定，即

$$Q_泵 \geqslant \frac{Q_机 \times Z_机}{Z_泵} \quad (\text{m}^3/\text{h}) \tag{5.22}$$

式中　$Q_泵$——每台供水泵的生产率，m^3/h；

　　　$Q_机$——一台机组总用水量，m^3/h；

　　　$Z_机$——机组台数；对水泵分组供水，为该组内的机组台数；对单元供水，$Z_机=1$；

　　　$Z_泵$——同时工作水泵台数，通常为一台，最多不超过两台。

（2）总水头（全扬程）。供水泵的总水头（全扬程），应按通过最大计算流量时能保证最高、最远的用水设备所需的压力和克服管路中的阻力来考虑。

1）供水泵由下游尾水取水。供水泵由下游尾水取水时（见图 5.46），为保证最高冷却器进水压力的要求，技术供水泵所需的总水头按下式确定，即

$$H_泵 = (\nabla_冷 - \nabla_尾) + H_冷 + \sum h_{总损} + \frac{v^2}{2g} \quad (\text{mH}_2\text{O}) \tag{5.23}$$

式中　$H_泵$——水泵所需的总水头，mH_2O；

　　　$\nabla_冷$——最高冷却器进水管口的标高，m；

$\nabla_尾$——下游最低尾水位的标高，m；

$H_冷$——冷却器要求的进水压力，mH_2O，由制造厂提供，通常不超过 $20mH_2O$；

$\sum h_{总损}$——到最高冷却器进口，水泵吸水管路和压水管路的水力损失总和，mH_2O；

$\dfrac{v^2}{2g}$——动能损失，mH_2O；若已计入 $\sum h_{总损}$ 内，则该项不再重复计算。

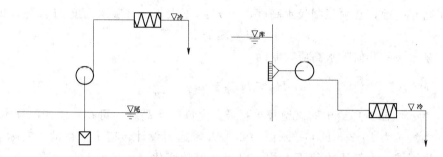

图 5.46　供水泵自下游尾水取水　　　　图 5.47　供水泵自上游取水

2）供水泵从上游取水。供水泵从上游取水时（见图 5.47），取上游水位对冷却器进口的水头和水泵扬程之和，作为技术供水所需要的水头。为保证最高最远的冷却器进水压力的要求，技术供水泵所需的总水头按下式确定，即

$$H_泵 = H_冷 + \sum h_{总损} + \frac{v^2}{2g} - (\nabla_库 - \nabla_冷)（mH_2O）\tag{5.24}$$

式中　$\nabla_库$——上游水库最低水位标高，m；

其他符号意义同前。

以上计算中，对冷却器内部水力损失及冷却器以后排水管路所需水头，均认为已由制造厂提出的冷却器进口压力所保证。实际计算时，特别当排至较高下游尾水位时，应对冷却器排水管路进行水力计算校验。冷却器内部水力损失由制造厂提供，或按式（5.10）计算，初步设计时可按 7.5m 估计。

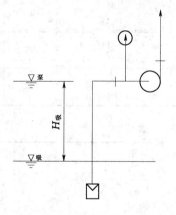

根据以上计算的 $Q_泵$、$H_泵$，便可选择水泵。水泵型号参数可由水泵产品样本查得。

精确选择水泵应通过绘制水泵特性和管道特性曲线确定。在计算前应初步安排布置管路及其附件，计算水力损失，并绘制管路特性曲线。水泵特性曲线由水泵产品样本给出。将此二曲线绘制在同一坐标网格上，即可求出水泵运转工作点。在水泵特性 $Q \sim H$ 曲线上标有两条波折线，这两条波折线之间就是水泵的合理工作范围，水泵的运转工作点应在此工作范围内。

图 5.48　离心泵吸水高度

3. **离心泵吸水高度及安装高程的确定**

卧式离心泵的吸水高度按下式计算（见图 5.48），即

$$H_{吸总} = H_吸 + h_{吸损} + \frac{v_吸^2}{2g}（mH_2O）\tag{5.25}$$

式中　$H_{吸总}$——离心泵吸水高度，m；

$\quad\quad H_{吸}$——几何吸水高度，m；

$\quad\quad h_{吸损}$——吸水管路水力损失，mH_2O；

$\quad\quad \dfrac{v_{吸}^2}{2g}$——水泵吸入口处流速水头，$mH_2O$。

为了防止空蚀，必须限制吸水高度，使 $H_{吸总}$ 不大于允许吸水高度 $H_{容吸}$ 值，即

$$H_{吸总} \leqslant H_{容吸} \tag{5.26}$$

也就是水泵的几何吸水高应限制为

$$H_{吸} \leqslant H_{容吸} - h_{吸损} - \dfrac{v_{吸}^2}{2g} \tag{5.27}$$

$H_{容吸}$ 为水泵制造厂给出的该型号水泵最大允许吸水高度，可在水泵产品样本中查得。此值是在大气压为 10.3 mH_2O、水温为 20℃ 及转速为设计转速下获得的。实际上由于水泵安装高程不同，大气压力值不一样；由于水温的变化，水的汽化压力亦有所不同。故 $H_{容吸}$ 值要进行修正，修正后的允许吸水高度为

$$H'_{容吸} = H_{容吸} + (A - 10.3) + (0.24 - H_{温}) \quad (mH_2O) \tag{5.28}$$

式中　$H_{容吸}$——产品样本上查得的允许吸水高度，mH_2O；

$\quad\quad A$——不同高程的大气压力，mH_2O，见表 5.14；

$\quad\quad H_{温}$——不同水温对应的水的汽化压力，mH_2O，见表 5.15。

表 5.14　　　　　　　　　　　　不同高程的大气压力 A 值

海拔高程 （m）	0	100	200	300	400	500	600	700
A 值 （mH_2O）	10.3	10.2	10.1	10.0	9.8	9.7	9.6	9.5
海拔高程 （m）	800	900	1000	1500	2000	3000	4000	5000
A 值 （mH_2O）	9.4	9.3	9.2	8.6	8.1	7.2	6.3	5.5

表 5.15　　　　　　　　　　　　不同水温下水的汽化压力 $H_{温}$ 值

水温 （℃）	5	10	20	30	40	50	60	70	80	90	100
$H_{温}$ （mH_2O）	0.09	0.12	0.24	0.43	0.75	1.25	2.03	3.17	4.82	7.14	10.33

水泵的安装高程按下式计算

$$\nabla_泵 = \nabla_吸 + H_{吸} \leqslant \nabla_吸 + H'_{容吸} - h_{吸损} - \dfrac{v_{吸}^2}{2g}$$

$$= \nabla_吸 + H_{容吸} + (A - 10.3) + (0.24 - H_{温}) - h_{吸损} - \dfrac{v_{吸}^2}{2g} \quad (m) \tag{5.29}$$

式中　$\nabla_吸$——最低吸水位的标高，m。

由于水泵制造上有一定误差，吸水管路不可能做到很光滑。为了避免水泵在运行中发生空蚀，实际采用的安装高程最好比上式计算值降低 0.5m。由于同一离心泵的吸程是随泵的输出流量增大而降低的，因此在选择水泵时不宜用水泵的下限流量作为设计流量。

5.8.3 管道选择

技术供水系统管道通常采用钢管。因钢管能承受较大的内压和动荷载，施工、连接方便。

水轮机导轴承润滑水管在滤水器后的管段，应采用镀锌钢管，防止铁锈进入水导轴承。

管道直径的选择按通过管道的流量和允许流速（经济流速）来确定。管道中的流速，参考以下经验数值：

（1）水泵吸水管中的流速，在 1.2～2m/s 中选取，上限用于水泵安装在最低水位以下的场合中。

（2）水泵压水管中流速，在 1.5～2.5m/s 中选用。压水管中计算流速比吸水管中大，目的是减小压水管路的管径和配件尺寸。

（3）自流供水系统管路内流速同水电站水头有关，通常采用 1～3m/s，当有防止水生物要求或防止泥沙淤积时，可适当加大流速至 3～7m/s，上限用于高水头水电站。为了避免管道振动和磨损，流速不能过大，以 3～5m/s 为宜。流速较大时，要校核阀门关闭时间，以防过大的水锤压力破坏管网。最小流速应大于水流进入电站时的平均流速，使泥沙不致沉积在供水管道和冷却器内。对水头小于 20m 的电站，为了减小冷却器内的真空度，排水管流速宜大于供水管流速。

供水管径由下式确定，即

$$d=\sqrt{\frac{4Q}{\pi v}}\ (\mathrm{m}) \tag{5.30}$$

式中　d——管道直径，m；

　　Q——管段的最大计算流量，m³/s；

　　v——管段的计算流速，m/s。

按以上方法初步确定管径后，需通过管网水力计算，再对管径作进一步调整。

管道内水压力应小于管道规定的工作压力。管壁厚度按工作压力选择，用下式计算

$$S=\frac{Pd}{2.3R_z\varphi-P}+C\ (\mathrm{cm}) \tag{5.31}$$

式中　S——管壁厚度，cm；

　　P——管道内压力，Pa；

　　d——管道内径，cm；

　　R_z——管道材料的许用应力，Pa；

　　φ——许用应力修正系数，无缝钢管 $\varphi=1.0$，焊接钢管 $\varphi=0.8$，螺旋焊接钢管 $\varphi=0.6$；

　　C——腐蚀增量，cm，通常取 0.1～0.2cm。

对于埋设部分的排水管，管径不宜过小，可比明设管路的管径加大一级，并尽量减少

弯曲，以防堵塞后难以处理。对于某些重要的埋设管道，有时还需设置两根。穿过混凝土沉陷缝的管路，应在跨缝处包扎一层弹性垫层，避免不均匀沉陷使管路因受到不允许的集中应力而损坏。

水电站供排水的明设管路常发生管道表面结露现象，从水库深层取水的供水管路尤甚，这是由于管道内外温差过大所致。露珠集聚下滴可造成厂房内地面积水，增大厂内空气湿度，妨碍电气设备、自动化元件和仪表的正常运行，因此除在通风防潮方面采取措施外，还应对管段包扎隔热层（如石棉布、玻璃棉等），使管路表面温度保持在露点温度以上，防止结露。近年来采用聚氨酯硬质泡沫塑料作为隔热材料，它比重较轻，强度较高，吸水性小，导热系数低，具有自熄性。它与金属有较强的黏接力，作为管路防结露材料不仅少占空间，而且可以收到隔热与防腐的综合效果。

5.8.4　阀门选择

阀门是供水系统中的控制部件，具有导流、截流、调节、节流、防止倒流、分流或溢流泄压等功能。供水系统根据运行要求，在管路上需要调节流量、截断水流、调整压力和控制流向的地方，设置各种操作和控制阀门，包括闸阀、截止阀、减压阀、安全阀和止回阀等。各种阀门的选择，应根据阀门的用途、使用特性、结构特性、操作控制方式和工作条件，以流通直径和工作压力为标准，参照有关手册和阀门产品样本选用。各种常用阀门的介绍，详见 2.4 节。

5.8.5　滤水器选择

技术供水在进入用水设备前，必须经过滤水器。滤水器应尽可能靠近取水口，安装在便于检查和维修的地方。一般设置在供水系统每个取水口后或每台机组的进水总管上，在自动给水阀的后面。水导轴承润滑水水质要求很高，在其工作和备用供水管路上，均需另设专用滤水器。

设计时应考虑滤水器冲洗不影响系统的正常供水。采用固定式滤水器时一般在同一管路上并联装设两台，互为备用，或设一台滤水器另加装旁路供水管及阀门作为备用通路。转动式滤水器能边工作边冲洗，同一管路上只需装设一台，当过水量大于 $1000\text{m}^3/\text{h}$，可设置两台，并联运行。

滤水器应设有堵塞信号装置，在其进出水管上一般装有压力表或压差信号器，当压差值达到 $2\sim3\text{mH}_2\text{O}$ 时发出信号，以便随时清污。有的压差信号器不能直接读出滤水器前后的压力值，则还应考虑在滤水器前后各设一个压力表座，供安装压力表用。水轮机导轴承润滑水管路上，一般装有示流继电器，滤水器不必另装堵塞信号装置。

5.9　技术供水系统水力计算

5.9.1　水力计算的目的与内容

技术供水系统设备和管道选择是否合理，必须对管网进行水力计算后才能确定。

技术供水系统水力计算的目的，就是对所选择的设备和管道进行校核。校核的内容是：

（1）对自流供水系统，校核电站水头是否满足各用水设备的水压要求和管径选择是否合理；

（2）对自流减压供水系统，校核减压装置的工作范围，计算减压后的压力，校核管径选择是否合理；

（3）对水泵供水系统，校核所选水泵的扬程是否能满足各用户对供水的水压要求，吸水高度是否满足要求，以及管径选择是否合理；

（4）对混合供水系统，分别按照自流供水和水泵供水的方式进行校核。

在对以上各种供水系统进行校核时，如不能满足设备的供水要求，则应重新选择管径，或对水泵供水系统选用适当扬程的水泵，再进行计算、校核，直至满足设计要求。

水力计算的内容，就是对所设计的供水系统，计算所选管径的管道在通过计算流量时的水力损失。

5.9.2 水力计算方法

水流通过管道时的水力损失，包括沿程摩擦损失 h_f 和局部阻力损失 h_j。分别按水力学公式进行计算。

1. 沿程摩擦损失 h_f

（1）按水力坡降计算，即

$$h_f = il \ (\mathrm{mmH_2O}) \tag{5.32}$$

式中　l——管长，m；

i——水力坡降，$\mathrm{mmH_2O/m}$，即单位管长的水力损失。

对一般钢管（有一定腐蚀）或新铸铁管，即

$$i = 2576.8 \frac{v^{1.92}}{d^{1.08}} (\mathrm{mmH_2O/m}) \tag{5.33}$$

对腐蚀严重的钢管或使用多年的铸铁管，即

$$i = 2734.3 \frac{v^2}{d} \ (\mathrm{mmH_2O/m}) \tag{5.34}$$

式中　v——管中流速，m/s；

d——管径，mm。

（2）按摩阻系数计算，即

$$h_f = \zeta_e \frac{v^2}{2g} \ (\mathrm{mH_2O})$$

$$\zeta_e = \lambda \frac{l}{d} \approx 0.025 \frac{l}{d} \tag{5.35}$$

式中　ζ_e——摩阻系数；

λ——沿程摩阻系数；

v、l、d 同前。

2. 局部阻力损失 h_j

（1）按局部阻力系数计算，即

$$h_j = \sum \zeta \frac{v^2}{2g} \ (\mathrm{mH_2O}) \tag{5.36}$$

式中　ζ——局部阻力系数，可从有关手册（如水电站机电设计手册水力机械分册）中查得。

（2）按当量长度计算。即将局部阻力损失化为等值的直管段的沿程摩擦损失来计算

$$h_j = il_j (mmH_2O) \qquad (5.37)$$

式中　i——水力坡降，mmH_2O/m；

　　　l_j——局部阻力当量长度，m，可从有关手册（如供排水设计手册）中查得，或查表 5.16。

表 5.16 　　　　　　　　　　　　　**管件的局部阻力当量长度 l_j**

口径（mm）	局部阻力当量长度（m）							
	底阀	止回阀	闸阀（全开）	有喇叭进水口	无喇叭进水口	弯头（90°）	弯头（45°）	扩散管
50	5.3	1.8	0.1	0.2	0.5	0.2	0.1	0.3
75	9.2	3.1	0.2	0.4	0.9	0.4	0.2	0.5
100	13	4.4	0.3	0.5	1.3	0.5	0.3	0.7
125	17.4	5.9	0.4	0.7	1.8	0.7	0.4	0.9
150	22.2	7.5	0.5	0.9	2.2	0.9	0.5	1.1
200	33	11.3	0.7	1.3	3.3	1.3	0.7	1.7
250	44	14.9	0.9	1.8	4.4	1.8	0.9	2.2
300	56	19	1.1	2.2	5.6	2.2	1.1	2.8
350	64	22	1.3	2.6	6.5	2.6	1.3	3.2
400	76	25.8	1.5	3.0	7.6	3.0	1.5	3.8
450	88	30.2	1.8	3.5	8.8	3.5	1.8	4.4
500	100	34	2.0	4.0	10.0	4.0	2.0	5.0

5.9.3　水力计算的步骤

技术供水系统水力计算按以下步骤进行：

（1）根据技术供水系统图和设备、管道在厂房中实际布置的情况，绘制水力计算简图，在图中标明与水力计算有关的设备和管件，如阀门、滤水器、示流信号器以及弯头、三通、异径接头等，如图 5.49 所示。

（2）按管段的直径和计算流量进行分段编号，计算流量和管径相同的分为一段。在各管段上标明计算流量 Q、管径 d 和管段长 l 值。

（3）查出各管件的局部阻力系数 ζ 值，并求出各管段局部阻力系数之和 $\sum\zeta$ 值。

（4）由计算流量 Q 和管径 d，从管道沿程摩擦损失诺谟图和流速水头诺谟图中，分别查出 i 值和 $v^2/2g$ 值。

（5）按照上述公式分别计算各管段的 h_f 值、h_j 值和 h_w 值（$h_w = h_f + h_j$）。

（6）根据计算结果，对供水系统各回路进行校核，检查原定的管径是否合适，对不合适的管段加以调整，重新再算，直到合乎要求为止。

水力计算通常列表进行，表 5.17 为常用的表格形式。

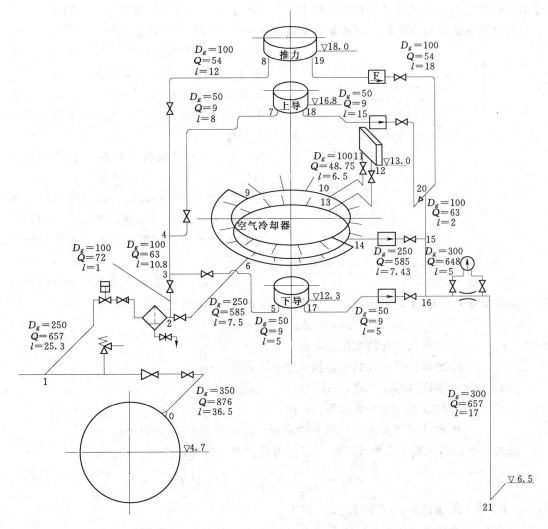

图 5.49 水力计算简图

表 5.17 水 力 损 失 计 算 表

管段	管径 d (mm)	流量 Q (m³/h)	流速 v (m/s)	水力坡降 i (mm/m)	管长 l (m)	沿程损失 $h_f = il \times 10^{-3}$ (mH₂O)	局部阻力系数 ζ 弯头	三通	闸阀	滤水器			$\Sigma\zeta$	$\dfrac{v^2}{2g}$	局部损失 $h_j = \Sigma\zeta\dfrac{v^2}{2g}$ (mH₂O)	总损失 $h_w = h_f + h_j$ (mH₂O)
1	2	3	4	5	6	7	8	9	10	11	12	13	14	15	16	17

对自流供水系统，水头损失最大的那一个回路的总水力损失应小于供水的有效水头，供水有效水头是指上游最低水位与下游正常水位之差，或上游最低水位与排入大气的排水

管中心高程之差。对水泵自上游取水排水至下游的水泵供水系统，该项总水力损失应小于上述有效水头加水泵全扬程；对水泵自下游取水排至下游的水泵供水系统，该项总水力损失应小于水泵的全扬程；对排入大气的排水管，全扬程应扣除排水管中心高程至下游最低水位之差。水泵吸水管段的水力损失加上几何吸上高度，应小于水泵允许吸上高度。

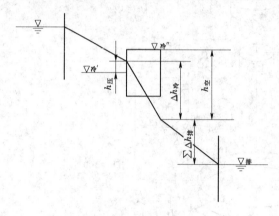

图 5.50　沿供水管线的水压力分布线

5.9.4　技术供水管道的压力分布和允许真空

根据水力计算成果，可以绘制出沿供水管线的水压力分布线，如图 5.50 所示，对技术供水管道的压力分布和允许真空进行分析。

冷却器入口法兰处的表压力，应不超过厂家的要求，一般为 20mH$_2$O。入口的实际水压 $h_压$，可用下式求出，即

$$h_压 = \sum \Delta h_排 + \Delta h_冷 - (\nabla'_冷 - \nabla_排)（mH_2O）\tag{5.38}$$

式中　$h_压$——冷却器入口处的水压力，m；

$\sum \Delta h_排$——冷却器后排水管的水力损失总和，mH$_2$O；

$\Delta h_冷$——冷却器内部压力降，mH$_2$O；

$\nabla'_冷$——冷却器入口法兰处高程，m；

$\nabla_排$——排水口（排入大气）或下游水面（排入下游）的高程，m。

此外，冷却器内最大真空度不应超过许可值。真空度许可值按下式计算

$$h_空 = 10.3 - \frac{\nabla_排}{900} - H_温 - 1.0（mH_2O）\tag{5.39}$$

式中　$h_空$——冷却器真空度许可值，mH$_2$O；

$H_温$——水的汽化压力，mH$_2$O，与水温有关，由表 5.15 查得；

1.0——压力余量。

冷却器顶部实际真空度 $h'_空$ 可用下式计算

$$h'_空 = \nabla''_冷 - \nabla_排 - \sum \Delta h_排（mH_2O）\tag{5.40}$$

式中　$h'_空$——冷却器顶部真空度，mH$_2$O；

$\nabla''_冷$——冷却器顶部的高程，m；

其他符号意义同前。

供水系统内的真空度应尽量减小。过大的真空度会引起振动，严重时造成水流中断。由于空气漏入后积聚于冷却器上部，影响冷却效能和系统运行稳定，因此，在设计低水头电站自流式或自流虹吸式供水系统时，应特别注意正确选择供水管道和排水管道的计算流速，校验冷却器前后的压力分布。

为了降低冷却器内的真空度，必须使供水管道中的水力损失尽量减少，一般可使排水管流速大于供水管流速；同时，调节流量的阀门宜装设在排水管上，调节阀门开度以减低

冷却器内的真空度。

反之，水电站水头较高时，为了不使冷却器入口水压力太大，则又希望排水管路的水头损失不要太大；同时，调节流量的阀门宜装在供水管上，用它来调节消除冷却器入口前的盈余水头。

对于电站水头大于 40m、装有自动调整式减压阀但未装安全阀的供水系统，应校核当减压阀失灵处于全开位置时的冷却器入口水压，不应超过冷却器的试验压力（一般为 $40mH_2O$）。

习 题 与 思 考 题

5-1　水电站技术供水的对象及其作用是什么？

5-2　水电站技术供水系统的任务是什么？技术供水系统由哪些部分所组成？

5-3　水电站各种用水设备对供水的基本要求是什么？

5-4　水电站水的净化与处理各包括哪些内容与方法？

5-5　水电站技术供水水源的选择原则是什么？

5-6　水电站技术供水水源有哪些？各有何特点？

5-7　技术供水方式有哪几种？各适用于哪些水头范围？

5-8　水电站技术供水系统的设备配置方式有哪些类型？各有何特点？

5-9　水电站的消火供水有哪些对象？消防供水的要求是什么？

5-10　消火供水的水源和供水方式如何确定？

5-11　水电站厂房消火供水的原则是什么？

5-12　发电机消火的方式有哪些？

5-13　发电机、厂房与油设备室消火供水的水压、水量的确定方法是什么？

5-14　水电站技术供水系统设计的原则与基本要求是什么？

5-15　什么是技术供水系统图？拟定技术供水系统时应考虑哪些方面的问题？如何分析电站技术供水系统的优劣？

5-16　技术供水系统取水口的设置有哪些要求？

5-17　水电站常用供水泵的种类与特点是什么？选择水泵时应满足哪些条件？

5-18　怎样确定卧式离心泵的安装高程？

5-19　技术供水系统为什么要进行水力计算？水力计算的方法与要点是什么？

5-20　技术供水管道的压力分布和允许真空不符合要求时对运行会产生什么影响？

5-21　水电站技术供水系统的自动化要求是什么？

5-22　分析技术供水系统图。

第6章 水电站的排水系统

6.1 排水系统的任务和排水方式

水电站的排水系统一般分为检修排水系统和渗漏排水系统两大部分。水电站排水系统的任务是及时可靠地排除引水管道、蜗壳和尾水管等机组过流部件的积水，保证机组和厂房水下部分的检修；排除生产污水和渗漏水，避免厂房内部积水和潮湿。水电站的排水系统的任务比较简单，但是稍有疏忽就会发生水淹厂房、水淹泵房的事故，因此设计、施工和运行人员必须高度重视排水系统的安全运行。

6.1.1 生产用水的排水

生产用水的排水是指技术供水系统中用水设备的排水，包括发电机空气冷却器的排水、发电机上下导轴承和推力轴承油冷却器的排水、稀油润滑的水轮机导轴承油冷却器的排水、油压装置油冷却器的排水等。

生产用水具有排水量大和设备位置较高等特点，可以用自流的方式直接排至下游，一般将这部分排水归于供水系统中考虑，而不在排水系统中单独列出。

6.1.2 检修排水

当机组水下部分或厂房水工建筑物水下部分检修时，必须将低于下游尾水位的压力引水管道（包括引水隧洞和压力钢管）中的积水、蜗壳积水和尾水管的积水抽排干净，同时还要考虑抽排上、下游闸门因密封不严密而产生的漏水等。

检修排水的特点是排水量大，设备的位置低，只能采用水泵排水。为了保证机组的检修工期，排水时间应短。另外，还应根据上下游闸门的漏水量，选择足够容量的水泵，避免由于水泵容量过小，造成排水时间过长甚至抽不干积水的不良后果。检修排水方式应可靠，防止尾水通过排水系统中的某些缺陷倒灌进入厂房，造成水淹厂房的严重后果。

6.1.3 渗漏排水

厂内渗漏排水包括厂内水工建筑物的渗水、机组主轴密封与顶盖漏水、压力钢管伸缩节漏水及各供排水阀和管件的渗漏水、气水分离器及储气罐的排水、管道冷凝水、低洼坑积水和生活污水等。渗漏水的存在不仅造成厂房内湿度增大，导致各种机电设备运行环境的恶化而影响运行安全，而且还威胁厂房安全。

渗漏排水的特点是排水点多、排水量小且不确定性因素多，因此很难用计算方法对水量的大小予以确定，需要设置集水井收集各处的渗漏水。为保证收集全厂所有地方的渗漏水，渗漏集水井一般设于水电站的最低位置处，渗漏水不能靠自流排出，需要配备水泵进行抽排。针对渗漏水水量的不确定性，一般是在渗漏排水系统中配置两台或以上互为备用的水泵，根据集水井中的水位自动启停，将渗漏水抽排至下游。

6.1.4 厂区排水

厂区排水是指将厂区内的地面雨水排至厂外。根据厂区的降雨量、地形、地质、厂区建筑物的布置密度和厂区道路的布置等条件，一般可选择自然排水、明沟排水或暗管排水等方式。当厂区位置低无法通过自流方式排水时，需设置厂区排水泵对积水进行抽排。需要注意的是，厂区排水应自成系统，不能与检修排水或渗漏排水合并，以避免洪水期的雨水进入厂房。

6.2 检 修 排 水

6.2.1 检修排水量的计算

检修排水量的大小，取决于压力引水管道（包括引水隧洞和压力钢管）、蜗壳和尾水管内的积水和下游尾水位的高程，以及上、下游闸门的漏水量。水电机组一般在蜗壳和压力钢管的最低处设有排水阀，经管道与尾水管相通。机组检修排水时，先将机组进水阀或进水口闸门关闭，打开压力钢管排水阀和蜗壳排水阀，使其中尾水位以上部分的积水经尾水管自流排至下游。当压力引水管道、蜗壳及尾水管中的水位与下游尾水位持平时，再关闭尾水闸门，利用检修排水泵将剩余的积水抽排至下游，如图6.1所示。

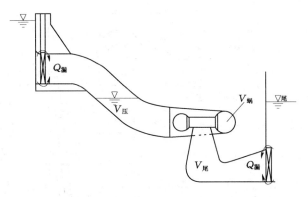

图 6.1 检修排水量计算示意图

进水阀或进水口闸门关闭后，机组过水流道中高于下游尾水的水由检修排水阀经自流排至下游，一般均可在较短的时间内完成，而且排水时也不需要增加其他排水设施，因此，通常无须计算这部分排水量的大小。但当压力引水管道较长时，这部分排水所需的时间不能忽略，需要在检修工期中予以考虑。

机组检修时的下游尾水位，通常按一台机组检修、其余机组在额定工况下运行时的尾水位来考虑。若检修期间电站上游有泄洪流量或者水工建筑物有下泄流量（如船闸等）时，下游尾水位则应按实际情况加以确定。

低于下游尾水位的积水，无法通过自流方式排除，需要用排水泵进行抽排。这部分积水容积可按下式计算

$$V = V_压 + V_蜗 + V_尾 (\text{m}^3) \tag{6.1}$$

式中　V——检修排水总积水容积，m^3；

$\quad V_压$——压力引水管道积水容积，m^3；

$\quad V_蜗$——蜗壳积水容积，m^3；

$\quad V_尾$——尾水管积水容积，m^3。

设计计算时，$V_压$按压力引水管道的结构尺寸和布置情况考虑，$V_蜗$和$V_尾$根据制造厂提供的蜗壳和尾水管的图纸尺寸计算，也可根据图6.2和图6.3中的曲线进行估算。

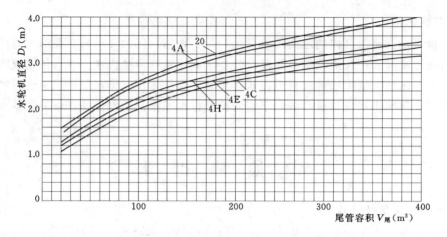

图 6.2　尾水管排水量计算曲线

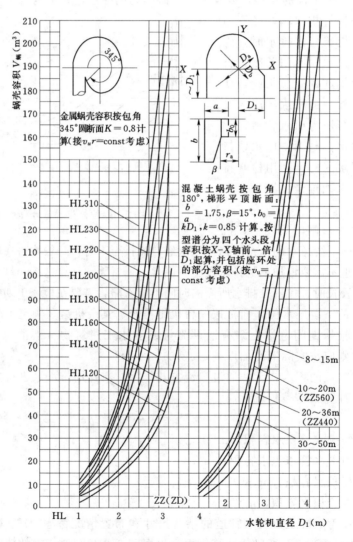

图 6.3　蜗壳排水量计算曲线

检修排水过程中，上、下游闸门虽然关闭，但水封处仍然存在漏水，漏水量与闸门的止水方式、密封形式、制造工艺水平和安装质量等因素有关。闸门单位时间的漏水量可按下式计算

$$Q_漏 = q_1 l_1 + q_2 l_2 \quad (m^3/h) \tag{6.2}$$

式中 $Q_漏$——上、下游闸门单位时间漏水量总和，m^3/h；

    q_1、q_2——上、下游闸门水封每米长度的单位时间漏水量，一般进水口闸门取 $3\sim6 m^3/(h \cdot m)$，尾水闸门取 $6\sim10 m^3/(h \cdot m)$，也可根据闸门的止水方式从表 6.1 选取；

    l_1、l_2——上、下游闸门水封长度，m。

表 6.1   闸门止水方式与单位漏水量 q 的关系

闸门止水型式	漏水量 [$m^3/(h \cdot m)$]	闸门止水型式	漏水量 [$m^3/(h \cdot m)$]
可调节橡皮止水	1.8	木止水	7.2
固定式橡皮止水	2.7	金属止水	9.0
包有帆布带的木止水	4.5		

表 6.1 中的闸门止水型式，如图 6.4 所示。

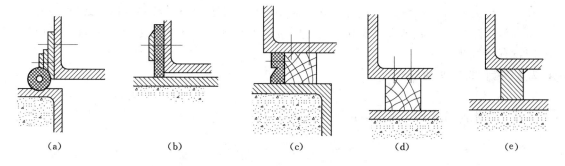

图 6.4   闸门止水型式

(a) 可调节橡皮止水；(b) 固定式橡皮止水；(c) 包有帆布带的木止水；(d) 木止水；(e) 金属止水

6.2.2 检修排水方式

检修排水按其排水的方式不同，可分为直接排水和廊道排水两种类型。

1. 直接排水

检修排水泵由管道和阀门与每台机组的尾水管连通，机组检修时，检修排水泵直接从尾水管将积水抽排至下游。直接排水的方法是：机组停机后，关闭水轮机进水阀，待过水流道内的水位与尾水平齐后，再关闭尾水闸门，最后将机组过水流道内的积水通过埋设的固定管道和检修排水泵排至尾水。采用这种排水方式时，因尾水闸门内外形成压差慢，导致尾水闸门在排水初期漏水量较大。对于小型电站，有时为了节省投资采用移动式潜水泵作为检修排水泵，当有抽排任务时直接将潜水泵吊入尾水闸门的内侧抽排积水，检修完毕后，再将潜水泵吊出，以避免潜水泵长期浸泡水中而受潮。如图 6.5 所示。

直接排水所需的设备少而简单，投资省，占地少，运行安全可靠，是国内大多数电站

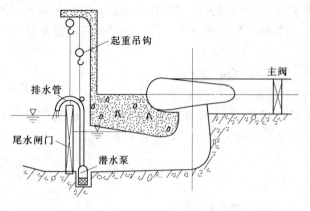

图 6.5　移动式排水泵布置图

起重吊钩

主阀

排水管

尾水闸门

潜水泵

2. 廊道排水

廊道排水又称为间接排水。水电站厂房水下部分设有较大容积的排水廊道，廊道顶部高程一般应低于尾水管底板高程。机组检修时，先将低于下游尾水位的机组过水流道内的积水迅速排到排水廊道，再由检修排水泵从排水廊道抽排至下游。由于排水廊道容积足够大，由尾水管向廊道排水时，尾水管内的水位下降迅速，使得尾水闸门内、外侧形成的水压差迅速

所采用的方式。

增加，并将闸门紧压在闸室上，使闸门的漏水量迅速减少，这对缩短排水时间是非常有利的。

当水电站厂房水下混凝土的体积较大、设置廊道排水较经济合理时，可采用廊道排水方式。这种排水方式操作比较方便，但排水廊道的工程量较大，对于水下混凝土体积较小的电站是不经济的。是否采用廊道排水方式，应考虑厂房水下部分有无设置廊道的位置以及在工程投资方面的合理性。采用廊道排水方式时，排水廊道通常要兼顾检修排水和渗漏排水。为了防止排水期间的积水倒灌进入厂房，排水廊道的进人门必须是密封和耐压的，并应设有通气孔。

6.2.3　检修排水泵的选择

1. 水泵生产率计算

检修排水时总的排水流量可按下式计算

$$Q=\frac{V}{t}+Q_{漏}（\mathrm{m}^3/\mathrm{h}）\qquad(6.3)$$

式中　Q——检修排水流量，m^3/h；

V——检修排水总积水容积，m^3；

t——检修排水时间，一般取 $4\sim6\mathrm{h}$，对于大型机组及长输水隧洞或长尾水隧洞的机组，可取 $8\sim16\mathrm{h}$；

$Q_{漏}$——上、下游闸门单位时间的漏水量总和，m^3/h。

检修排水泵的设置应不少于两台，无需备用，每一台泵的生产率为

$$Q_{泵}=\frac{Q}{Z}（\mathrm{m}^3/\mathrm{h}）\qquad(6.4)$$

式中　$Q_{泵}$——水泵生产率，m^3/h；

Z——水泵台数。

在抽排完过水流道内的积水后，检修人员便可开始检修工作。为确保在整个检修期间检修工作的顺利进行和检修人员的人身安全，尾水管内应无积水或积水水位在允许范围内。考虑上、下游闸门存在漏水，需设置一台泵用于排除上下游闸门的漏水，而其余水泵

则停止运行转为备用。承担排除上、下游闸门漏水的水泵，其生产率应大于上、下游闸门漏水量的总和，即

$$Q_泵 > Q_漏 \quad (m^3/h) \tag{6.5}$$

最后由式（6.4）和式（6.5）确定水泵的生产率。

2. 水泵扬程计算

检修排水泵的总扬程应按尾水管底板最低点的高程与检修时的下游尾水位之差，并考虑管道阻力所引起的水头损失来确定，可按下式计算

$$H_泵 = \nabla_1 - \nabla_2 + \Delta H + \frac{v^2}{2g} \quad (m) \tag{6.6}$$

式中　$H_泵$——检修排水泵扬程，m；

　　　∇_1——检修时下游的尾水位，m；一般按正常尾水位或全厂一台机检修其他机组都发额定出力时的尾水位考虑；

　　　∇_2——尾水管底板最低点的高程，m；

　　　ΔH——管道总水力损失，m；

　　　$\frac{v^2}{2g}$——管道出口速度水头，m。

3. 水泵类型选择

机组的检修排水量较大，而且受检修工期的限制，对水泵扬程和运行可靠性也有一定的要求，检修排水泵常用卧式离心泵或立式深井泵。也有一些电站采用潜水泵，新建电站多选用立式深井泵。现在使用的卧式离心泵可以不装设底阀，而用水环式真空泵或射流泵作为离心泵的起动充水排气设备，以补离心泵的不足。

对于冲击式水轮机，可采用移动式潜水泵，当机组检修时，临时放在尾水坑内进行排水。对于多泥沙河流的电站，需增设泥浆泵来排除蜗壳、尾水管、排水廊道、检修集水井内的淤泥，具体方法是先用压缩空气将淤泥搅混，然后起动泥浆泵排除。

4. 自动化要求

检修排水泵只在机组检修期间投入运行，对自动化程度没有特殊要求，当条件不具备时甚至可以采用手动操作，而无须自动控制。基于投资成本的考虑，早期修建的中小型水电站检修排水几乎均采用手动操作来控制水泵的起停，甚至有些大型电站的检修排水也采用手动控制。随着自动化成本的大大降低以及电力生产企业对机组检修安全性重视程度的提高，目前新建水电站的检修排水基本上均采用自动控制，而原来采用手动控制的也在进行自动化改造。对于仍采用手动控制方式的检修排水，在排尽尾水管里的积水后继续排除上下游闸门的漏水时，为防止因人为的疏忽而造成事故，可按水位控制水泵的自动启停。

6.3　渗　漏　排　水

水电站厂房内各种渗漏水，一般通过排水沟和排水管引至厂房最底部的集水井中，再用渗漏排水泵排至下游。

渗漏排水系统一般是在全厂设置一个集水井和相应的排水设备，以简化系统结构和节

省投资。有些电站根据具体情况，分设多个集水井并配置相应的排水设备。如漫湾水电站，根据排水对象的不同分设有大坝、水垫塘和主厂房三个独立的渗漏排水系统；鲁布格水电站因地下水较多而在地下厂房中设置了三个独立的渗漏排水系统。

6.3.1　渗漏排水量的估计

渗漏水量是设计渗漏排水系统的重要依据。厂内渗漏水量与水电站的地质条件、枢纽布置、施工质量、设备制造和安装质量、季节影响等多种因素有关，一般很难用计算方法准确地确定。在渗漏排水系统设计时，一般先由水工专业组提出厂房水工建筑物的渗漏水量估计值，然后参考已运行的同类型水电站渗漏水量的大小，结合本水电站的实际情况，并考虑一定的裕量，确定出渗漏排水量。当同类型水电站运行资料不多时，估算值可能误差较大，这只能依靠选择水泵容量和设计集水井时留有一定的裕量来弥补。

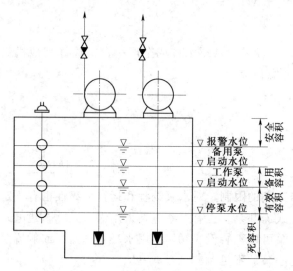

图 6.6　集水井水位容积示意图

6.3.2　集水井容积的确定

厂内的渗漏水通过排水管与排水沟，引至设在厂房最底部的集水井。设置集水井后，渗漏排水泵不必连续运行，而是每隔一段时间启动一次。当集水井中的水位达到一定高度时由渗漏排水泵排至下游，直至集水井中的水位下降到停泵水位。

集水井水位和容积的示意图如图6.6所示。

集水井内，工作水泵启动水位与停泵水位之间的容积，称为集水井的有效容积。渗漏集水井的有效容积不能过小，否则排水泵启停频繁，一般按容纳 30～60min 的渗漏水量来考虑，即

$$V_集＝(30～60)q\,(\mathrm{m}^3) \tag{6.7}$$

式中　$V_集$——渗漏集水井的有效容积，m^3；

　　　q——渗漏水量，$\mathrm{m}^3/\min$。

由于影响渗漏水量的因素较多，在确定集水井有效容积时，很难预计电站建成后土建部分和机组设备的渗漏水情况。在电站渗漏排水系统的设计过程中往往不再估算渗漏水量的大小，而是根据本电站厂房布置情况，参考类似已建成电站的渗漏排水数据，直接确定集水井的有效容积。在不增加开挖量和土建投资的情况下，适当增大集水井有效容积，可减少水泵起动频度，增加水泵起动后的连续运行时间，这有利于延长渗漏排水系统各设备的使用寿命。

在水电站的渗漏排水系统中，一般应配置两台或以上的排水泵，其中一台为工作水泵，其余为备用水泵，以保证渗漏水的可靠排除。当集水井中的水位超过工作泵起动水位后继续上升到一定高度时，备用泵将起动。工作泵启动水位至备用泵启动水位之间的集水

井容积称为集水井的备用容积。

若集水井中的水位在备用泵起动后仍继续上升，当上升到一定高度时，将有报警信号发出，以提醒运行人员及时处理渗漏排水系统的故障。有的电站备用泵起动时就发警报，不另设报警水位。

备用泵起动水位至报警水位的距离，以及工作泵启动水位至备用泵起动水位的距离，主要由液位信号器两个发信液位之间的距离决定。该距离不宜过小，否则在水位波动时不能保证自动控制的准确性。一般要求两个发信水位距离不小于 0.3～0.5m。

集水井布置在厂房底层，应能将最低一层设备及该层地面的渗漏水依靠自流排入集水井。采用卧式离心泵时，按此要求确定集水井井顶高程。报警水位至不允许淹没的厂房地面之间，应留有一定的安全距离，以保证报警之后运行人员能有一定的时间采取必要的临时措施，防止水淹厂房，集水井的这一部分容积称为安全容积。

停泵水位至井底的距离，则取决于底阀的大小和底阀进水对上面覆盖水深的要求，以及为了防止水位太低把井底脏物吸入损坏叶轮或轴承而对底阀下缘至井底距离的要求。如深井泵的第一级叶轮必须浸在水下 1～3m，以免振动等不良后果。根据上述要求即可确定集水井井底高程。停泵水位以下的容积称为集水井的死容积。

6.3.3 渗漏排水泵选择

1. 水泵生产率计算

渗漏排水泵的生产率按 10～20min 内排干集水井有效容积中的积水来考虑，可按下式计算渗漏排水泵的生产率为

$$Q_{\text{泵}} = \frac{V_{\text{集}}}{(10\sim20)/60} (\text{m}^3/\text{h}) \tag{6.8}$$

式中　$Q_{\text{泵}}$——渗漏排水泵的生产率，m^3/h。

2. 水泵扬程计算

渗漏排水泵扬程，应按集水井最低工作水位（停泵水位）与下游最高尾水位之差，以及克服管道阻力所引起的水力损失来考虑，即可按下式计算

$$H_{\text{泵}} = \nabla_1 - \nabla_2 + \Delta H + \frac{v^2}{2g} (\text{m}) \tag{6.9}$$

式中　$H_{\text{泵}}$——渗漏排水泵扬程，m；

　　　∇_1——下游最高尾水位，m；

　　　∇_2——集水井停泵水位，m；

　　　ΔH——管道总水力损失，m；

　　　$\dfrac{v^2}{2g}$——管道出口速度水头，m。

渗漏排水泵一般选两台，一台工作，另一台备用。每台泵的流量与扬程都应满足计算值的要求。

3. 水泵类型选择

渗漏排水泵工作的可靠性直接关系到厂房内设备和人身的安全。渗漏排水泵多采用卧式离心泵或立式深井泵，也有电站采用射流泵或立式潜水泵。

卧式离心泵具有结构简单、维护方便和价格便宜等优点。卧式离心泵受水泵吸出高度

的限制，水泵安装位置较低，水泵电机易受潮。另外，离心泵在启动前，泵体必须充满水，否则无法正常工作。卧式离心泵多用于中小型水电站的渗漏排水。

立式深井泵的叶轮在水下，不存在诸如离心泵的吸程和启动前充水问题，而且电机安装位置较高，受潮和被淹的可能性较小。但是立式深井泵的传动轴很长，结构比较复杂，维护要求高，价格较贵。近年来投产的大、中型水电站，绝大部分都选用立式深井泵。电站采用立式深井泵抽排渗漏水时，应考虑轴承润滑水的自动投入与切除，即在泵启动前，先供给清洁的轴承润滑水，在泵起动一段时间后再自动切除。

立式潜水泵具有与立式深井泵相同的优点，且耗电少、效率高、安装方便。但因其电机长期浸在水中，对密封要求较严，而且检查和维护也不方便。在检修和维护时，一般都是将其吊离水面后在修配车间进行。另外，潜水泵的容量一般都较小，造价较高，这是该类型泵应用不广的主要原因。

射流泵具有结构简单、运行可靠、造价低廉等优点，尤其是射流泵不以电能为动力，所以在水电站失去厂用电的紧急情况下，射流泵仍可以保证渗漏水的正常排除，不致造成水淹事故。另外，射流泵还具有不怕潮湿和不怕被淹等特点，即使泵房进水，仍不影响射流泵的正常工作。这是以电能为动力来源的其他类型泵无法做到的。但射流泵的效率很低，工作范围较窄。在有高压水流或压缩空气气源的情况下，可将射流泵与其他类型泵做技术经济比较，如果确有明显的优势，可采用射流泵作为渗漏排水的工作泵或备用泵。

4. 自动化要求

渗漏排水泵的启停频繁，而渗漏水的来水情况又很难预计，稍有不慎出现排水泵未及时起动，就可能造成水淹泵房、甚至水淹厂房的事故，国内已发生过多起此类事故。为了提高渗漏排水的可靠性，渗漏排水泵的启停一般均采用自动控制方式，即根据集水井水位，自动实现工作水泵和备用水泵的启停，并在备用水泵起动或达到报警水位时发出报警信息，以提醒运行人员及时进行处理，避免事故的扩大。

6.4 排水系统图

6.4.1 排水系统的设计原则和要求

排水系统是水电站比较容易发生事故的部位，有时因为设计不合理、运行中误操作等原因，造成水淹厂房的事故，威胁电站的安全运行，应该引起足够的重视。因此，设计时对于排水系统图要进行认真仔细的分析研究，以达到技术上可靠、经济上合理的要求。

对于大、中型水电站，检修排水和渗漏排水一般分开设置成两个独立的系统。一方面可以避免因误操作或排水系统中某些缺陷带来的水淹事故；另一方面两者的排水内容和工作性质不同，在水泵选型和运行方式上难以统一。检修排水量大且集中，所需排水泵生产率大，且仅检修时运行；而渗漏排水量小且分散，所需排水泵生产率小，需经常运行。此外两者对自动化程度和运行可靠性的要求也不一样：渗漏排水要求在任何情况下都能保证排水系统的可靠运行，否则就可能导致水淹泵房、甚至水淹厂房的事故；对于检修排水，其自动化程度和运行可靠性要求可适当降低，以节省设备投资。

对于小型水电站甚至部分中型电站来说，设备投资和运行维护的成本往往是电站建设的制约因素。为了减少设备，节约投资，检修排水和渗漏排水可共用一套设备，但只能是设备共用，管路相连，而不宜共用集水井；同时要有可靠的措施，以保证集水井的安全运行。比如，只允许集水井中的渗漏水由水泵排出，而不允许检修排水倒灌入集水井。为此，在两系统之间的连接管路上装设控制阀门，当机组不作检修排水时，控制阀必须关闭，以防止尾水向集水井内倒灌。

对于同时设有检修集水井和渗漏集水井的电站，在初期发电期间因对渗漏水的来水特性无法准确把握，可将两集水井进行连通，以利用检修排水泵作为渗漏排水泵的备用水泵，从而提高渗漏排水的可靠性。初期发电结束后，两集水井再按设计要求独立运行。初期发电时的运行方式是：用管路把渗漏集水井与检修集水井在适当高程连通起来，在管路上安装止回阀和闸阀，只允许水由渗漏集水井向检修集水井方向流动，反向则不通。当电站出现大于渗漏排水泵生产率的渗漏水量，且渗漏排水泵均已投入运行排水而集水井水位仍快速上升时，止回阀可自动打开将多余的渗漏来水排入检修集水井，检修排水泵自动投入运行，排出来自渗漏集水井的水，避免水淹厂房的事故。初期发电结束后，可拆除或关闭管路阀门不再投入运行。

绘制排水系统图时，根据系统连接特点、表达需要，以及图纸使用的方便，可将渗漏排水与检修排水分开绘制，也可合绘在同一张图纸上。有时也将供水系统与排水系统合在一起，绘制成"供排水系统图"，图中示出供水、排水及其相互联系。有的电站绘制出"油气水系统图"，综合示出全厂辅助设备系统的配置和相互联系，给出清晰的整体概念。

排水泵排水管的出口高程，有的水电站高于最低尾水位，为的是使排水管出口有露出水面的机会，以便临时封堵管口，用于检修排水管路和闸门。但大多数电站排水管出口设在最低尾水位以下，特别是对以下两种情况：①有冰冻危害的水电站，因水泵排水是间断工作的，防止管口被冰封堵；②排水至下游、利用水泵出口止回阀的旁路管道及阀门进行水泵起动前充水的管道。这两种情况下，排水管出口必须设在最低尾水位以下，同时，必须考虑检修管路和阀门的措施，并在出水口设置拦污栅，防止飘浮物和鱼群堵塞管道。

6.4.2 典型的排水系统图

图 6.7 和图 6.8 为分开绘制的某水电站检修排水系统图和渗漏排水系统图。

检修排水系统设置了三台深井泵。在初始排水时，由运行人员手动控制使三台水泵同时运行至排尽积水。在抽排上下游闸门漏水时，水泵转为由水位计自动控制，一台工作，两台备用。集水井清淤采用一台移动式潜水排污泵，手动控制运行。清淤时将排污泵放入井底，不用时移出井外。

渗漏排水系统设了两台深井泵。渗漏排水泵由水位计控制自动运行，互为备用，定期切换。集水井清淤采用一台移动式潜水排污泵，手动控制运行。清淤时将泵放入井底，不用时移出井外。检修排水集水井和渗漏排水集水井共用一台排污泵及相应的管路阀门。水轮机顶盖排水采用潜水泵，由液位信号器自动控制。

图 6.9 为检修排水和渗漏排水均采用卧式离心泵的排水系统图。全厂共设置两台检修排水泵和两台渗漏排水泵，集中布置在同一水泵室内。检修排水采用直接排水方式，排水泵经管道和各台机组尾水管相接。当某一台机组检修排水时，打开该机组放空蜗壳的管道 1 和检修排水母管 4 上的相应阀门。水泵吸水管不装设底阀，若起动前泵体内未充满水而

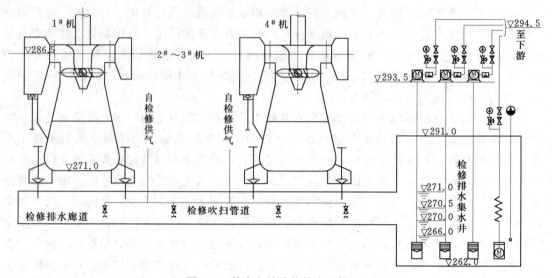

图 6.7 某水电站检修排水系统图

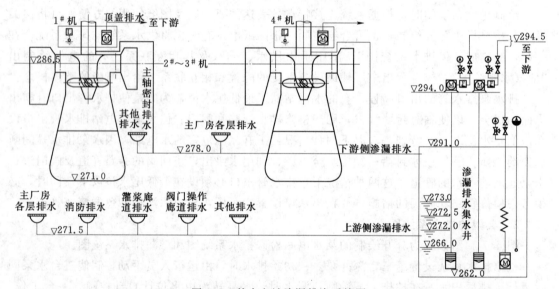

图 6.8 某水电站渗漏排水系统图

有空气时，则利用真空泵 5 先将空气抽去后再起动水泵。全厂的渗漏水都通过排水管和排水沟流入集水井。集水井中布置两台渗漏排水泵，一台工作，另一台备用，由液位信号器 11 控制，根据集水井水位高低，自动启停。

图 6.10 是采用深井泵排水的系统图。全厂检修排水系统和渗漏排水系统各选用两台深井泵，分别布置在厂房一端的两个集水井中，由于水泵电动机集中布置在位于下游最高尾水位以上的同一室内，位置较高，比较干燥，对电气设备的运行维护非常有利。两台渗漏排水泵 12 安装在渗漏集水井 8 中，一台工作，另一台备用，用来排除厂内渗漏水。渗漏集水井在最高尾水位以上设有 $\phi 250mm$ 溢水管 10，当由于意外原因造成集水井充满时，及时溢流排向下游，防止事故进一步扩大。检修集水井 5 设有两台检修排水泵 14，集水

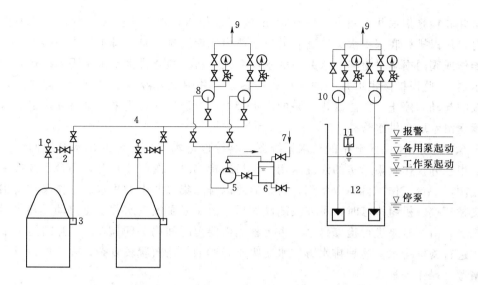

图 6.9 采用卧式离心泵的排水系统图

1—放空蜗壳的管道；2—压缩空气吹扫接头；3—有拦污栅网的取水口；4—检修排水母管；5—真空泵；6—水箱；
7—水箱供水管；8—检修排水泵；9—排水至下游的管道；10—渗漏排水泵；11—液位信号器；12—渗漏集水井

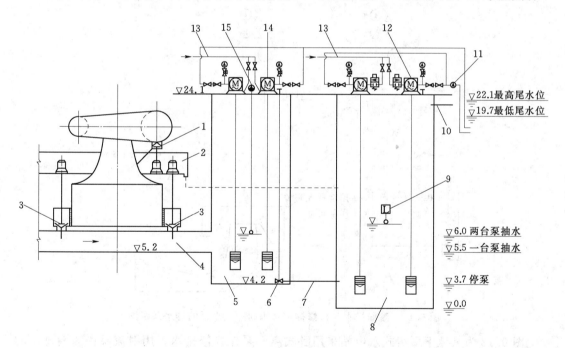

图 6.10 采用深井水泵的排水系统图

1—蜗壳排水盘形阀；2—操作廊道；3—尾水管排水盘形阀；4—排水廊道；5—检修排水集水井；6—长柄阀；
7—φ25mm 排水管；8—渗漏排水集水井；9—液位信号器；10—φ250mm 溢水管；11—流量计；12—渗漏
排水泵（10JD140×9）；13—深井泵轴承润滑水；14—检修排水泵（14JD340×3）；15—水位指示器

井与排水廊道 4 相通，以排除蜗壳、尾水管内的积水。蜗壳、尾水管排水阀采用盘形阀，
盘形阀液压操作机构安装在操作廊道 2 中，操作廊道的渗漏水由管道排入渗漏集水井。渗

漏集水井和检修集水井之间有一根 φ25mm 管道 7 相通，用长柄阀 6 控制，在清洗检修集水井时，用以排尽底部积水。连通管的过水能力比渗漏排水泵的排水能力小很多，以防止因误操作或阀门损坏时检修集水井中的水倒灌入厂房。检修排水泵采用手动操作，设有水位指示器 15 监视检修集水井中的水位；渗漏集水井中设有液位信号器 9，自动控制渗漏排水泵的起动和停止。在渗漏排水泵的出水管上装有流量计，用来测量渗漏水量。深井泵的轴承润滑水取自供水管路 13。

　　图 6.11 为一小型水电站的排水系统图，其检修排水与厂房渗漏排水合用两台离心水泵，而集水井仅作收集厂房的渗漏水用。无机组检修时，阀门 2 打开，两台水泵按集水井水位控制，一台工作。另一台备用，自动启停以排除集水井中的积水。工作泵和备用泵可定期交替切换。机组检修时，可在关闭阀 2 后，由 1 号泵按集水井水位自动排除渗漏集水井的积水，由 2 号泵进行检修排水；也可根据需要短时间内关闭阀 1，打开阀门 2 用两台泵同时进行检修排水。这种排水方式水泵吸水管段的管路布置较复杂，在切换运行方式时应严格遵守操作规程。

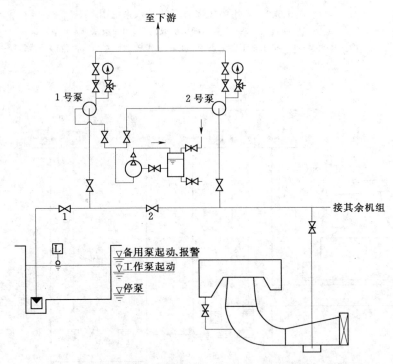

图 6.11　渗漏排水与检修排水合用同一组水泵的排水系统图

　　图 6.12 为某地下厂房式水电站采用卧式离心泵作检修排水、用射流泵作渗漏排水的系统图。

　　检修排水采用直接排水方式，由两台卧式离心泵直接从尾水管内抽水，卧式离心泵的吸入口装设底阀。由于该电站为地下厂房，检修排水用阀门切换分别排向非检修机组的尾水管内。厂房渗漏排水采用一台射流泵作为工作泵，射流泵的高压水源来自 1 号机蝶阀前的压力引水钢管。两台检修排水泵在非检修期间通过阀门切换后兼作渗漏排水的备用泵。射流泵和备用泵的起停由电极式水位计控制。

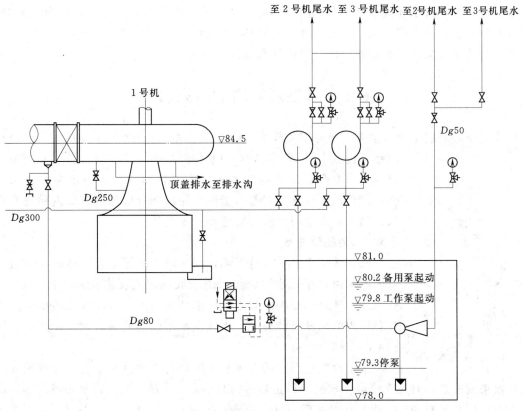

图 6.12 用射流泵作渗漏排水的排水系统图

图 6.13 为某水电站供、排结合的水系统图。该电站在厂房的最底层设有贯通全厂的

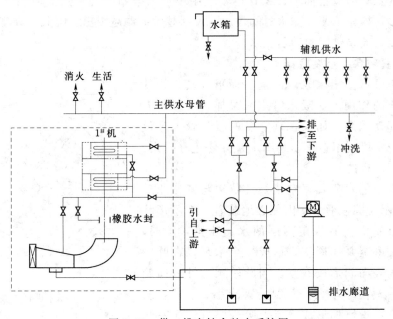

图 6.13 供、排水结合的水系统图

排水廊道，渗漏排水和检修排水合用同一廊道。全厂装有两台卧式离心泵及一台深井泵。深井泵专作渗漏排水用，经常运行，并为卧式离心泵起动充水，在机组检修时还用于检修排水。卧式离心泵通过阀门的切换，可作供水或排水两用。

6.5　离心泵的启动前充水

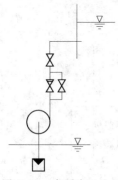

图 6.14　水泵出口止回阀设旁路充水阀

卧式离心泵启动前，泵壳、转轮室及吸水管内必须充满水。当水泵叶轮的安装高程在取水水位以上时，水泵启动前泵体内是空气，叶轮旋转时不能形成真空，水泵空转而不能将水提升到泵体里来。为使水泵能正常工作，应将水泵叶轮布置在最低取水位以下，以保证泵体内始终充满水；当不能满足时，应设置起动充水设备。

6.5.1　装底阀充水

底阀装于水泵吸水管下部，用于阻止水泵泵壳、转轮室及吸水管内的水由水泵进水口流失。由于底阀长期浸泡在水中易于锈蚀，受泥沙、杂物的影响会被卡阻、堵塞而关闭不严，水泵停机时间稍长泵体内的水就可能漏光。因此在采用底阀的同时，应设置向水泵注水的管路。

水泵首次启动时的充水水源可取自技术供水干管、设置独立的充水水箱或安装临时充水管道。水泵运行正常后的起动充水水源一般取自水泵扬水管，即在水泵出口止回阀旁设一小口径旁路管道并安装充水控制阀门，水泵启动前打开阀门为水泵充水，水泵启动后关闭，如图 6.14 所示。

底阀及充水管路设备简单，操作容易，中小型水电站广泛采用。但底阀的水力损失大，故障较多，检修不便，充水时间较长，尺寸越大问题越突出。因此，大型卧式离心泵常用真空泵或射流泵进行起动前充水。

6.5.2　设置真空泵，不装底阀

利用真空泵可抽出水泵内的空气而形成真空，使水在泵体负压的作用下从吸水管进入泵体，待泵体充满水后即可起动水泵。如果在真空泵的吸气管上装设示流信号器，则可利用它自动起动水泵并停止真空泵，达到自动控制的目的。

水电站常用的水环式真空泵，其结构与工作原理如图 6.15 所示。圆柱形泵室内偏心地装着一个星形叶轮，起动前泵室内充有规定高度的水。叶轮转动时，水因离心力被甩至泵体周壁，形成一个水环，在叶轮轮毂与水环内表面间形成气室。当叶轮顺时针方向旋转时，气室右侧由小增大，左侧由大减小。因此，从右侧随着气室容积增加形成真空，吸入空气；而左侧随着气室容积减小空气被压缩排出。因该泵是利用水

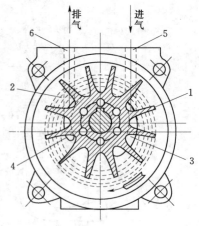

图 6.15　水环式真空泵工作原理
1—叶轮；2—水环；3—进气口；4—排气口；5—进气管；6—排气管

环工作的，故需设一水箱供给水环用水（见图 6.16）。

常用的水环式真空泵为 SZZ 型或 SZB 型。其型号的意义为：S——水环式；Z——真空泵；B——悬臂式；Z——直联式（电机与真空泵）。

选择真空泵时，真空泵所需的真空度即为离心泵的几何吸水高度 $H_吸$，而所需的抽气量 $Q_气$ 可按下式计算

$$Q_气 = KK_1 \frac{V}{T} \tag{6.10}$$

$$K_1 = \frac{10}{10 - H_吸} \tag{6.11}$$

式中　$Q_气$——真空泵抽气量，m^3/min；

　　K——安全系数，可取 1.5 左右；

　　K_1——由自由空气体积换算成真空度下气体体积的折算系数；

　　$H_吸$——离心泵的几何吸水高度，m；

　　V——离心泵泵壳、转轮室及吸水管的空气体积总和，m^3；

　　T——形成所要求真空度的时间，min，一般控制在 5min 左右。

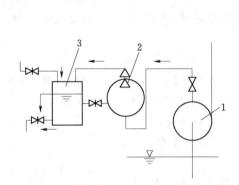

图 6.16　用水环式真空泵为离心泵起动充水
1—离心泵；2—真空泵；3—水箱

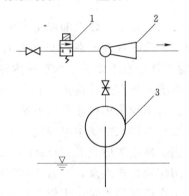

图 6.17　用射流泵为离心泵起动前充水
1—电磁阀；2—射流泵；3—离心泵

6.5.3　设置射流泵，不装底阀

如图 6.17 所示，利用射流泵高速射流形成的真空，抽吸离心泵内的空气，高速水流与空气在射流泵的混合室混合成为乳状的水汽混合流体，最后通过扩散管排掉。当射流泵排出的流体从雾状变为清水时，就表示水泵已充满水，此时即可关闭射流泵的高速水流，启动水泵。

6.6　射流泵在供排水系统中的应用

6.6.1　射流泵工作原理

射流泵是一种利用高速液体或气体射流形成的负压抽吸流体、使被抽吸流体增加能量的机械。如图 6.18 所示。

高压流体经喷嘴形成射流，以很高的速度喷射出来，压力能转变为动能。由于流速很

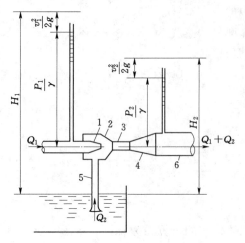

图 6.18　射流泵工作原理
1—喷嘴；2—吸入室；3—混合管；4—扩散管；
5—吸水管；6—排出管

大，射流质点的横向紊动扩散作用将吸入室中的空气带走，形成负压区，低压流体被吸进接受室。低压流体与高压射流在混合管（又称喉管）内混合，进行能量传递和交换，使高压流体的速度减小而低压流体的速度增加。在混合管出口，两者趋近一致，且因两股流体混合使静压力逐渐上升。混合流体经扩散管，大部分动能转变为压能，使压力进一步提高，最后经排出管排出。

6.6.2　射流泵的特点

射流泵无转动部分，结构简单、紧凑，制造、安装方便，成本较低；它可作为管路系统的一部分，容易布置，所占厂房面积较小；射流泵工作时不消耗电力，故不受厂用电源可靠性的影响，且不怕潮湿、水淹，工作可靠。射流泵传递能量过程中有较大的能量损失，故其效率较低，用于排水时最高效率约为30％～50％，用于供水时最高效率为 60％左右。

6.6.3　射流泵在水电站供排水系统中的应用

由于射流泵具有上述特点，它在国民经济各领域中得到了广泛的应用。在水电站供排水系统中也有不少采用射流泵的方案，有的电站已有多年的使用、运行经验。

射流泵在供排水系统中可能应用的场合，归纳起来有：

（1）当电站水头适宜时（$H=80\sim160\text{m}$），用作供水泵。

（2）用作顶盖排水泵，布置比较方便。

（3）用作渗漏排水泵，不依靠厂用电作动力，工作可靠。

（4）用作检修排水泵，不需设起动充水设施，设备投资小，安装、运行维护要求较低。

（5）用作离心泵的起动充水设施。

6.6.4　射流泵的选择计算

目前射流泵尚无定型产品，水电站选用射流泵时需进行一定的设计计算。

射流泵的计算通常是按已知的工作流体的流量、水头和需要抽吸流体的流量和扬程来确定其各部分的尺寸。计算中常依据试验数据和采用经验公式，并按实际运行情况对参数作适当调整。表 6.2 给出了射流泵效率较高时其参数间的关系。

表 6.2　　　　　　　　　　　　　　射流泵 q、h、f 参数关系

f	0.15	0.20	0.25	0.30	0.40	0.50	0.60	0.70	0.80	0.90	1.00
q	2.00	1.30	0.95	0.78	0.55	0.38	0.30	0.24	0.20	0.17	0.15
h	0.15	0.22	0.30	0.38	0.60	0.80	1.00	1.20	1.45	1.70	2.00

如已知抽吸流量 Q_2（m^3/s）、射流泵扬程 H_2（mH_2O）和喷嘴前工作液体的水头 H_1

(mH_2O)，可按以下方法进行射流泵尺寸计算。

（1）工作液体流量 Q_1，即

$$h = \frac{H_2}{H_1 - H_2}$$

由 h 查表 6.2，得 q、f，由此

$$Q_1 = \frac{Q_2}{q}$$

（2）喷嘴和混合管断面积，即

$$F_1 = \frac{Q_1}{\varphi \sqrt{2gH_1}} \tag{6.12}$$

式中　φ——喷嘴流量系数，一般取 $\varphi = 0.95$；

$\quad F_1$——喷嘴断面积，m^2。

喷嘴直径 $\qquad\qquad d_1 = 1.13\sqrt{F_1} \tag{6.13}$

混合管断面积 $\qquad\quad F_2 = \frac{F_1}{f}$

混合管直径 $\qquad\quad d_2 = 1.13\sqrt{F_2} \tag{6.14}$

（3）喷嘴与混合管间距 l，即

$$l = (1 \sim 2)d_1（H_1 \text{高取大值}） \tag{6.15}$$

（4）混合管型式及长度 L_2。试验证明，技术条件相同时，圆柱形混合管比圆锥形效能高，故采用圆柱形。其长度最佳值为

$$L_2 = (6 \sim 7)d_2（H_1 \text{高取大值}） \tag{6.16}$$

（5）扩散管圆锥角 θ 及扩散管长度 L_2。扩散管圆锥角推荐值为

$$\theta = 8° \sim 10° \tag{6.17}$$

扩散管长度 $\qquad\quad L_3 = \frac{d_3 - d_2}{2\tan\dfrac{\theta}{2}} \tag{6.18}$

（6）喷嘴长度 L_1。喷嘴收缩圆锥角 γ 一般不大于 $40°$；另一端与压水管相连，其直径为 D_1，则

$$L_1 = \frac{D_1 - d_1}{2\tan\dfrac{\theta}{2}} \tag{6.19}$$

（7）吸水管出口直径 D_0，即

$$D_0 = (1.5 \sim 2)d_2（\text{取标准直径}） \tag{6.20}$$

（8）射流泵效率 η，即

$$\eta = qh \tag{6.21}$$

射流泵吸入室的构造，应保证实现 l 值的调整范围，且使吸水口位于喷口的后方，吸水口处被吸水的流速不能太大，务使吸入室内真空值 $H < 7mH_2O$。

习 题 与 思 考 题

6-1　水电站排水内容有哪些？其分类、特点与排水方式各是什么？

6-2　渗漏排水和检修排水的特点各是什么？

6-3　渗漏排水集水井的容积是如何确定的？各控制水位如何确定？

6-4　检修排水应排除哪些积水？排水量如何计算？其中闸门漏水量应如何考虑？

6-5　检修排水方式有哪些？各有何优缺点？检修排水多采用什么形式的水泵？

6-6　计算检修排水泵扬程时下游水位按什么情况确定？

6-7　检修排水泵和渗漏排水泵的操作各采用什么方式？

6-8　渗漏排水泵的类型多采用什么型式？

6-9　卧式离心泵起动之前为什么要进行充水？起动前充水有哪些方法？

6-10　排水系统图的设计原则和要求是什么？

6-11　渗漏排水和检修排水在排水系统设计中，什么时候需要分开，什么时候可以结合在一起使用？各有什么优缺点？

6-12　检修排水与渗漏排水的设备配置有何要求？

6-13　排水系统中通常设置哪些自动化元件？实现哪些自动化操作与控制？

6-14　分析排水系统图。

第7章 水力机组参数监测

7.1 概 述

7.1.1 水力机组参数监测的目的和内容

为满足水轮发电机组安全、可靠、经济运行以及自动控制和试验测量的要求，考查已经运行机组的性能，促进水力机械基础理论的发展，提供和积累必要的数据资料，就必须对水电站和水力机组参数进行测量和监视。同时，现代科学技术的发展也对电能质量提出了更高的要求，而电能质量的提高依赖于水电站自动化水平的提高，自动化水平的提高又依赖于完善而先进的水力监测系统。因此，水电站必须设置先进而完备的水力监测装置。

水力监测系统的监测项目中有些是常规的连续测量和监视，有些则是为了特定的实验目的在试验时进行测量和监视。大、中型水电站所设置的常规水力监测项目可分为全站性监测项目和机组段监测项目。全站性监测项目包括水电站上、下游水位，装置水头，拦污栅前后压差等；机组段监测项目包括蜗壳进口压力，顶盖压力，尾水管进、出口压力，尾水管脉动压力，水轮机的工作水头和引用流量，尾水管内水流特性等。试验测量是指水轮机现场试验和现场验收试验的测量。根据需要，还要在某些水轮发电机组上设置水轮机汽蚀、压力脉动、真空度、振动与轴向位移、相对效率的测量装置。

水力监测装置由量测元件、非电量与电量的转换元件、显示记录仪表及连接管路和线路等几部分构成，它是水电站自动化系统的重要组成部分。水力监测系统必须与水电站的自动化水平相适应，不仅要能实现对各种水力参数的测量，还要能与全站的监控系统实现数据信息共享。今后在大型和巨型水电站中还应采用以计算机监控为基础的综合监控系统。

7.1.2 水力机组参数的测量工具

水力机组参数的测量经历了最早的手工测量、机械化测量、自动化测量和目前普遍采用的信息化测量的发展过程。而信息化测量就是指利用传感技术与计算机技术相结合来实现水电站生产过程的测量。传感器是测量系统的重要组成部分。

传感器就是将被测量的信息（水电站中主要是压力、温度、流量、速度等物理信息）按照一定规律转换为所需要的有用信息的装置。转换后的信息包括很多种形式，最常见的是将各种非电量或电量转换为易于检测和传输的电量信息。传感器通常由敏感元件、转换元件和接口电路组成。其中敏感元件是指传感器中能直接感受或响应被测量的部分；转换元件是指传感器中能将敏感元件感受或响应的被测量转换成适于传输或测量的电信号部分；接口电路通常是将转换元件输出的电量变成易于显示、记录、控制和处理的有用电信号的电路。传感器的组成结构通常如图7.1所示。

传感器种类很多，分类标准也不一样。水电站及水力机组监测装置中常用的传感器按

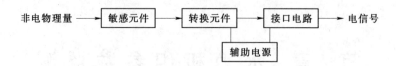

图 7.1　传感器组成结构图

被测参数的不同，可分为压力压差传感器、位移传感器、振动传感器、温度传感器、油混水传感器和转速传感器等；按传感器的工作原理又可分为电阻式、电容式、电感式和压电式等传感器。

1. 压力压差传感器

水电站在检测储气罐、压力油罐的压力时需要采用压力传感器或压力变送器。压力压差传感器可将被测介质的压力或压差转换为电信号输出。水电站中常用的压力传感器有应变式、压阻式、压电式、电容式和谐振式等类型。

(1) 电阻应变式压力传感器。电阻应变式压力传感器利用应变片配合适当的弹性元件，通过测量弹性元件的应变来间接测量介质的压力。其优点是精度高、体积小、重量轻、测量范围广和固定频率高。电阻应变式传感器的应变元件可以分为金属和半导体两大类，金属应变元件又分为金属丝电阻应变片和箔式电阻应变片。电阻应变式传感器通常与电桥电路一起使用，由于应变式压力传感器的输出量比较微弱，需要经放大器将电信号放大。

电阻应变元件的工作原理基于导体和半导体的"应变效应"，即当导体和半导体材料发生机械变形时，其电阻值将发生变化。电阻值的相对变化与应变有以下关系

$$\frac{\Delta R}{R} = K\varepsilon \tag{7.1}$$

式中　ΔR——应变元件的电阻变化量；

　　　R——应变元件的电阻；

　　　K——金属材料的应变灵敏系数，主要由试验方法确定，一般为常数；

　　　ε——应变量。

(2) 压电式压力传感器。以电介质的压电效应为基础进行工作的压力传感器称作压电式压力传感器。所谓压电效应是指当电介质沿着某一个方向受力而发生机械变形时，它们的相对两面上将产生异号电荷，即晶体内部将发生极化现象。当外力去掉后，它又会重新回到不带电的状态。通过测量晶体表面所产生的电荷量，就可得知其所受力的大小。

常用的压电材料有天然的压电晶体（如石英晶体）和压电陶瓷（如钛酸钡）两大类，它们的压电机理并不相同。压电陶瓷是人造多晶体，压电常数比石英晶体高，但机械性能和稳定性不如石英晶体好。

压电式压力传感器的特点是体积小，结构简单，工作可靠；测量范围宽（可测100MPa 以下的压力）；测量精度较高；频率响应高，是动态压力检测中常用的传感器；但由于压电元件存在电荷泄漏，故不适宜测量缓慢变化的压力和静态压力。

(3) 电容式压力传感器。电容式压力传感器是将压力的变化转换成电容量变化的一种传感器。常用的电容式压力传感器有压力、差压、绝对压力、带开方的差压（用于测流

量）等品种及高差压、微差压、高静压等规格。

平行板电容器电容量的计算表达式为

$$C=\frac{\varepsilon A}{d} \tag{7.2}$$

式中　ε——电容极板间介质的介电常数；

A——两平行板相对面积；

d——两平行板间距。

由式（7-2）可知，改变 A、d 中任意一个参数，都可以使电容量发生变化。在实际测量中，大多采用保持公式中其他两个参数不变，而仅改变 A 或 d 一个参数的方法，把参数的变化转换为电容量的变化，故有变极距电容式压力传感器和变面积电容式压力传感器。

（4）谐振式压力传感器。谐振式压力传感器是靠被测压力所形成的应力改变弹性元件的谐振频率，通过测量频率信号的变化来检测压力。这种传感器特别适合与计算机配合使用，组成高精度的测量、控制系统。根据谐振原理可以制成振筒式、振弦式及振膜式等多种型式的压力传感器。

2. 位移传感器

水电站测量中，很多地方要用到位移测量，如测量导水机构接力器的行程、闸门的开度等要用到线位移，而测量导叶开度要用到角位移。位移传感器就是将这些线位移或角位移转换为电量（电流或电压）的变化，以供记录显示。

按照工作原理，位移传感器可分为电阻式、电感式等测量大位移的传感器，以及电涡流式测量小位移与动态的传感器。按位移的特征，又可分为线位移传感器和角位移传感器。

（1）电阻式位移传感器。电阻式位移传感器由绕线电阻丝、滑动触头、测量杆等组成。当物体发生位移时，通过测杆带动滑动触头在电阻线上滑动，改变电路中的电阻值，从而输出电压（或电流）的变化。电阻式位移传感器的工作原理如图 7.2 所示。

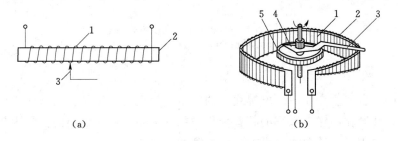

（a）　　　　　　　　　　　　　（b）

图 7.2　电阻式位移传感器工作原理图

（a）线位移传感器；（b）角位移传感器

1—电阻丝；2—框架；3—活动触头；4—辅助触头；5—受电环

实用的电阻式位移传感器由测杆、滑线电阻、滑动触头、导轨、壳体等组成，并采用桥式电路进行测量，其结构与测量电路如图 7.3 所示。

（2）电感式位移传感器。利用电感线圈在电磁场中电感（自感或互感）的变化、将机

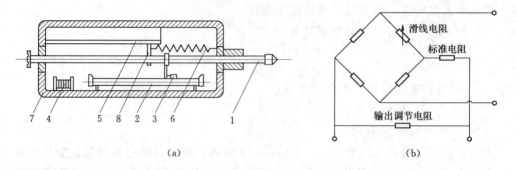

图 7.3 电阻式线位移传感器结构与测量电路

(a) 线位移传感器结构；(b) 测量电路

1—测量杆；2—滑线电阻；3—电刷；4—精密无感电阻；5—导轨；6—弹簧；7—壳体；8—滑块

械位移转变为电量的传感器称为电感式位移传感器。电感式位移传感器由铁芯、线圈与衔铁所组成，当衔铁相对于电感线圈的位置改变时，磁路的磁阻发生变化，使电感线圈中的电势发生变化，利用此原理，将机械位移量转换为电量输出。

电感式传感器有自感式与互感式两类。自感式传感器的实质是一个带气隙的铁芯线圈，而互感式传感器则由初、次级线圈组成，靠两个线圈的互感作用组成电路。电感式位移传感器的测量电路有桥式电路、谐振电路、调频电路等不同型式。图 7.4 是一种电感调频式位移传感器。

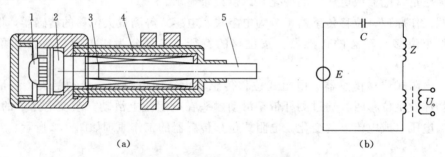

图 7.4 电感调频式位移传感器

(a) 电感调频式位移传感器结构；(b) 测量电路

1—谐振电容；2—调频振荡器；3—电感线圈；4—磁性套筒；5—导杆（衔铁）

当衔铁的位置发生变化时，电感线圈的电感发生变化，调频振荡器的输出频率相应变化，衔铁的位移变化与输出频率的频差变化呈线性关系。由于输出的信号为频率信号，电路的抗干扰能力很强，适合于有干扰的现场测量。

（3）电容式位移传感器。利用电容极板间覆盖面积变化时其电容量变化的原理制成的位移传感器称为电容式位移传感器。电容的活动极板呈直线位移时为线位移传感器，活动极板呈角位移时为角位移传感器。电容式位移传感器采用差动式结构，其工作原理如图 7.5 所示。

（4）电涡流传感器（用于小位移测量）。利用涡流效应制作的小位移传感器，尤其适用于动态位移测量，例如测转动机械轴的摆度等。电涡流传感器测位移为非接触式测量，它利用传感器探头与被测金属表面距离变化测量两者之间的相对位移。电涡流位移传感器工作原理如图 7.6 所示。

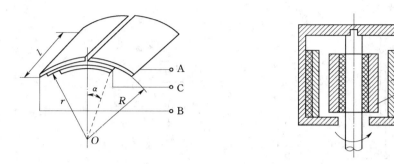

图 7.5　电容式角位移传感器工作原理

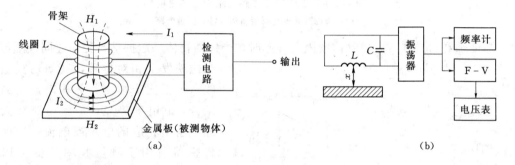

图 7.6　电涡流位移传感器工作原理

(a) 电涡流位移传感器工作原理；(b) 测量电路

当振荡器中产生高频电流 I_1 施加在电感线圈 L 时，L 产生的高频磁场 H_1 作用于被测金属表面，感应的电涡流 I_2 产生一个新的磁场 H_2，H_2 反作用于电感线圈 L，导致线圈的电感量、阻抗、品质因数（$Q=\omega L/R$）发生相应的变化。当金属导体的电阻率、磁导率、振荡电流的角频率不变时，线圈的阻抗仅与探头和被测导体间的距离有关，即

$$Z=f(x) \tag{7.3}$$

式中　Z——阻抗；

　　　x——探头与被测物体表面距离。

当把传感器线圈接入振荡回路时，x 变化引起的传感器电感变化，导致振荡器频率改变，形成频率与位移的关系为

$$f=f(Z)=F(x) \tag{7.4}$$

式中　f——振荡器的频率。

用频率计或通过 $F-V$ 转换后用电压表测出测量回路输出的频率或电压，即可反映传感器探头与被测金属物体表面距离的大小。

3. 振动传感器

振动传感器按测量参数分，有位移型、速度型与加速度型；按工作原理分，有电阻式、电容式、电感式、压电式、磁电式速度传感器等。水电站常用的振动传感器有：

（1）磁电式速度传感器。磁电式速度传感器利用电磁感应原理测量物体的振动速度，由永久磁铁、感应线圈和相应的测量电路组成，其结构与工作原理如图 7.7 所示。

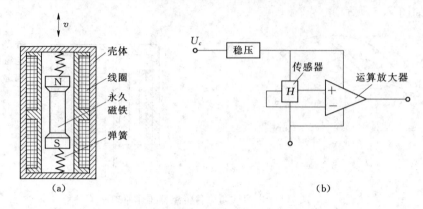

图 7.7　磁电式速度传感器结构与测量电路
(a) 磁电式速度传感器结构；(b) 测量电路

当传感器的壳体与振动物体紧固在一起时，壳体随物体一起振动，壳体连同线圈与永久磁铁发生相对位移，线圈切割磁力线产生正比于被测物体振动速度的电动势，此电动势经过放大电路放大处理后输出相应的电压或电流。速度式传感器适用于测量频率较低（10～1000Hz）、振幅较小（1mm 以下）的机械振动。

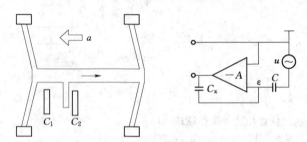

图 7.8　电容式加速度传感器结构原理

（2）电容式加速度传感器。电容式加速度传感器利用电容极板间间隙改变时电容量随之变化的原理测量振动加速度。电容式加速度传感器由质量块、弹簧、差动电容所组成，如图 7.8 所示。

当传感器处于静止状态时，动极板处于两固定极板 C 的中间位置，形成的电容 $C_1 = C_2$。当传感器的质量块受加速度作用时，动极板与质量块在弹簧支持下以加速度 a 发生运动，动极板相对于固定极板位置发生改变，$C_1 \neq C_2$，由此形成的差动电容连同其位移信号反映了振动加速度的大小。

（3）压电式加速度传感器。压电式加速度传感器利用振动物体的加速度与压电晶体产生的电荷成正比测量物体振动的加速度。压电式加速度传感器由质量块、压电元件及相应的测量电路所组成，如图 7.9 所示。

测量时将传感器固定在被测物体上，当物体振动时，传感器壳体随物体一起振动，压电晶体在质量块的惯性力作用下产生电荷，输出的电荷量与振动加速度成正比。

压电式位移（振动）传感器的测量原理如图 7.10 所示。

4. 温度传感器

水电站很多地方需要测量温度，如水轮发电机组各轴承的温度、轴承油盆中的油温、发电机定子和转子的绕组与铁芯温度、空气冷却器的水温和进出风温度、变压器油温等。

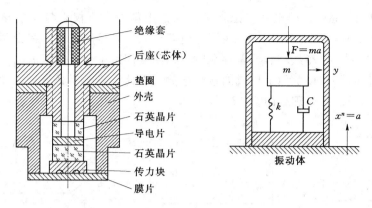

图 7.9　压电式加速度传感器

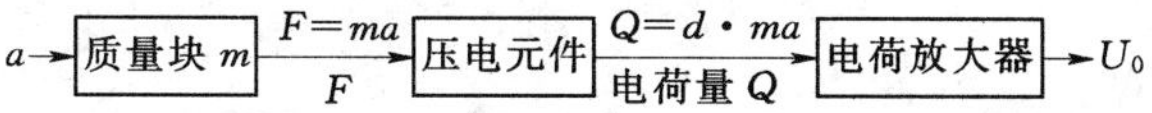

$$a \rightarrow \boxed{\text{质量块 } m} \xrightarrow[F]{F=ma} \boxed{\text{压电元件}} \xrightarrow[\text{电荷量 } Q]{Q=d \cdot ma} \boxed{\text{电荷放大器}} \rightarrow U_0$$

图 7.10　压电式位移（振动）传感器的测量原理

水电站温度测量的特点是温差较大，一般为 0～200℃。

测量温度常用温度计或温度传感器，测量方式有直接测量方式与电气测量方式。当需要自动测温或将温度测量纳入自动化监控系统时，更多地应用电气方式测量。电气测温最常用的有热电偶式与热电阻式温度传感器。

（1）热电阻传感器。金属或半导体材料感温元件的电阻与其温度呈一定函数关系，当被测对象温度发生变化时，感温元件的电阻也随之发生变化。已知电阻随温度的变化规律后，测出感温元件的电阻值，就可得到感温元件的温度，从而获得感温元件所在的环境温度。

热电阻由线圈骨架（或套管）、感温电阻丝、引出线等构成，铂电阻、半导体热敏电阻的结构如图 7.11 所示。由于热电阻感温后的变化为电阻值，所以其测量电路一般用电桥电路或电位差计，在水电厂监控系统中也常用温度巡测仪测量。

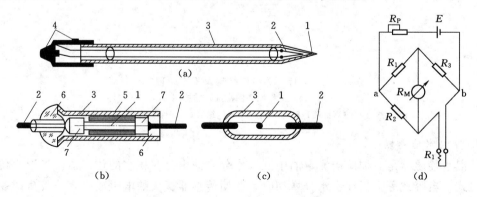

图 7.11　热电阻传感器及测量电路

（a）带玻璃保护管；（b）柱形；（c）带密封玻璃柱；（d）测量电路

1—电阻体；2—引线；3—玻璃保护管；4—引线；5—锡箔；6—密封材料；7—导体

（2）热电偶传感器。热电偶传感器一般由热电偶、电测仪表与连接导线所组成。热电偶的热电效应包括两个方面：其一是温差电势；其二是接触电势。在由两种不同的材料形成的闭合回路上，当冷热端有温差存在时，在闭合回路中会有电流流动，此电流形成的原因是两种不同材料在接触面上形成的接触电势，因此，热电偶必须是两种不同材料的导体或半导体所组成。其原理如图 7.12 所示。

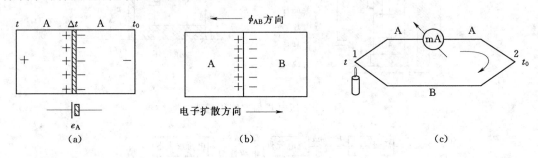

图 7.12 热电偶原理

（a）温差电势；（b）接触电势；（c）热电偶

热电偶输出的电压一般是很低的毫安级电压，因此，其测量仪表一般用毫伏计或电位差计。近年来随着智能仪表与测试系统的发展，能够接热电偶与热电阻的通用指示仪表与数据采集系统已得到广泛使用，不仅提高了测量精度，也可以进行多通道的同时测量。

热电偶结构如图 7.13 所示。

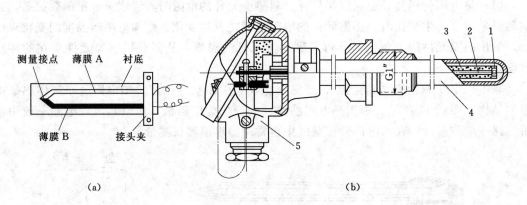

图 7.13 热电偶结构及工作原理

（a）工作原理图；（b）结构图

1—热电偶的测量端；2—热电极；3—绝缘管；4—保护管；5—接线盒

5. 油混水传感器

油混水传感器是一种用于测定油中混入水分或油中存在积水的传感器。油混水传感器有电阻式、电容式等。当油中水分增加时，会使传感器探头的电阻或电容值发生改变，也可以通过测油的电导率来判断油的品质，因此可用电导率传感器进行油混水的测量。

（1）电阻式油混水传感器。利用油中水增加时传感器的吸附元件因吸附水分子而改变其电阻值的原理，可制成电阻式油混水传感器。电阻式油混水传感器采用 NiO 陶瓷作为吸附材料与电阻材料，当它吸附水分子后，其电阻值改变，配合电桥等测量电路测出阻值后，可测出油中混水的多少，其基本结构如图 7.14 所示。

（2）电容式油混水传感器。根据变介质电容传感器原理，在电容器的两极板间置入高分子吸附材料作介质，该介质吸附水分子后改变其介电常数，使其电容量改变，配合相应的测量电路，可制成电容式油混水传感器，其基本结构如图 7.15 所示。

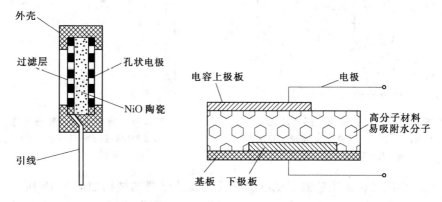

图 7.14　电阻式油混水传感器　　　图 7.15　电容式油混水传感器

（3）电导式油混水传感器。电导式油混水传感器是利用油和水的电导率不同制成的传感器。油的电导率很低，而水的电导率较高。当油中混入水时，水的比重大于油的比重，水沉下后覆盖电导率传感器的两个电极，由此产生的电流变化经运算放大输出，可显示油与水的比例。传感器结构如图 7.16 所示。

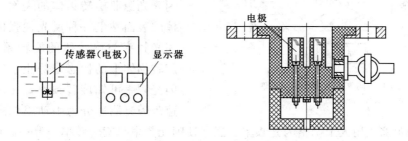

图 7.16　电导式油混水传感器

6. 转速传感器

转速传感器是一种将速度信号转变成电信号的传感器，既可以检测直线速度，也可以检测角速度。水电厂中常用的有光电式、电磁脉冲式转速传感器和闪光测速仪。

（1）光电式转速传感器。光电式转速计将转速的变化变换成光通量的变化，再通过光电转换元件将光通量变化转换成电量变化。光电式转速传感器一般由光源、光电管、透镜（或反射镜）及相应的测量电路构成。其结构如图 7.17 所示。

光电传感器的工作原理：电源光──→透镜──→平行光──→反射膜──→透镜──→花环（明暗相间）──→明暗光脉冲──→反射膜（半透膜）──→透镜──→光电管──→电脉冲──→脉冲计数器──→转速显示装置。

用光电测水轮机转速时，需在水轮机大轴上帖上一圈明显相间的花环，根据显示的脉冲数目计算出水轮机的转速 n。

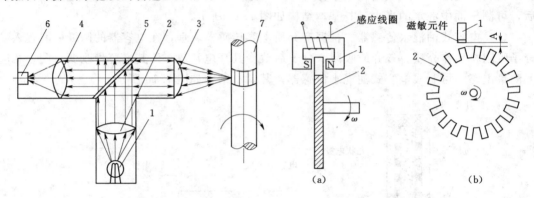

图 7.17 光电式转速传感器原理
1—光源；2、3、4—透镜；5—半透明膜片；
6—光电管；7—被测轴

图 7.18 磁电感应式转速传感器
(a) 双极型闭磁路式；(b) 单极型开磁路式
1—永久磁铁；2—导磁齿轮

（2）磁电感应式转速传感器。磁电感应式转速传感器的结构如图 7.18 所示。当安装在被测转轴上的齿轮（导磁体）旋转时，其齿依次通过永久磁铁两磁极间的间隙，使磁路的磁阻和磁通发生周期性变化，从而在线圈上感应出频率和幅值均与轴转速成比例的交流电压信号 U_o。

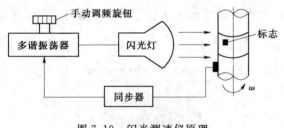

图 7.19 闪光测速仪原理

（3）闪光测速仪。闪光测速仪是一种同步式测速装置。用一种已知频率的闪光光源照旋转物体的表面，在旋转物体的表面贴上一种反光性强的标志，当闪光频率与旋转体的旋转频率同步时，旋转物体上的标志呈静止状态，这样由闪光频率可知旋转频率，并由此算出转速。闪光测速分为手动跟踪式与自动跟踪式。手动跟踪式用人工调整闪光频率，逐渐使闪光频率与旋转频率一致；而自动跟踪式由旋转物体驱动一同步触发器，由此来控制闪光频率。闪光测速仪原理如图 7.19 所示。

7.2 机组水力参数的测量

水轮发电机组的水力参数主要包括流量、水位、水头、压力、压差和真空度等，下面分别介绍这些参数的测量方法。

7.2.1 水轮机流量测量

水轮机流量测量对于实现水电站经济运行具有重要意义。所谓水电站经济运行，就是在保证一定出力的情况下，使总的耗水量为最小；或者说在一定流量下使机组出力为最大，也就是说要使机组在能量转换时效率最高。但原型水轮机的效率在设计时是利用相似定律由模型效率换算而来的，实际上原型水轮机效率由于各种原因与用模型效率换算出来的数值并不一致，有时甚至有较大的差异。因此，机组投入运行后应该进行现场效率试验，测定原型水轮机在各种工况下的效率特性，这就要求对水轮机流量进行准确测量。通过水轮机流量测量，可以准确测定原型水轮机的真实效率，进而得到机组或电站在各种不同出力下的效率与耗水率值，据此绘制总效率曲线和总耗水率曲线，制定机组之间或电站之间的负荷合理分配方案。

原型水轮机的流量测量具有如下特点：

（1）由于通过水轮机的流量值很大，实验室使用的精密测流方法在水电站现场几乎都不适用，而且测流方法的采用也往往受到水轮机进水流道和出水流道的结构和布置的限制。

（2）水轮机流道内流速分布十分复杂，水流速度分布曲线不规则，而且时刻随水轮机工况的改变而变化。

（3）现场试验的测定和组织工作十分复杂，为了正常发电，测量仪器安装时间和试验次数均受到限制。

（4）要使用高精度和高灵敏度的测量仪表和测定装置，准备工作、试验程序和成果整理、计算工作量较大，提高测量精度比较困难。

水电站采用的机组流量测量方法，有以下几种：

（1）流速仪法。

（2）蜗壳差压法。

（3）超声波法。

（4）示踪法。

（5）堰流法。

（6）水锤法。

上述流量测量方法中，示踪法施测工作量大，操作技术比较复杂，不能用于运行监测，从而限制了其在水电站中的广泛应用；堰流法对施测条件有一定要求，一般用于小型水电站流量测量；水锤法测流精度较高，但对施测管道有一定要求，使其应用范围受到一定限制，并且不能用于流量的实时测量。目前，水电站常用的流量测量方法是流速仪法、蜗壳差压法和超声波法。

1. 流速仪法测流

（1）流速仪法测流的基本原理。在测流断面上，流速的分布是不均匀的。使用流速仪测量流量，是将若干个流速仪布置在测量断面上，测出断面上各测点的流速，得到断面流速分布，然后对断面流速分布进行积分，就可求得流量。

（2）流速仪的选择。流速仪一般有旋桨式和旋杯式两种形式，国内水电站现场测流常用旋桨式流速仪。旋桨式流速仪由螺旋桨、传动机构、脉冲计数器、尾翼等组成，如图7.20所示。

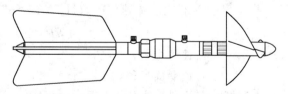

图 7.20 旋桨式流速仪

当把旋桨式流速仪放入水中时，在水流的作用下旋桨产生旋转，其转速与流速成正比旋桨旋转时带动电磁脉冲发生装置产生脉冲信号，所产生的脉冲信号通过引线接至脉冲计数器，单位时间内脉冲数量的值与流速成一定比例关系，由此可换算出流速。

（3）测量断面的选择。采用流速仪法测量流量的主要条件是必须选取良好的测流断面，以保证最大可能的测流精度。为此，测流断面应符合下述基本条件：

1）测流断面应具有一定的尺寸，以确保测流的精度。根据规定，矩形和梯形断面的最小宽度和最小水深均为 0.8m 或 8d（d 为流速仪桨叶直径），圆形管道最小内径为 1.4m 或 14d。

2）测流断面须具有规则的几何形状，并能进行几何丈量。

3）测量断面应与水流方向垂直，断面内流速分布无异常，平均流速不小于 0.4m/s，管壁附近不应存在死区和逆流区。

4）测流断面应位于管道的直线段，在断面上游侧 5m 内不应有畸化水流的建筑物与金属结构，在断面下游 2m 内不应有能产生反推力的建筑物，以免水流变形或引起逆流。

5）在测流断面与水轮机进口（或出口）断面之间不允许存在流量的渗漏损失。

6）必须防止冰块、脏物、悬浮物等进入测量断面。

低水头河床式水电站常利用进水口闸门槽处作为测流断面，门槽用作流速仪支架的支承。此时保证水流的直线平行流动和水位的稳定极其重要，可装设适当的稳流栅、稳流筏、潜水顶板以及导水墙等，以改善水流流态。

具有较长压力引水钢管的坝后式和引水式水电站，若管径大于 1.4m，则测流断面常选在钢管直线段上。直线段的长度，应使水流在直线段上、下转弯处引起的流态破坏足以在段内消失。

管径小于 1m 时，在压力钢管内安装流速仪比较困难，测流断面可在压力前池中选取。

测流断面选定后，必须在现场直接丈量数次，取其平均值作为计算依据。几何测量的精度要求为 0.2%。对圆形断面应丈量 6 个直径。

（4）流速仪台数及布置方式的确定。测流断面选定之后，需进一步确定断面测速点数及流速仪布置方式。测速点数的多少应以能反映断面流速分布的全貌为原则。测点过少，每点流速代表面积较大，影响测流精度；测点过多，扰乱水流速度的自然分布，亦影响精度。根据国际规程规定，测速点数 Z 及流速仪布置可按以下方法确定。

1）圆形断面。在圆形断面上，流速仪支架一般采用 2～3 个直径测杆（即 4～6 个半径支臂），每个半径臂上流速仪的数目 Z_R 按下式确定

$$4\sqrt{R}<Z_R<5\sqrt{R} \tag{7.5}$$

式中 Z_R——流速仪个数；

$\qquad R$——管道断面半径，m。

在测杆相交的圆心处必须布置一台流速仪，以测取圆心处流速，圆形断面上总的测点数 $Z=(4\sim6)Z_R+1$。规程规定：圆形断面的压力钢管，至少需有 13 个测点（包括 1 个圆心测点），一般不超过 37 个。若流速仪台数已经确定，则增加半径支臂数要比在支臂上增加测点数较为可取。但支臂数大于 8 或每个支臂上测点数多于 8 都不会提高测流精度，因产生的堵塞作用会导致平均流速增大。

圆形断面采用 4 个半径支臂时，流速仪测点布置在通过断面圆心的互相垂直且与水平线呈 45°角的支臂上，对称于圆心，如图 7-21 所示。流速仪之间的距离用等面积法按下式确定

$$r_n = R \sqrt{\frac{2n-1}{2Z_R}} \qquad (7.6)$$

式中　n——半径测杆上流速仪序号；

　　　r_n——半径测杆上第 n 个流速仪距圆心的半径，m。

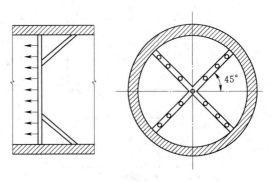

图 7.21　圆形测流断面流速仪布置图

2）矩形断面。对于矩形或梯形断面的渠道或进水口，测点数目按下式计算

$$24\sqrt[3]{F} < Z < 36\sqrt[3]{F} \qquad (7.7)$$

式中　Z——测点数目；

　　　F——施测断面的面积，m^2。

流速仪布置时，在速度梯度大的边壁附近，测点间距应小些；在断面中间，流速分布较均匀，测点间距可大些。中小型断面的测点，可按 s—2s—3s—4s—4s—3s—2s—s 的间距规律布置；大型断面（测杆长度大于 4m）的测点，按照 s—3s—5s—6s—6s—5s—3s—s 的间距规律布置。s 为最边壁流速仪轴线至壁面的距离，s > d + 30mm。矩形断面的测点布置，如图 7.22 所示。图中 s′为流速仪轴线与边壁纵向布置的距离。梯形断面的流速仪布置，见图 7.23。

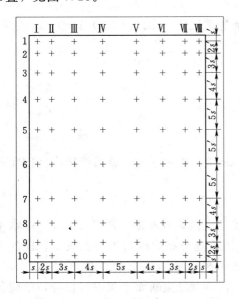

图 7.22　矩形断面测点布置示意图

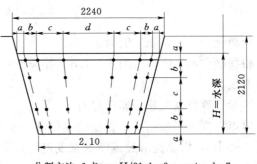

图 7.23　梯形断面测点布置示意图（单位：mm）

（5）流量的计算。流速仪安装布置后，就可测量记录各测点不同工况下通过水轮机水流的流速数据。根据测得的流速，对矩形或梯形断面，可绘制沿垂直测线或水平测线的流速分布图，如图 7.24 所示；对圆形断面，可绘制沿半径的流速分布图，如图 7.25 所示。

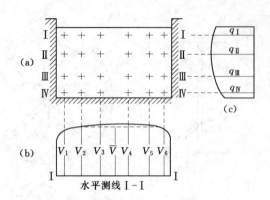 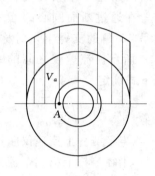

图 7.24　矩形断面内流速和单位流量分布图
（a）测量断面；（b）流速分布；（c）单位流量分布

图 7.25　圆形断面沿直径的
流速分布图

从壁面到最靠近边缘的一个测点间的水流速度，由于无法安装流速仪进行测量，可用插补法得出。

若已知最边缘上一个测点的实测流速值为 v_1，此点距离壁面为 Y_1（图 7.26），则可按指数函数关系插补流速 v_x 值，即

$$v_x = v_1 \left(\frac{Y_x}{Y_1} \right)^{\frac{1}{c}} \tag{7.8}$$

式中　v_x——插补点的流速；

　　　Y_x——插补点离壁面的距离；

　　　c——与雷诺数有关的指数。

指数 c 值可利用最靠近壁面两个测点的实测流速值确定，由式（7.8）得

$$\frac{v_1}{v_2} = \left(\frac{Y_1}{Y_2} \right)^{\frac{1}{c}}$$

由此解出

$$c = \lg \frac{Y_1}{Y_2} : \lg \frac{v_1}{v_2}$$

为简化计算，常取 c 值为 7～10。

根据确定的 c 值，利用式（7.8）补插近壁段 2～3 点的流速值，就可绘出完整的流速分布曲线。

流量计算根据流速分布图进行。

对矩形或梯形断面，根据所绘制的某一水平测线上流速分布图［图 7.24（b）中水平测线 I—I］，将流速对过流断面宽度进行积分，则流速分布曲线与水平测线所包围的面积即为该水平测线的单位流量 q。按此方法求出所有水平测线上的单位流量 q_I、q_{II}、q_{III}、…，绘制出单位流量分布曲线［图 7.24（c）］，再对过流断面水深进行积分，单位流量分布曲线与水深所围成的面积即为测流断面通过的流量。

对圆形测流断面，可根据每个半径测杆上的流速分布图求得通过流量，然后取其算术平均值作为最终结果。计算时假定：半径测杆上任一点所测得的流速值［如图 7.25 所示中 A 点的流速 V_a］，在整个环形截面上都是一样的，则通过圆形断面的流量为

$$Q' = 2\pi \int_0^R vr\,\mathrm{d}r \qquad (7.9)$$

式中 Q'——通过圆形断面的流量，$\mathrm{m^3/s}$；

v——测点处的流速，$\mathrm{m/s}$；

r——测点到圆心的距离，m；

r——圆断面的半径，m。

如果测流支架采用两根互相垂直的测杆，则按上述方法分别对四个半径测杆求出流量 Q'_I、Q'_II、Q'_III、Q'_IV，取其算术平均值作为计算结果，则

$$\overline{Q'} = \frac{1}{4}(Q'_\mathrm{I} + Q'_\mathrm{II} + Q'_\mathrm{III} + Q'_\mathrm{IV}) \qquad (7.10)$$

（6）流速仪法测流的优缺点。采用流速仪测量通过水轮机的流量，是一种最基本的测流方法，具有成熟的应用经验，在最佳的测试条件下可达到 $1\% \sim 1.5\%$ 的精度，测量成果可靠，适用范围广，因此这种传统的测流方法使用较广泛，目前我国大多数水电站的水轮机效率试验都采用流速仪法测流。流速仪法测流的缺点是：流速仪与测杆设在水流中进行接触式测量，干扰流场；边缘流速用理论计算值插补，影响精度；试验前准备工作量很大；试验过程中如遇个别流速仪中途停止工作，影响流速计算；试验后资料整理与计算工作繁琐；试验前后为安装和拆卸流速仪支架必须停机，影响发电，并且不能用于机组流量的运行监测。

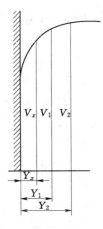

图 7.26 边缘流速的插补

近年来随着计算机技术的发展，使传统的流速仪法测流在测试手段和试验数据处理方法上不断改进。以光导纤维传输流速仪转速信号，提高了信号传输的可靠性，记录方法更为简便。以微处理机为核心的智能流速仪可以直接显示、打印测点的流速。以单片机为前置机，采集并向上位机发送流速仪实测数据，经计算机运算、处理后可显示和打印出各测点流速，并对流速分布进行自动处理，可实现流量的实时测量。

2. 蜗壳差压法测流

（1）蜗壳差压法测流的基本原理。蜗壳差压测流是测量通过水轮机流量最简便的一种方法，大中型水轮机运行测流均采用蜗壳差压法测流。

蜗壳中的水流是按等速矩定律分布的，即 $v\cos\alpha R = v_u R = \mathrm{const}$。这样距机组中心愈近，流速愈大，压力愈低；反之，流速愈小，压力愈高。因此，蜗壳任一断面上距机组中心不同的两点间存在着压力差。蜗壳差压法测流的原理，就是通过测量蜗壳中两点间的压力差 h，利用压差 h 与流量 Q 之间的关系来确定水轮机通过的流量。

如图 7.27 所示，假定流量为 Q 时，点 1 和 2 处的压力水头（以同一平面作比较）等于 P_1/γ 和 P_2/γ，流速分别为 v_1 和 v_2。根据伯努利方程式，若不计水头损失，则

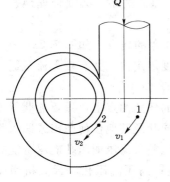

图 7.27 蜗壳水流示意图

1、2 两点间的压差为

$$h = \frac{P_1}{\gamma} - \frac{P_2}{\gamma} = \frac{v_2^2}{2g} - \frac{v_1^2}{2g} \tag{7.11}$$

同理，当流量为 Q' 时，相应的压力水头为 P_1'/γ 和 P_2'/γ，流速为 v_1' 和 v_2'，1、2 两点间的压差为

$$h' = \frac{P_1'}{\gamma} - \frac{P_2'}{\gamma} = \frac{v_2'^2}{2g} - \frac{v_1'^2}{2g} \tag{7.12}$$

根据水流相似条件，有

$$\frac{v_1'}{v_1} = \frac{v_2'}{v_2} = \frac{Q'}{Q} = c$$

由此得 $v_1' = cv_1$，$v_2' = cv_2$，$Q' = cQ$

将所得的 v_1'、v_2' 代入式（7.12），得

$$h' = c^2 \frac{v_2^2 - v_1^2}{2g} = c^2 h$$

$$\frac{h'}{h} = c^2 \text{ 及 } \frac{Q'}{Q} = c$$

$$\frac{Q'}{Q} = \sqrt{\frac{h'}{h}} \text{ 或 } Q = K\sqrt{h} \tag{7.13}$$

式中 K——待定系数，称为蜗壳流量系数。

国内外许多水电站的现场试验证明：无论是高水头的水轮机圆形金属蜗壳，或是低水头的水轮机 T 形混凝土蜗壳，式（7.13）中的流量 Q 都相当准确地正比于不同半径上两点间压力差 h 的平方根；蜗壳流量系数 K 对某一蜗壳上两个固定测压孔而言是一常数；对不同机组蜗壳或同一蜗壳不同测压孔而言，K 是另一不同的常数。现场试验同时证明：蜗壳流量系数 K 在不同水头下仍保持为一常数，只是在水头不大于 10m 的低水头电站，流量与压差有时可能不符合平方根的关系，所以低水头电站利用 $Q = K\sqrt{h}$ 关系时要进行修正。

由于 K 是一常数，故通过水轮机的流量 Q 与蜗壳压差 h 的平方根关系曲线是一条通过坐标原点的直线。

（2）测压孔的布置与计算：

1）测压孔的布置。为了得到准确的水轮机流量与蜗壳压差的关系，必须合理地选择测压断面和测压孔的位置。

测压断面的位置，应选在蜗壳前半部水流已旋转 45°～90°角的地方，如图 7.28 所示。该处水流受离心力作用与蜗壳边壁约束，水流流动符合等速度矩定律，并有较大流量通过断面。

测压孔可以布置在同一径向断面上，也可以布置在蜗壳的任意两点上，只要能获得所希望的压差值即可。在实际布置时，还必须考虑水轮机固定导叶及其他任何凸出或凹入部分对水流压力变化的影响。为了减少这些影响和获得较大的压差，低压测压孔应尽可能靠近水轮机转轴，设在两个固定导叶之间上方的蜗壳内缘壁上；高压测压孔应远离机组轴线，设在蜗壳的外缘壁上。

为了适应流量的变化，通常在蜗壳内缘设置 2~3 个低压测孔，如图 7.28 所示。测量时根据仪表量程和流量变化范围选用其中一个低压孔，以保证所希望的压差。当流量小时，为了获得足够的压差，两测压孔之间的距离应尽量大，低压孔应选用靠近水轮机轴线的 4 号孔；当流量很大时，两测压孔之间的距离应缩小，低压孔离水轮机轴线应远些，即选用 3 号孔或 2 号孔，以免压差太大超出仪表量程范围。需要注意的是，当测压孔变更之后，蜗壳流量系数 K 值亦随之改变。

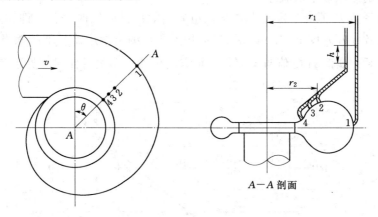

图 7.28　测压断面与测压孔布置图

2）测压孔的选择计算：

a）在水头和流量为定值的情况下，已知两测压孔之间的距离，求所需仪表的量程上限。

蜗壳上任意两点之间的压差，可用下式表示

$$h = \frac{P_1}{\gamma} - \frac{P_2}{\gamma} = \frac{v_{u2}^2 - v_{u1}^2}{2g}$$

考虑某些影响蜗壳水流不符合等速矩定律的因素，上式引入一个小于 1 的系数 α，即

$$h = \alpha \frac{v_{u2}^2 - v_{u1}^2}{2g} \tag{7.14}$$

假定进口平均流速 v_{cp} 等于测量断面中心处（此处与机组中心距离为 R_0）流速 v_{u0}，即

$$v_{u0} = v_{cp} = \frac{Q}{F} \text{（m/s）}$$

式中　Q——通过水轮机蜗壳进口的流量，m^3/s；

　　　　F——蜗壳进口截面面积，m^2。

由 $v_{u0} R_0 = C$，近似算出 C 值，再根据 $v_{u1} = C/R_1$ 和 $v_{u2} = C/R_2$，代入式（7.14），得

$$h = \frac{\alpha C^2}{2g} \left(\frac{R_1^2 - R_2^2}{R_1^2 R_2^2} \right) \text{（m H}_2\text{O）} \tag{7.15}$$

b）已知蜗壳外缘测孔到机组中心的距离 R_1 和差压计的最大量程 h_{max}，求蜗壳内缘测孔到机组中心的距离 R_2。

先用近似法算出 C 值，然后利用下式计算为

$$R_2 = \frac{\sqrt{\alpha C R_1}}{\sqrt{\alpha C^2 + R_1^2 2gh}} \quad (\text{m}) \tag{7.16}$$

式中 h 是以 m H_2O 为单位的差压计最大量程。

（3）蜗壳流量系数 K 的率定。蜗壳流量系数 K 在不同流量和不同水头下始终保持为一常数，这给蜗壳差压测流带来了很大的便利。但是要精确确定常数 K 值是相当困难的，只有通过机组的原型效率试验才能率定。

蜗壳流量系数 K 值的率定通常是与机组原型效率试验同时进行，即在效率试验过程中实测水轮机各导叶开度下的流量 Q，同时用差压计测出相应流量下的蜗壳差压 h。根据不同开度下一系列实测的 Q 值与 h 值，就可点绘出 Q—$\sqrt{h}$ 关系曲线（见图 7.29）。

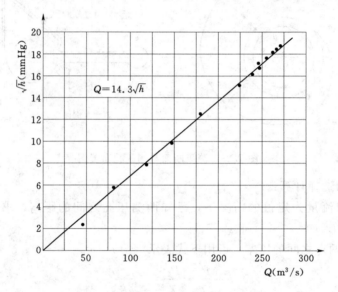

图 7.29　Q—$\sqrt{h}$ 关系曲线

为了精确求得 K 值，可应用最小二乘法的原理对实验数据进行处理。由于流量与压差平方根的关系为线性关系，故可用直线方程来拟合，即 $\sqrt{h} = bQ + a$。当各实测点到直线偏差的平方和最小时，就说明实测点与直线拟合最好，据此原理可确定直线方程中的常数 a 和 b，即

$$a = \frac{\sum_{i=1}^{n} \sqrt{h_i} \sum_{i=1}^{n} Q_i^2 - \sum_{i=1}^{n} (Q_i \sqrt{h_i}) \sum_{i=1}^{n} Q_i}{n \sum_{i=1}^{n} Q_i^2 - (\sum_{i=1}^{n} Q_i)^2}$$

$$b = \frac{n \sum_{i=1}^{n} (Q_i \sqrt{h_i}) - \sum_{i=1}^{n} Q_i \sum_{i=1}^{n} \sqrt{h_i}}{n \sum_{i=1}^{n} Q_i^2 - (\sum_{i=1}^{n} Q_i)^2} \tag{7.17}$$

所求蜗壳流量系数即为

$$K = 1/b \tag{7.18}$$

（4）蜗壳差压法测流的优缺点。蜗壳差压法测流的优点是：没有伸进流体的机械部件，对流场无干扰，不影响机组的正常工作；蜗壳流量系数不随时间变化，一次标定后可长期使用，并有一定的测量精度；可实现对流量的连续测量，与其他设备配合，可满足水电站对流量的实时测量与监控的需要；装置简单，工作可靠，是原型水轮机最简便的一种测流方法。

蜗壳压差法测流的缺点是：这种方法必须用其他精确测流方法（如速仪法或水锤法）为其标定流量系数后才能应用，在水轮机小开度、小流量时测量误差较大。

3. 超声波法测流

（1）超声波法测流的基本原理。当超声波在流动介质中传播时，相对于固定的坐标系统而言（如管道中的管壁），其声波的某些声学特性与在静止介质中的声学特性不同，在其基础上叠加了流体的流速信息，根据超声波声学特性随流速的变化就可以求出介质的流动速度。

利用超声波在不同流速的流动介质中传播时声学特性的不同，可制成超声波流量计。超声波流量计根据其测量原理分为传播速度差法和多普勒频移法，其中传播速度差法又可分为时间差法、相位差法和频率差法。目前常用的测量方法主要有时差法和多普勒频移法两种。

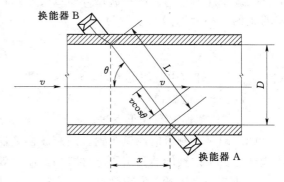

图 7.30　超声波流量计的工作原理

时差法超声波流量计的工作原理如图 7.30 所示。

超声波在流体中的传播速度，顺流方向和逆流方向是不一样的，其传播的时间差和流体的流速成正比。因此，只要测出超声波在顺流和逆流两个方向上传播的时间差，就可求出流体的流速，再乘上管道面积，便可得到管道中流体的流量。

在图 7.30 中，超声波顺流从换能器 B 传送到换能器 A 的传播时间 t_1 为

$$t_1 = \frac{L}{c + v\cos\theta} \tag{7.19}$$

反之，超声波逆流从换能器 A 传送到换能器 B 的传播时间 t_2 为

$$t_2 = \frac{L}{c - v\cos\theta} \tag{7.20}$$

式中　c——超声波在静止流体中的传播速度，m/s；

v——介质的流动速度，m/s；

L——超声波在换能器之间传播路径的长度，m。

超声波顺流传播和逆流传播的时间差 Δt 为

$$\Delta t = t_2 - t_1 = \frac{2vL\cos\theta}{c^2 - v^2\cos^2\theta} = \frac{\dfrac{2vx}{c^2}}{1 - \left(\dfrac{v^2}{c^2}\right)\cos^2\theta}$$

式中　x——超声波传播路径的轴向分量。

由于声波 c 在水中的传播速度为 1500m/s 左右，而流速 v 只有每秒数米，c 远远大于 v，故超声波顺流和逆流传播的时间差 Δt 为

$$\Delta t = \frac{2vx}{c^2}$$

则
$$v = \frac{c^2}{2x}\Delta t \tag{7.21}$$

式（7-21）表明，只要测出了时间差 Δt，便可计算出流速 v。

利用时差法所测量和计算出的流速是超声波测量声道上的线平均流速，而计算流量所需要的是流道横截面的面平均流速，两者的数值是不同的，其差异取决于流速分布状况。因此，必须用一定的方法对流速分布进行修正，进而用面积积分法求出断面的过流量。流经管道的体积流量 Q 可表示为

$$Q = \frac{\pi D^2}{4}kv \tag{7.22}$$

式中　Q——管道中流体的流量，$\mathrm{m^3/s}$；

　　　　D——管道直径，m；

　　　　k——流速分布修正系数。

（2）超声波测流的声道布置。超声波换能器有两种，一种是发射换能器；另一种是接收换能器。发射换能器利用压电材料的逆压电效应，将电路产生的发射信号施加到压电晶片上，使其产生振动，发出超声波，实现由电能到声能的转换。接收换能器是利用压电材料的压电效应，将接收到的声波，经压电晶片转换为电能，完成由声能到电能的转换。

发射换能器和接收换能器是可逆的，即同一个换能器，既可以作发射用，又可以作接收用，由控制收发系统的开关脉冲来实现。按照换能器的布置方式的不同，分为：Z 法（透过法）、V 法（反射法）和 X 法（交叉法），如图 7.31 所示。

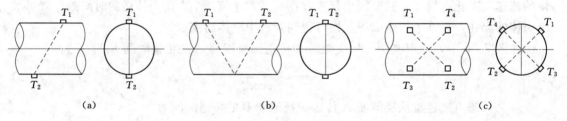

图 7.31　换能器的布置方式

（a）Z 法（透过法）；（b）V 法（反射法）；（c）X 法（交叉法）

超声波传播途径越短，则信号越强。实践表明，Z 法安装的换能器超声波信号强，测量的稳定性也好。

当管道直径较大时，为了提高测流精度，需要在管道中布置多声道。对于圆管来说，有双声道、4 声道和 8 声道等几种布置方式。

当采用双声道时，需装设 4 个超声波换能器，布置方式有交叉式和平行式两种。双声道交叉式换能器布置如图 7.31（c）所示；双声道平行式换能器布置如图 7.32 所示。

由上述声道布置可以看出，超声波测流时所测得的实际上是管道上某两点间的线平均流速。当过流断面面积增大时，为达到一定的测量精度，需布置更多的声道，以减小断面

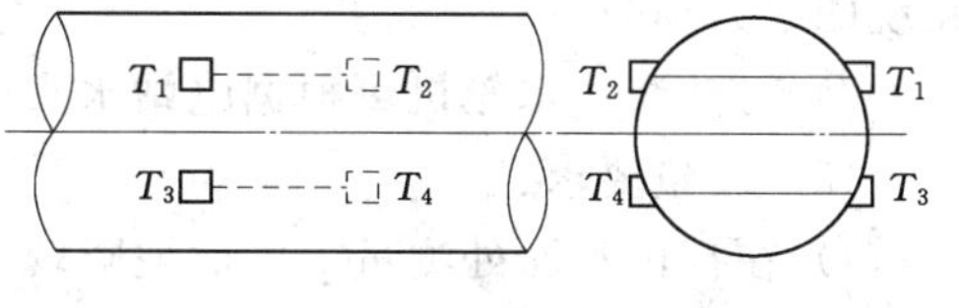

流速分布不均的影响。例如，对大型轴流式水轮机的矩形断面或梯形过水断面，有时需要布置 16 声道或者更多。求出各声道的线平均流速后，再用断面积分法求出断面过流量。

图 7.32　双声道平行式换能器布置

（3）超声波法测流的优缺点。超声波法测流的优点是：采用非接触测量方式，对流场无干扰，不影响机组的正常运行和管路的正常工作；能进行动态测量，可直接测得瞬时流量和累计流量，实现流量、效率的长期在线实时测量和运行监测；应用范围广，没有最高流速限制，特别适用于大管径、大流量的测量；测流装置安装测试简便，使用灵活，维护方便。

超声波测流的缺点是：超声波流量计对信号处理要求较高，设备比较复杂；水温变化对超声波传播速度有较大影响，温度变化较大时应对声速进行补偿；当水流中气体、泥沙或悬浮物达到一定含量时，对超声波传播与测流精度有影响。因此，超声波测流适用于清水或含沙量小于 $10kg/m^3$ 的水流。

目前，超声波流量计已在水电站中广泛应用。我国南京自动化研究院开发的 UF 系列多声道超声波流量计，采用多声道流速测量加权积分计算流量，较好地解决了流态分布、信号处理、各种管道渠道现场定位安装等技术难题，可用于大尺寸过水断面流量的稳定准确测量，可测量圆管直径达 15m、渠宽 100m 的过流量。

7.2.2　水电站水位和水头的测量

水位和水头的测量是水电站水力监测的重要内容之一。测量水库上、下游水位，可以为防洪、水库调度及水电站经济运行提供依据，测量各种水箱、水池的水位可以为供、排水装置的运行和水泵的控制提供参数。本节仅介绍水电站上、下游水位、装置水头和水轮机工作水头的测量。

1. 水电站上、下游水位与装置水头的测量

水电站上、下游水位测量是指上游水库（或压力前池）水位和尾水位的测量，水头测量可分为装置水头的测量和水轮机工作水头的测量两类。上、下游水位之差即为水电站的装置水头（或称毛水头、静水头）；作用在水轮机上使之做功的全部水头称为水轮机的工作水头。

（1）测量目的：

1）根据水位～库容关系曲线按测定的水库水位确定水库的蓄水量，为防洪及制定水库最佳调度方案提供依据。

2）按水位确定水工建筑物、机组及其附属设备的运行条件，以确保安全运行和指导经济运行。

3）按水位对梯级水电站实行集中调度。

4）对有通航要求的河流，按水位指导通航，以保证航运安全，在汛期可按上游水位制定防洪措施。

5）按下游水位推算水轮机吸出高度，为分析水轮机汽蚀原因提供资料。

6）根据上、下游水位之差求出毛水头，并同时测出水轮机的工作水头，可确定引水系统的水力损失。

7）对转桨式水轮机可根据电站水头调节协联机构，实现高效率运行。

（2）测量要求：

1）在自由水面处测量，水面坡降较小或无坡降。

2）水流平稳，流速尽可能小，无漩涡或波动。

3）测点距上、下游进、出水口较近。

4）尽量设专用测井，以减少水面波动。

（3）水位测量方法：

1）用直读水尺测量。直读水尺是最简单的水位测量装置。直读水尺通常装设在上游水库进水口附近（引水式水电站则设在调压井或压力前池）和下游尾水渠附近明显而易于观测的地方。可利用已有的水工建筑物，在上面刻以尺度，按实际高程标注，最小刻度以厘米计。直读水尺的长度按电站水位变化的最大幅度确定。观测时，从水尺与水位的交界面上直接读出水位的实际高程。

这种方法的优点是直观而准确，缺点是观测不够方便，故多用于中、小型水电站的水位测量。在大、中型水电站中，一般设置直读水尺作为水位测量的辅助装置。

2）用浮子式水位计测量。在需要测量的水面上装设一浮子，当水位发生变化时，浮子随之上下移动，用浮子、标尺可直接测量出水位的变化，如图 7.33 （a）所示。

当水位有遥测要求时，可在浮子测量系统的基础上配备远传与显示装置，进行水位的遥测与自动显示，如图 7.33 （b）所示。

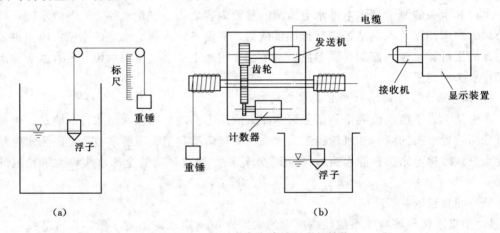

图 7.33　浮子式水位计的原理与结构

3）用投入式液位变送器测量。大、中型水电站大多利用自动装置对上、下游水位进行测量。目前电站多采用投入式液位变送器测量电站上、下游水位。

投入式液位变送器是基于所测液体静压与该液体高度成正比的原理，利用扩散硅或陶瓷敏感元件的压阻效应，将压力信号转换成电信号，经过温度补偿和线性校正，变换成 4～20mA DC 标准电流输出，远传至中央控制室，供二次仪表或计算机进行集中显示、报警或自动控制。投入式液位变送器的传感器部分可直接投入水中，变送器部分可用法兰或支架固定，安装使用极为方便。

投入式液位变送器为标准化和系列化产品，能很好地与数据采集系统兼容，可根据使用环境、测量量程和输出信号的类型等选择合适的产品型号。

4）用超声波水位计测量。超声波水位计通过安装在空气或水中的超声波换能器，将具有一定传播速度的声脉冲波定向朝水面发射。此声波束到达水面后被反射，部分反射回波由换能器接收并将其转换成电信号。从超声波发射到被重新接收，其时间与换能器至被测物体的距离成正比。检测该时间，根据已知的声速就可计算出换能器到水面的距离，然后再换算为水位。

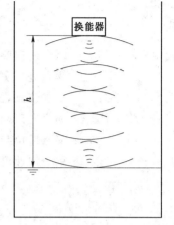

换能器安装在水中的，称为液介式超声波水位计；换能器安装在空气中的，称为气介式超声波水位计，后者为非接触式测量。

超声波水位计的工作原理，如图 7.34 所示。

换能器发射面到水面的距离可用下式计算

$$h = \frac{1}{2}vt \tag{7.23}$$

式中　v——超声波在空气中的传播速度，m/s；

　　　t——从超声波发射到返回的时间，s；

　　　h——换能器发射面到水面的距离，m。

图 7.34　超声波水位计的
工作原理

（4）水电站水位测点的布置。水电站对上、下游水位进行测量时，在拦污栅前、后各设一测点，在尾水出口处设一测点，如图 7.35 所示。

（5）电站装置水头的测量。水电站装置水头的测量主要有两种途径：一种是根据对电站上下游水位的测量结果，通过计算获得；另一种方法是将上下游的压力水引至一差压测量装置，所测得的差压即为电站的装置水头。

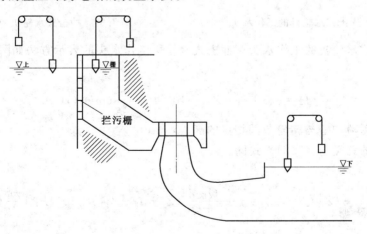

图 7.35　水电站上、下游水位测点

2. 水轮机工作水头的测量

水轮机的工作水头即真正作用于水轮机使其做功的全部水头，在数值上等于水轮机进出口水流的总比能之差。依据工作水头和通过水轮机的流量，就可确定水轮机的最大出力。在测得轴输出功率的情况下，可以用轴端功率与最大出力的比值确定水轮机的效率。因此，水轮机工作水头是机组运行中的一个重要参数。

（1）反击式水轮机的工作水头。反击式水轮机工作水头的表示方法如图 7.36 所示。

$$H = (Z_1 - Z_2) + 10^{-4}(P_1 - P_2) + \frac{v_1^2 - v_2^2}{2g} \ (\mathrm{mH_2O}) \qquad (7.24)$$

或

$$H = (Z_1 + a_1 - Z_下) + 10^{-4}P_1 + \frac{v_1^2 - v_2^2}{2g} \ (\mathrm{mH_2O}) \qquad (7.25)$$

式中　Z_1、Z_2——蜗壳进口断面与尾水管出口断面测点高程，m；

　　　　a_1——蜗壳进口测压仪表到测点的距离，m；

　　　　$Z_下$——尾水位高程，m；

　　　　P_1、P_2——蜗壳进口与尾水管出口压力表读数，Pa；

　　　　v_1、v_2——蜗壳进口与尾水管出口流速，m/s；

　　　　g——重力加速度，m/s²。

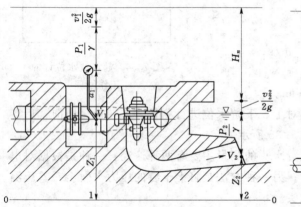

图 7.36　反击式水轮机的工作水头

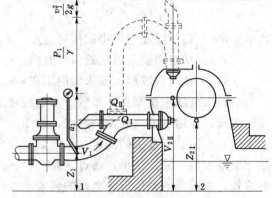

图 7.37　冲击式水轮机的工作水头

（2）冲击式水轮机的工作水头。冲击式水轮机工作水头的表示方法如图 7.37 所示。

单喷嘴

$$H = (Z_1 + a_1 - Z_2) + 10^{-4}P_1 + \frac{v_1^2}{2g}(\mathrm{mH_2O}) \qquad (7.26)$$

式中　Z_2——射流中心与转轮节圆切点的高程，m；

其他符号的意义与（7.24）式同。

双喷嘴：

$$H = \frac{Q_I}{Q_I + Q_{II}}(Z_1 + a_1 - Z_{2I}) + \frac{Q_{II}}{Q_I + Q_{II}}(Z_1 + a_1 - Z_{2II}) + 10^{-4}P_1 + \frac{v_1^2}{2g}(\mathrm{mH_2O})$$

$$(7.27)$$

式中：Q_I、Q_{II}——两喷嘴之流量，m³/s；

其他符号意义如图示。

（3）水轮机工作水头的测量方法。从上述两种型式水轮机的工作水头表达式可以看出，水轮机的工作水头一般由位置水头、压力水头和速度水头三部分组成。

式中，Z_1、Z_2 表示的是位置水头，这部分水头当仪表安装完毕一次测准后即为常数，无需经常测量（对反击式水轮机，Z_2 不是常数，它随流量变化而变化，可通过流量与尾水位关系曲线查得）；$\dfrac{v_1^2}{2g}$、$\dfrac{v_2^2}{2g}$ 表示的是速度水头，速度水头虽然随水轮机运行工况的不同而变动，但可根据实测的水轮机流量和相应的过流断面面积换算得出，当电站的水头较高时，因速度水头所占比重较小，可以忽略不计，当电站水头较低时，不能略去不计，否则会影响测量精度；P_1 表示的是压力水头，无论对哪种型式的水轮机，这部分水头所占的比重都很大，因此必须对其进行专门的直接测量。

压力水头通常有下列两种测量方法：

（1）用压力表或压力变送器分别测量蜗壳进口和尾水管出口处的压力值，再根据上述公式进行计算。这种测量方法的缺点是不能把随时变动着的尾水位因素包括进去，因此精确度不够高。

（2）用差压计或差压变送器直接测量蜗壳进口和尾水管出口的压力差。这种方法克服了第一种方法所出现的缺点，提高了测量精度。

7.2.3 水轮机引、排水系统的监测

水轮机引、排水系统的水力特性是水电站与水力机组的重要动力特性之一，为保证水电站和机组的安全与经济运行，需要对其进行监测。

水轮机引、排水系统的监测包括：进水口拦污栅前后压力差、蜗壳进口压力、水轮机顶盖压力、尾水管进口真空度及其他特征断面压力等方面的测量。此外在寒冷地区还要设置冰凌监测，根据电站的需要还可能设置钢管防爆保护装置。通过对水轮机引、排水系统的监测，运行人员能随时了解在不同工况下各部分的实际运行情况，并根据需要对机组甚至电站的运行进行操作和控制。

1. 进水口拦污栅前后压力差监测

拦污栅在清洁状态时，其前、后的水位差只有 $2\sim4\text{cm}$。当拦污栅被污物堵塞时，其前、后压力差值会显著增加，轻则影响机组出力，重则压垮拦污栅，造成严重事故。为避免该事故的发生，水电站一般设置拦污栅前、后水位差或压力差监测装置，以随时掌握拦污栅工作状况，及时进行清污，保证电站和机组的正常运行。

（1）拦污栅的水力损失。正常情况下拦污栅的水力损失可按下式计算为

$$h_w = \xi \frac{v^2}{2g}(\text{mH}_2\text{O}) \tag{7.28}$$

$$\xi = \beta\left(\frac{b}{s}\right)\sin\alpha \tag{7.29}$$

式中　ξ——拦污栅的阻力系数；

　　　v——栅前平均流速，m/s；

　　　b——栅条宽度，cm；

　　　s——栅条净距，cm；

　　　α——栅条与水平面之夹角；

　　　β——与栅条形状有关的系数，见图 7.38。

（2）监测仪表。目前水电站多采用浮子式液位计或投入式液位计来进行水位测量。可

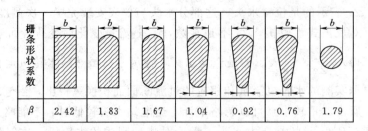

图 7.38　拦污栅栅条形状系数

用来作为拦污栅前后压力差监测的仪表有 UYF - 2 型浮子式遥测液位计、双波纹管差压计和 DBC 型差压变送器。应根据电站的自动化程度和允许布置仪表的条件选用。

当电站上游水位由 UYF - 2 型浮子式遥测液位计监测时，则可在拦污栅后再装一个同样的液位计，配合 XBC - 2 型接收器对拦污栅前后水位差进行监测。因 XBC - 2 型接收器无报警装置，需另配报警仪表。

也可选用 CWD - 288 型双波纹管差压计，这种仪表不但具有现场指示，而且带有电接点报警装置，使用比较方便。

当选用差压仪表时，仪表必须布置在上游最低水位以下。对坝后式河床式、电站差压发信器一般可布置在坝体廊道或主厂房内水轮机层，二次仪表布置在中控室。这样由发信器监测到压差达到一定值时，向中控室发出信号。这种信号一般分清理信号和停机信号两种，其中清理信号通常按拦污栅被堵塞 1/3 的面积所造成的落差确定；停机信号按拦污栅强度考虑。

当电站具有自动巡检系统或计算机综合监控系统时，拦污栅前后压差还可以选用 DBC 型差压变送器，以便与其他 DDZ - Ⅲ 型仪表配合使用。

2. 蜗壳进口压力的测量

在水轮机引水系统中，蜗壳进口断面的特性具有重要意义。在正常运行时，测量蜗壳进口压力可得到压力钢管末端的实际压力水头值以及在不稳定流作用下的压力波动情况；在机组做甩负荷试验时，可测量水锤压力的上升值及其变化规律；在做机组效率试验时，可测量水轮机工作水头中的压力水头部分；在进行机组过渡过程研究试验中，可用来与导叶后测点压力进行比较，以确定在一定运动规律下导叶的水力损失变化情况，此时蜗壳进口压力相当于导叶前的压力。因此，所有机组都毫不例外的装设蜗壳进口压力测量装置。

测量蜗壳进口压力所需的仪表，一般选用精度较高的压力表或压力变送器。选用仪表量程时，应在被测压力最大值的基础上留有一定的余量。

蜗壳进口压力的最大值可按下式计算

$$H_{\max} = (\nabla_1 - \nabla_2) - \frac{Q^2}{2gF^2} + \Delta H (\mathrm{mH_2O}) \tag{7.30}$$

式中　∇_1——上游最高水位，用校核洪水位，m；

　　　∇_2——仪表安装高程，m；

　　　F——测压断面的面积，$\mathrm{m^2}$；

　　　ΔH——水锤压力上升值，$\mathrm{mH_2O}$；

Q——最大水头满出力时的流量，m^3/s。

3. 水轮机顶盖压力的测量

水轮机顶盖压力测量的目的，是通过测量顶盖下部的压力，了解该处的压力脉动和止漏环的工作情况；对采用顶盖取水的技术供水系统，通过顶盖压力测量，了解供水压力的波动情况。

在正常运行条件下，转轮上止漏环的漏水经由转轮泄水孔和顶盖排水管排出。当止漏环工作不正常使漏水量突然增多，或泄水孔与排水管堵塞时，顶盖压力就会加大，从而使推力轴承负荷增加甚至超载，推力轴承温升过高，恶化润滑条件，导致机组不能正常运行。因此，应对顶盖压力进行监测。从顶盖取用机组技术供水的方案，要求供水压力保持在一定范围之内，而止漏环漏水量与机组的出力有关，必须随机组出力的增加逐渐开启泄水孔的阀门，以调整顶盖内的压力避免超压。这就要求水轮机顶盖测压仪表不但能指示压力值，还能在适当压力值时发出信号，以控制阀门与远方显示。

水轮机顶盖压力的监测，一般选用普通压力表，当有集中监测要求时，可选用DBY型压力变送器。测点位置由设计单位与制造厂共同商定，测量仪表由制造厂随机供货。

4. 尾水管进口真空度的测量

测量尾水管进口断面的真空度及其分布的目的，是分析水轮机发生汽蚀和振动的原因，还可检验补气装置的工作效果。

尾水管的水流具有一定程度的不均匀性，要准确测量尾水管进口断面上的压力分布，就必须沿测压断面半径上各个点进行流速和压力的测量，这只能在模型水轮机中近似做到，在原型水轮机上是很难做到的。

因此，水电站在测量尾水管进口真空度及其分布时，只测量断面边界上的平均压力和流速。为了得到压力和流速的平均值，往往在尾水管进口断面上将各测点用均压环管连结起来，然后再由导管接至测压仪表。

测量尾水管进口真空度所需的仪表可选用压力表或压力变送器。在选择量程时，需考虑尾水管进口断面可能出现的最大真空度以及最高压力值，以便确定仪表量程的下限和上限。在尾水管进口处出现的有静压绝对压力和全压绝对压力之分，需分别进行计算。

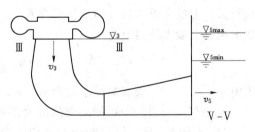

图 7.39 尾水管过流断面图

（1）静压压力真空表量程计算及选择。为计算尾水管进口断面可能出现的最大真空度，需首先计算该处可能出现的最小绝对压力值。

1）进口断面边界上静压绝对压力计算。图7.39示出尾水管过流断面图，设其进口为Ⅲ-Ⅲ断面，其出口为Ⅴ-Ⅴ断面，列出两断面的伯努利方程为

$$\nabla_3 + \left(\frac{P_3}{\gamma}\right)_{\text{静}} + \frac{v_3^2}{2g} = \nabla_5 + \frac{P_a}{\gamma} + \frac{v_5^2}{2g} + h_w \tag{7.31}$$

经移项合并得

$$\left(\frac{P_3}{\gamma}\right)_{\text{静}} = (\nabla_5 - \nabla_3) + \frac{P_a}{\gamma} + \frac{v_5^2 - v_3^2}{2g} + h_w (\text{mH}_2\text{O}) \tag{7.32}$$

式中　$\left(\dfrac{P_3}{\gamma}\right)_{\text{静}}$——进口断面边界上静压绝对压力，$\text{mH}_2\text{O}$；

　　　∇_5、v_5——下游尾水位高程，m；出口平均流速，m/s；

　　　∇_3、v_3——尾水管进口断面高程，m；进口平均流速，m/s；

　　　$\dfrac{P_a}{\gamma}$——当地大气压力，mH_2O；

　　　h_w——尾水管进口至出口的水头损失，mH_2O。

2）进口断面边界上最小静压绝对压力计算。该处的最小静压绝对压力值出现在下游尾水位最低、同时又产生最大负水锤（即水轮机导水叶开度在很短时间内自100％关到零）的情况下，此时，进口断面边界上最小静压绝对压力为

$$\left(\frac{P_3}{\gamma}\right)_{\text{静min}} = (\nabla_{5\text{min}} - \nabla_3) + \frac{P_a}{\gamma} + \frac{v_5^2 - v_3^2}{2g} + h_w - \Delta H (\text{mH}_2\text{O}) \tag{7.33}$$

式中　$\nabla_{5\text{min}}$——下游可能出现的最低尾水位高程，m；

　　　ΔH——运行中可能出现的最大负水锤，mH_2O；

其他符号意义同式（7.32）。

3）进口断面边界上最大真空度计算。最小静压绝对压力值$\left(\dfrac{P_3}{\gamma}\right)_{\text{静min}}$与大气压力之差，即是该断面上的最大真空度$\left(\dfrac{P_B}{\gamma}\right)_{\text{静max}}$，即

$$\left(\frac{P_B}{\gamma}\right)_{\text{静max}} = \frac{P_a}{\gamma} - \left(\frac{P_3}{\gamma}\right)_{\text{静min}} = \nabla_3 - \nabla_{5\text{min}} + \frac{v_3^2 - v_5^2}{2g} - h_w + \Delta H (\text{mH}_2\text{O}) \tag{7.34}$$

式（7.34）中标明了进口断面最大真空度的四个相关因素及其影响程度。

4）进口断面边界上最大压力值计算。进口断面最大压力值出现在下游尾水位最高、同时又产生最大正水锤（即水轮机导水叶开度自零突然开到100％）的情况下。此时进口断面边界上最大压力值为

$$\left(\frac{P_3}{\gamma}\right)_{\text{静max}} = (\nabla_{5\text{max}} - \nabla_3) + \Delta H (\text{mH}_2\text{O}) \tag{7.35}$$

式中　$\nabla_{5\text{max}}$——下游最高尾水位高程，m；

　　　ΔH——运行中可能出现的最大正水锤，mH_2O。

5）仪表的选择。因该断面经常出现负压，有时也出现正压，因此选用压力真空表。即按$\left(\dfrac{P_3}{\gamma}\right)_{\text{静max}}$选择仪表的正压量程；按$\left(\dfrac{P_B}{\gamma}\right)_{\text{静max}}$选择仪表的负压量程。

（2）全压压力真空表量程计算及选择。全压压力是在静压压力的基础上计入尾水管中切向流速v_u的影响。

1）进口断面边界上全压绝对压力计算。进口断面最小全压绝对压力由下式给出，即

$$\left(\frac{P_3}{\gamma}\right)_{\text{全min}} = \left(\frac{P_3}{\gamma}\right)_{\text{静min}} + \frac{v_{u3}^2}{2g} (\text{mH}_2\text{O}) \tag{7.36}$$

式中　v_{u3}——尾水管进口断面的切向流速，m/s，$v_{u3} = \dfrac{\Gamma}{\pi D_3}$；

Γ——速度环量，$\Gamma = KQ/D_3$，m^3/s；

Q——额定流量，m^3/s；

D_3——尾水管进口直径，m；

K——环量系数，$K = 0.6 \sim 0.7$。

2）最大真空度计算，即

$$\left(\frac{P_B}{\gamma}\right)_{\text{全max}} = \frac{P_a}{\gamma} - \left(\frac{P_3}{\gamma}\right)_{\text{全min}} \quad (mH_2O) \tag{7.37}$$

3）最大压力值及仪表的选择与静压压力类同，不再重述。

（3）真空度按锥形管截面的分布。有了尾水管进口断面的真空度值，就可以根据沿锥管段轴线方向各个断面的环量相等的原则，求出真空度按锥形管截面的分布。

由 $\Gamma = 2\pi R v_u$ 和 $v_u R = C$（常数）得出

$$v_u^2 = \frac{C^2}{R^2} = \left(\frac{\Gamma}{2\pi}\right)^2 \times \frac{1}{R^2} \tag{7.38}$$

代入尾水管锥段一般表达式中，可得

$$\frac{P_{Bx}}{\gamma} = \frac{P_a}{\gamma} - \left[\frac{P_x}{\gamma} + \left(\frac{\Gamma}{2\pi}\right)^2 \times \frac{1}{R_x^2} \times \frac{1}{2g}\right] \quad (mH_2O) \tag{7.39}$$

式中 $\dfrac{P_{Bx}}{\gamma}$、$\dfrac{P_x}{\gamma}$、R_x——尾水管锥段某一横截面边界上的真空度、绝对压力及所在位置的半径。

根据式（7.39），可绘出真空度沿锥段轴截面的真空度分布图，如图7.40所示。

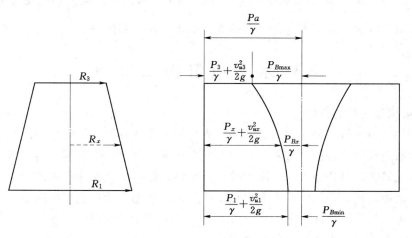

图 7.40 真空度沿尾水管锥段分布图

5. 尾水管水流特性的测量

尾水管的形状及其水流状态与水轮机的效率、空蚀和运行稳定性有密切的关系。尾水管内部的水流情况十分复杂，有时会形成严重空蚀，损坏过流部件，引起振动；有时产生强烈的压力脉动，影响机组的稳定运行。因此，测量尾水管有关断面的流速与压力分布，了解其内部水流状态，对于研究机组空蚀和振动的原因、提高机组的运行稳定性十分必要。

尾水管水流特性测定的主要内容是测量各特征断面的压力变化和水流旋转强度。一般在尾水管锥段入口和出口、肘管、扩散段入口和出口设置五个测量断面，每个断面取四个测点，如图 7.41 所示。Ⅲ—Ⅲ 断面和 Ⅰ—Ⅰ 断面的测点所设置的测嘴应能够测量静压力和全压力。测量尾水管的压力脉动时，测量用的压力传感器应能同时测量正、负压力，并具有较高的频率响应特性，适合于脉动压力测量。

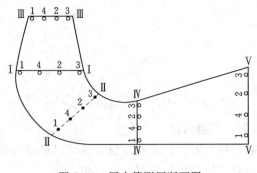

图 7.41　尾水管测压断面图

进行尾水管水流特性的测定，往往为获取下列数据：

（1）水轮机正常运行时尾水管各特征断面的流速及平均压力，由此计算出尾水管各段的水力损失。

（2）水轮机在低负荷运行时的水流旋转情况，以及伴随水轮机的空蚀、振动和出力摆动而发生的各断面水流压力脉动。

尾水管水流特性测量通常采用压力表、真空表和压力真空表；也可采用差压计或差压变送器通过一定的管网联入测量系统，以便可任意选测某两个断面之间的压差。

根据测得的数据，可对尾水管进口断面Ⅲ—Ⅲ与出口断面Ⅴ—Ⅴ列出伯努利方程计算水力损失 h_w，用尾水管内动力真空 $\dfrac{v_3^2 - v_5^2}{2g} - h_w$ 与尾水管进口动能 $\dfrac{v_3^2}{2g}$ 的比值计算尾水管的效率。也可用该方法计算尾水管任意两断面间的水力损失和效率。

7.3　水力机组振动监测

7.3.1　机组振动测量的目的

运行中的水力机组，由于水力、机械、电气等方面各种因素综合作用的结果，不可避免地要产生振动现象。若振动量不大，仅在机组正常工作允许的范围之内，则对机组本身及其运行并无妨害，但是超过一定限度的、经常性的振动却是非常有害的。

对机组的振动进行测量，一方面可评定机组振动状态，检查机组的振动量是否在允许范围内，鉴定机组安装检修质量；另一方面可用于分析振动的特性与规律，以便查明产生振动的原因，提出减小机组振动的有效措施。

7.3.2　机组振动的原因

造成水力机组振动的原因主要有机械振动、水力振动和电气振动三种。

（1）机械振动。水轮发电机组的旋转部件和支承结构都是轴对称布置，以保证机组旋转的稳定性。如果由于某种原因偏离这种对称性，机组运行就会变得不稳定，从而产生各种形式的振动。水力机组的机械不平衡现象是较普遍存在的，尤其是高水头和高转速机组的不平衡问题更为突出，是构成机组的主要振源之一。机组由于轴线不正、转动部分质量不平衡、轴承间隙不均匀、轴承润滑不良及转动部件与固定部件之间的摩擦等原因所引起的振动，称为机械振动。

（2）水力振动。由于水轮机流道中水流不均匀、压力脉动、漩涡（涡街）而引起的机组振动称为水力振动，其中包括：蜗壳中水流不均匀，非轴对称流动引起的振动，以混凝土蜗壳（半蜗壳）最为突出；尾水管空腔涡带引起的压力脉动导致水流系统引起振动；叶片、导叶耦合，导叶出口水流形成周期性压力脉动而形成振动；叶片、导叶的尾部卡门涡街引起的压力脉动；水轮机水封间隙不均匀产生水力不平衡引起的振动；压力管道中的水力振动等。

（3）电磁振动。造成水轮发电机组电磁振动的不平衡力主要有：由于空气隙不均匀，在定子和转子间产生不均匀磁拉力，从而对转子和定子形成扰动力；转子外圆不圆或磁极突出，产生周期性的磁拉力；转子线圈短路或发电机在不对称工况下运行时产生的电磁力等。这些不平衡力不仅会引起机组转动部分的振动，而且也会激起发电机定子及上机架等固定部分的振动。

7.3.3　机组振动测量的工况

在寻找振源时，一般要作以下几种工况的振动试验。

（1）空载无励磁变转速工况试验。判断振动是否由机组转动部件质量不平衡所引起。试验时发电机转子无励磁电流，机组以各种转速运行，测量机组各部位的振动（包括主轴摆度）。机组转速可以从额定转速的50%开始，以后每增10%～20%测量一次，直至额定转速的120%左右为止。

（2）空载变励磁工况试验。判定振动是否由机组电磁力不平衡所引起。试验一般在空载额定转速下进行，但在排除了机组振动是由于水力不平衡力所引起的原因后，为进一步分析机组电磁力不平衡的具体原因，还可以在额定转速下带一定负荷的情况下进行。试验时分别测定励磁电流为额定值25%、50%、75%和100%时机组各有关部位的振动。为了确切判定振动是否由于发电机定子与转子之间空气间隙不匀所引起，试验中还要测定发电机间隙。有时还应测量发电机定子铁芯的温度。

（3）变负荷工况试验。查明机组振动是否由过水系统的水力不平衡所引起。该试验在机组额定转速下进行，分别测定负荷为其额定值25%、50%、75%及100%时机组各有关部位的振动。

为查明振动是否由水力不平衡引起的具体原因，有必要测定机组过水系统各部位水流的脉动压力。

（4）调相运行工况试验。这是区别机组振动是由水力不平衡力、还是由机械不平衡力或电气不平衡力所引起的一项重要试验。试验时机组并入电力系统运行，逐渐关闭导水机构至全关，然后供气压水，使机组转为调相工况运行。这时如机组振动减弱或消失，则振动是由于水力不平衡所引起；否则振动是出于其他原因。

对上述各项试验成果进行分析，就可判断出引起机组振动的各种原因。

7.3.4　机组振动测量的方法

（1）机械式仪表法。利用机械式仪表测量振动的位移量变化，用笔式记录装置测录振动变化过程，如手握式示振仪就是一种机械测振仪表。水电站常用百分表作为简单的测量振动位移量的仪表。这种方法测量的振动频率范围一般较低，当被测振动频率很高时，会带来很大的测量误差。

（2）电测法。电测法利用振动传感器来测定振动状态及其特性。这种方法灵敏度高，频率范围广，便于记录和分析，容易实现遥测和自动控制，因此得到了普遍的应用。其缺点是易受电磁干扰，测试时应采取必要的屏蔽措施。

振动电测系统一般由传感（检振）部分、放大部分和记录分析部分组成。常用的振动电测系统有：电动式测振系统、压电式测振系统和应变式测振系统。

用电测法测量振动时，应根据被测对象的主要频率范围和最需要的频率及幅值合理选择仪器，特别要注意配套仪器的阻抗匹配和频带范围，否则会造成错误的测量结果。

7.3.5 机组摆度的测量

在对机组进行振动测量时，还需要对机组摆度进行测量。摆度测量就是测量机组大轴在激振力作用下形成的位移、速度、加速度，测量水轮机大轴和发电机大轴是否同心，两者轴线是否曲折，主要是测量大轴各处的位移。水电站中常用电涡流传感器用来检测水轮发电机组上导、下导、水导和大轴的摆度。电涡流传感器是一种位移传感器，依靠探头线圈产生的高频电磁场，在被测表面感应出电涡流和由此引起的线圈阻抗的变化，来反映探头与被测表面的距离。

通过采集水轮发电机组振动和摆度的数据，可以检测顶盖和尾水管中的压力脉动、机组转动部分的机械不平衡度以及转子中心与机组中心是否偏移而引起电磁力不平衡等，分析机组的振动规律和特点，检查机组的制造和安装质量，分析各种工况下不平衡惯性力、电磁拉力、水力作用对机组稳定性的影响及其他不利于稳定运行的因素，进而对机组设备的完好情况和运行状态作出准确判断，为水电站机组安全经济运行提供技术依据。

7.3.6 机组振动监测与故障诊断

当机组出现异常振动时，可以通过现场实验的方法查明振动原因。而在机组正常运行时，可通过机组振动监测系统对机组进行监测，及时了解机组的运行状况。据统计，水轮发电机组约有 80% 的故障或事故都在振动信号中有所反映。故障诊断就是在机组振动监测的基础上，对机组振动信号进行分析，从中找出故障原因，并作出相应决策，以避免或减少更严重的机组损坏。因此，状态监测对机组安全、稳定运行尤为重要。

1. 机组振动监测系统的测点布置

监测点的选择与布置是获取机组运行状态信号的重要环节，由于水轮发电机组构件一般较大，其各处的振动值有一定的差别，测点选择和布置是否合理直接影响到信号采集的真实性以及数据分析和故障诊断的可信度。一般来讲，测点的选择和布置取决于机组的运行性能、设备的结构特点和机组的运行规律。除按《水轮发电机组振动监测装置设置导则》（DL/ T 556—94）所规定的测点进行设置外，其他测点的位置和数量要根据具体情况确定。在进行测点的选择和配置时，应该对测点进行优化，以保证既满足测量要求、又使测点尽可能少。在满足状态监测、分析和故障诊断要求的基础上，选择最有代表性、最能准确捕捉运行设备状态的监测点。

混流式水轮发电机组的测点布置如图 7.42 所示。

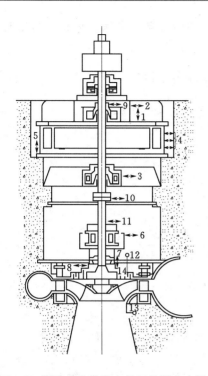

图 7.42　混流式水轮发电机组的测点布置图

1—上机架垂直振动；2—上机架水平振动；3—下导
轴承水平振动；4—发电机定子水平振动；5—发电
机定子垂直振动；6—水导轴承水平振动；7—顶盖
垂直振动；8—顶盖水平振动；9—上导摆度；
10—法兰摆度；11—水导摆度；12—上梳齿
水压脉动；13—下梳齿水压脉动；
14—上腔压力脉动

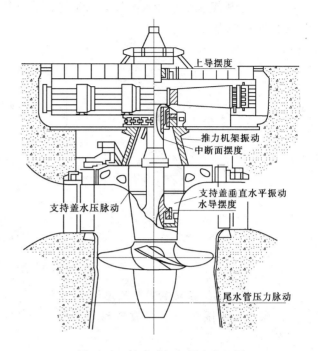

图 7.43　轴流式机组测点布置图

轴流式机组测点布置图如图 7.43 所示。

图 7.42 和图 7.43 是一般情况下水轮发电机组现场振动试验时的测点布置。为了获得机组各部分的振动数据，所布置的测点较多。正常运行时振动监测的测点，可以根据监测需要布置，一般可在水轮机顶盖（或支持盖）下水平与垂直方向及发电机的承重机架（或推力支架）上水平与垂直方向各设一个测点，以测量机组固定部件的振动；在水轮机导轴承与发电机导轴承处 x、y 方向上各设一对摆度测点，以测量大轴摆度。

2. 传感器的选择

（1）振动测量传感器的选择。由于大多数水轮发电机组的转速较低，而且水轮机压力脉动形成的振动也大都是低、中频的，根据被测信号的特点，宜选择适于测量低频信号的传感器，传感器的频率响应范围一般在 0～200kHz。尽量选择测量精度、重复性、线性度、迟滞性、灵敏度、温度漂移等性能良好的传感器，保证传感器使用时安全稳定，能长久耐用、准确可靠地反映设备的运行状态。

（2）摆度测量传感器的选择。水轮发电机组摆度的测量属于小位移动态非线性测量，一般应选择电涡流传感器。例如水电站常用的 CWY－DO 型电涡流传感器，探头直径 6～

10mm。当机组大轴直径较大时，需选择探头直径较大的传感器。电涡流传感器布置与接线如图 7.44 所示。

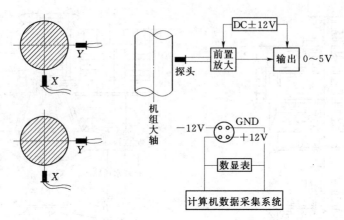

图 7.44　电涡流传感器布置与接线图

3. 水力机组振动监测与故障诊断系统

水电机组振动监测与故障诊断系统主要包括实时监测、信号分析、故障诊断三大部分。

（1）实时监测。实时监测部分包括测点的布置、数据的采集、通信和实时显示。测点的布置必须选取最具有代表性的测点，即能够监测机组最大振动和摆度的部位，并且还要有反映机组工况的模拟量、数字量等环境参量，为分析研究故障原因提供依据。现场强电磁场的干扰常导致测量出的振动与摆度信号里高频干扰信号很多，有必要对信号滤波，排除掉干扰信号。

（2）信号分析。运行机组振动信号分析包括时域、频域、时差域和空间分析等几大类，既适用于确定性信号（含周期信号及非周期信号）的分析，也适用于随机信号的分析。

1）时域信号分析：显示实时数据随时间的变化图，对一些数据进行统计量分析，如求出振动与摆度的峰值、均值、方差等。

2）频域分析：将整周期采集的数据进行快速傅里叶变换，频谱分析的下限要求能分析出低频的水力因素，频谱分析的上限要求能分析高频的电气因素。必要时还可借助频谱细化技术对感兴趣的频段进行局部放大，提高频谱的分辨率，进行特征频率的提取。

3）轴心轨迹图的绘制：针对大轴的旋转情况，将同一平面互为垂直的测量数据绘成轴心轨迹图，再将不同平面如上导、下导、水导三处的摆度绘成空间轴系仿真图，观测大轴随转速变化或随负荷变化的运动轨迹和大轴的变形情况。

4）时差域的相关分析：通过描述两个量之间相关变化情况寻找自变量（如水头、开度）对振动和摆度的影响，揭示故障的原因。

5）相位分析：对测点信号的相位随时间的变化情况及不同测点信号之间的相位差进行分析。

6）趋势分析：趋势分析根据历史数据和当前运行数据，运用线性回归方法或时间序列模型推测信号的发展变化过程，预防早期故障的发生。

（3）故障诊断。故障诊断采用基于知识的专家系统，如图7.45所示。

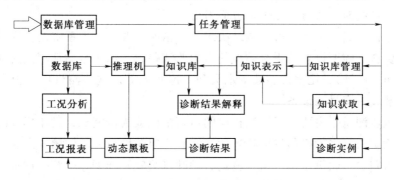

图7.45　故障诊断系统组成

专家系统首先从数据库中提取故障征兆，将数据转换成推理机易于理解的参数，提取的特征参数主要是时域和频域的各种统计参数，如均值、方差、偏度、各频率分量的大小等，再采用正、反双向混合推理，根据规则的前提条件进行匹配推理。如果推导出的结论不唯一，判断是否考虑运行历史特征，即调用历史数据，例如振动振幅是否随转速变化、是否随负荷变化等，执行下一步推理；如果结论不明确，再人—机交互，由用户补充信息，如要求用户补充轴心轨迹图的形状等，然后完成推理过程，直到推导出最终的故障原因。

诊断过程中需要对水轮发电机组故障原因进行分析归类。不同因素引起的振动，都有其不同的特征表现。这些特征除了与振幅、振频有关外，还与机组负荷、励磁电流、水头等因素有关。目前总结的规则主要在频率域。随着运行时间的增长和运行经验的增多，会有一些新的规则不断加入。也就是说故障诊断系统的规则库是发展的、动态的，其完备性、一致性目前还处于发展过程中。

7.4　水力机组监测系统

7.4.1　概述

设置水力机组监测系统是为了监视水轮机、发电机及其他辅助设备的运行状况，对运行设备的健康状态、异常现象、故障及事故进行监视、评估、预报、报警与记录，为机组的安全运行与自动控制保护提供数据。

1. 监测系统方案的拟定

监测系统应满足为水电站安全与经济运行服务的运行监测方面的要求，同时还应为改进设计而进行的科学试验提供必要的条件。

对于机组台数较多的大、中型水电站和梯级水电站，为满足水电站自动控制和优化调度的要求，应将有关的参数传送到中控室，根据需要有的还要传送到系统调度，以便合理分配负荷，提高水电站的运行效率，发挥水电站的最大经济效益。

在监测系统设计时，应根据水电站的型式、机组容量、台数、在系统中的作用与地位，以及水工、电气、水机、自动控制或其他方面的要求，统一考虑确定测量项目、测量地点和仪表装设位置，以及参数传递与接收的方式和自动化程度等。

设计监测系统时，通常从以下两方面考虑：

（1）全站性测量。为了了解水电站机组运行情况，并为电力系统调度提供水电站准确的水力参数资料，需要设置若干全站性的水力监测装置。属于全站性测量的项目有上游水位（水库或压力前池）、尾水位、装置水头和水库水温等。这些测量项目为全站共有，每个项目只需装设一套量测设备。

（2）机组段测量。主要用于监测机组的运行情况或为研究机组过流部件的水力特性提供资料。包括主机（水轮机与发电机）的监测和机组辅助设备的监测。主要测量项目有拦污栅前后压力差、水轮机工作水头、流量、导叶（桨叶）开度、水轮机过水系统的压力与真空度、油系统、气系统和水系统等的监测。

2. 监测系统的设计步骤

（1）搜集有关资料。包括水电站所在地的水文气象资料，上、下游水位及其变化幅度，电站各种水头，机组型式、单机容量、机组台数，最大过流量和尾水管型式，电力系统对水电站的要求，水电站的总体布置，机电设备的特点等。

（2）根据电站的特点和要求确定监测项目。在确定测量项目时，既要满足水电站运行监测和试验性测量的近期要求，又要考虑将来发展的需要，特别是在预埋管路的布置上应适当留有余地。

（3）选择监测设备。根据国内仪表生产供应情况和水电站的自动化要求，选择监测设备。进行必要的计算，确定监测方式、信号显示和传输方式和仪表的量程，选择仪表的型号、规格、数量和精度等级。

（4）拟定监测系统图。监测系统图应具体反映出测量项目、监测方式、测点位置和仪表装置地点。

（5）绘制施工详图。包括埋设管路布置图、仪表安装图和仪表盘面刻度图等。

7.4.2 水电站水力监测系统

图 7.46 是某大型水电站的水力量测系统图。在水电站水力量测系统图上可以全面表示水电站与机组段的水力测量项目、监测方式方法、测点位置、测量仪表装设地点以及系统的管路、线路联系等内容。在水力量测系统图上除了机组引、排水系统测量装置外，还有冷却水等辅助系统的测量装置。

7.4.3 水力机组状态参数监测系统

1. 主机（水轮机与发电机）的监测

（1）主机运行参数的监测

1）水头监测。通过水电站上、下游水位（包括拦污栅前、后水位）或水轮机进水口压力监测水轮机的工作水头。水头监视系统框图如图 7.47 所示。

2）流量监测。通过超声波流量计、蜗壳差压变送器或其他可实时测量水轮机流量的仪器测量水轮机的流量，流量监视系统如图 7.48 所示。

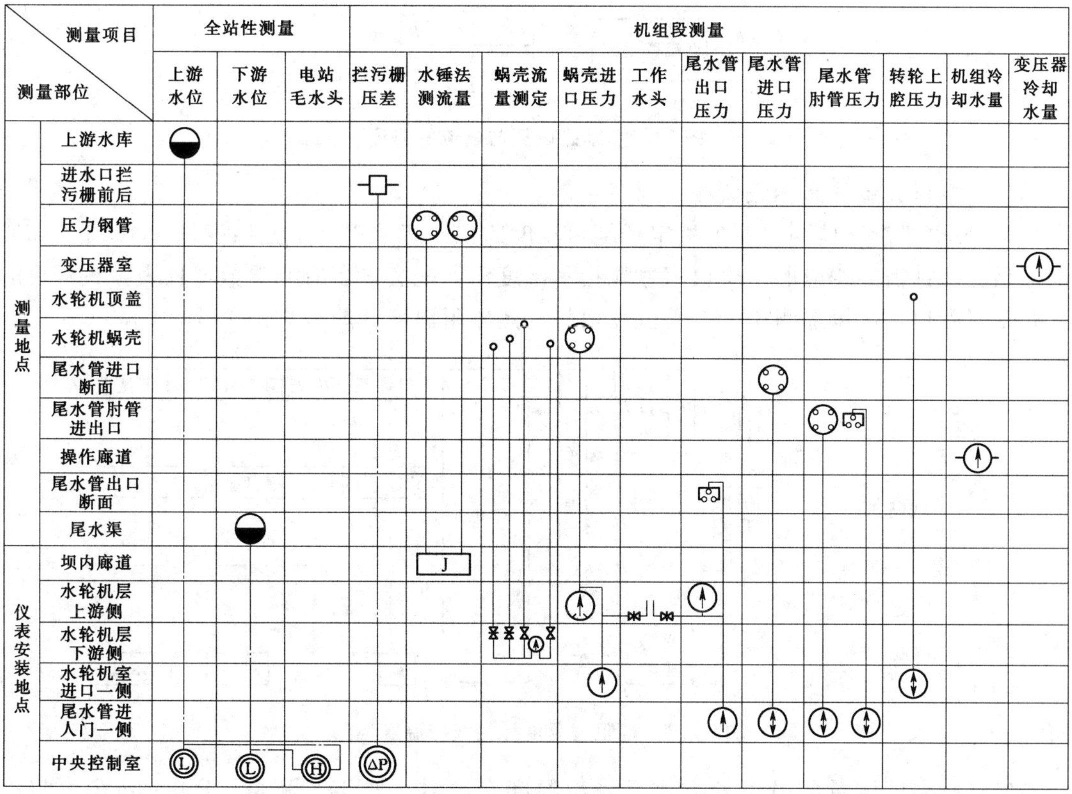

测量项目
测量部位
全站性测量
机组段测量
上游水位
下游水位
电站毛水头
拦污栅压差
水锤法测流量
蜗壳流量测定
蜗壳进口压力
工作水头
尾水管出口压力
尾水管进口压力
尾水管肘管压力
转轮上腔压力
机组冷却水量
变压器冷却水量
测量地点
上游水库
进水口拦污栅前后
压力钢管
变压器室
水轮机顶盖
水轮机蜗壳
尾水管进口断面
尾水管肘管进出口
操作廊道
尾水管出口断面
尾水渠
仪表安装地点
坝内廊道
水轮机层上游侧
水轮机层下游侧
水轮机室进口一侧
尾水管进人门一侧
中央控制室
J
L
L
H
ΔP

图 7.46　水电站水力量测系统图

水位计
∇上、∇下、Δh
模拟
数字
智能显示仪表
RS232
计算机监视系统
A/D

图 7.47　水头监测

超声波流量计
流量显示
A/D
数字
计算机
蜗壳压差变送器
压差显示
A/D
数字
计算机

图 7.48　流量监测

3）功率监视（有功功率、无功功率、功率因数）。通过发电机出口 VT、AT 监视发电机出口的有功功率、无功功率与功率因数，监测系统如图 7.49 所示。

出口母线
YH
LH
功率变送器
二次显示仪表
A/D
计算机监视系统
YH
LH
智能电力仪表
LED 显示

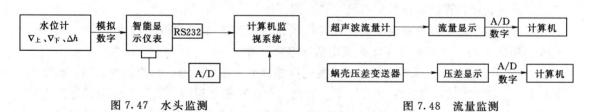

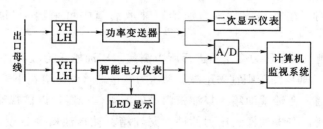

图 7.49　功率监测

4）励磁系统监视。通过直流电压、电流变送器监测励磁电压与电流，如图 7.50 所示。

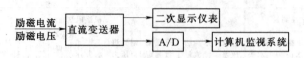

图 7.50　励磁电压与电流的监测

（2）主机设备状态参数监测：

1）发电机温度监测。发电机定子绕组温度监视一般采用电阻型温度计 Pt100、Cu50。电阻型温度计需配相应的二次仪表才能指示温度值，配套设备有测温数显仪表，更常用的是温度巡测仪，可以巡测 4～96 路温度信号。热电阻温度计原理如图 7.51 所示。

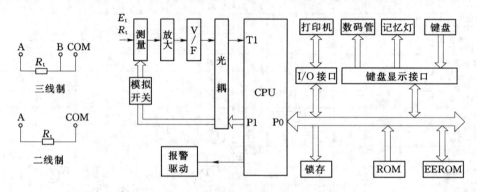

图 7.51　电阻型温度计接线与温度巡测

发电机温度测量的另一种方式是采用温度变送器（RTD）测量。RTD 由 R_t（热电阻）与采样处理电路所组成，可以将微小的热电阻信号转换为标准信号（0～20mA），供二次记录仪表或计算机数据采集系统直接引用。

发电机定子温度监视要设多点，在发电机定子绕组专用温度测槽内设 12 个、25 个、50 个热电阻。由于测点多，因此必须用温度巡测装置。

2）轴承温度监测。水轮机导轴承、发电机导轴承、推力轴承的油箱温度、轴瓦温度均须监视，一般需将温度限制在 70℃ 以下。为此，在各轴承油箱内及部分轴瓦中设置热电阻型或热电偶型温度计，将各温度信号通过温度巡测装置或 RTD 传送到计算机监视系统中。

2. 机组辅助设备的监测

（1）油系统监测。油系统监测包括油温、油压、油质、油位的监测。

1）油温的监测。在集油槽、压力油槽、轴承油箱中可采用 RTD 温度变送器监视油温。

2）油压的监测。采用压力变送器进行压力测量。压油槽压力较高，采用量程较大的压力变送器；集油槽、轴承油箱则宜采用微压型压力变送器（油位变化小于 0.5m）监视油压。

3）油质的监测。在轴承油箱、集油槽内设油混水信号器，以监视油质变化情况。

4）油位的监测。在集油槽、压力油槽、漏油箱、轴承油槽等处设油位计及油位变送器，进行现场观测与数据采集。同时，利用压力油槽、漏油槽的油位信号控制压力油泵与漏油泵的操作。

压力油槽宜装设翻板式液位计，便于运行人员直观地测出油位。为了控制槽内油位，可在翻板式液位计内加装电气接点，作为补油、补气或自动补气装置的控制信号。

漏油箱宜装压力式、浮子式或电容式液位计监视油位，同时，可装设液位开关作为控制与报警的信号。液位开关为非连续信号计，可间隔地送出液位信号，用作控制油泵启动或液位报警，比连续式液位计方便。

（2）供水系统监测。技术供水系统的监测包括供水的压力、流量、温度及水流的通断。监测的对象有：发电机空气冷却器系统；各轴承冷却水系统；主轴密封水系统；空压机冷却水系统；主、备用供水母管的切换；主、备用供水泵的切换；供水管路上闸门和阀门的状态与开度。

1）压力监测。供水压力是技术供水的主要参数，发电机冷却供水管路及水轮机技术供水管路上均需装设压力监视装置，主要供水管路上宜装设压力变送器，可现地观察，并可将信号引入计算机监控系统。压力传感器的量程应根据测量压力具体确定。在可能发生负压的管路上，如水泵进口与水泵吸水母管，要装设可测量正压与真空度的压力变送器。

2）流量监测。在水轮机轴承油盆冷却器与发电机空气冷却器供水管路上，需装设流量监测装置，以判断供水量是否满足冷却要求，并可根据供水流量值判断供水管路是否堵塞。

流量监测一般采用流量计，目前常用的有靶式流量计、电磁流量计、涡轮流量计等，适合于装在较小直径的管路上测量管道流量。

3）水温监视。在发电机空气冷却器、各轴承油盆油冷却器供水管路上，均需装水温监视装置，测量供水温度，以保证冷却效果。水温监测宜采用插入式温度变送器，温度变送器带数字显示表头，并有 4~20mADC 的模拟输入，可接入计算机监控系统。

此外，温度监视也可采用温度开关。温度开关间隔输入温度信号，其输出接口具有较大容量，可达 125V、250V、480V、15A，可用于控制与报警。

4）水流通断监视。机组冷却水、润滑水的通断作为开机的必要条件与机组保护信号必须进行监视。水流通断的监视，一般采用示流信号器或流量开关。示流信号器与流量开关的基本工作原理相同，即当管路中有流量通过时，利用水流的冲动作用或浮力使信号机构动作，将接点接通或断开，发出信号。常用的流量开关或示流信号器有浮筒式、靶式、热扩散式等多种形式。

5）闸门与阀门位置监视。许多水电站技术供水设有主、备用管道，其上的闸门与阀门采用电动开关或液压阀进行操作，闸门的开、闭以及闸门位置可用行程开关控制，并用开度指示仪等辅助装置提供监视信号，接入二级仪表或计算机监控系统。

（3）排水系统监测。排水系统的监测主要是监视水位。当渗漏排水与检修排水采用集水井排水方式时，在集水井中设置水位监测装置，其目的：①防止集水井水位过高淹没水泵设备；②自动控制排水泵的启、停。

集水井水位监测可用液位开关与液位计，用于报警与控制水泵时多用浮子式水位计或液位开关。液位开关的接点容量较大，可直接作为水泵启、停的控制信号。监视水位变化时需用液位计，一般可选择投入式水位计，安装在集水井上方的数字显示表可现场指示水位，其输出信号可接入计算机监控系统。可根据集水井水位变化的大小，选择适当测程的液位开关或液位计。

（4）压缩空气系统监测。压缩空气系统的监测对象包括空气压缩机、储气罐及制动系统的监测，监测的内容为压力与温度。

1) 空压机监测。主要监测空压机各级气缸的排气压力、排气温度、水冷式空压机的冷却水量等。

对空压机各级气缸的排气压力采用压力开关进行监视，压力超过警戒值时发出报警信号，压力过高时作用于空压机停机。

空压机出口压力采用压力变送器进行监视，接计算机监控系统或装设带辅助接点的压力变送器，直接作用于控制空压机的启、停。

空压机各级气缸的排气温度，采用温度变送器进行监视，排气温度过高时利用其辅助接点作用于报警。

水冷式空压机的冷却水流量，采用靶式流量计或流量开关进行监视。冷却水中断时，作用于空压机停机。

空压机工作、备用、故障等工作状态，用开关上的辅助接点与事故报警装置进行监视。

2) 储气罐监视。用压力变送器监视储气罐压力，控制空压机的启、停；用温度信号器监视储气罐温度。

3) 制动系统监测。主要监测制动供气压力与制动闸位置。

采用压力变送器监视制动管路和制动活塞的上、下腔压力；用制动闸行程开关监视制动闸位置。

以上是水力机组的主要监测项目。水力机组监测的项目和内容与机组的容量有关，也与电站的自动化要求有关。机组容量越大、自动化程度要求越高，需要监测的项目越多。

习 题 与 思 考 题

7-1 水电站水力监测包括哪些内容？水力监测的目的是什么？

7-2 水电站及水力机组监测装置中常用的传感器有哪些？

7-3 水电站流量测量有哪些方法？各种测流方法的原理、优缺点与适用场合是什么？

7-4 水电站水头有哪些表示方法？其含义是什么？

7-5 水电站上、下游水位与装置水头的测量方法有哪些？

7-6 水轮机引、排水系统的监测包括哪些内容？

7-7 机组振动测量的目的是什么？

7-8 水力机组振动的原因有哪些？

7-9 机组振动测量的方法有哪些？

7-10 水力监测系统的测量包括哪些内容？

7-11 水力机组状态监测系统包括哪些监测内容？

附　　录

水利水电工程水力机械标准图例

序号	名称	图例	序号	名称	图例
1	闸阀		18	有底阀取水口	
2	截止阀		19	无底阀取水口	
3	节流阀		20	盘形阀	
4	球阀		21	真空破坏阀	
5	蝶阀		22	电磁空气阀	
6	隔膜阀		23	立式电磁配压阀	
7	旋塞阀		24	卧式电磁配压阀	
8	止回阀		25	有扣碗地漏	
9	三通阀		26	无扣碗地漏	
10	三通旋塞		27	喷头	
11	角阀		28	测点及测压环管	
12	弹簧式安全阀		29	可调节流装置	
13	重锤式安全阀		30	不可调节流装置	
14	取样阀		31	取水口拦污栅	
15	消火阀		32	防冰喷头	
16	减压阀		33	水位标尺	
17	疏水阀				

序号	名称	图例	序号	名称	图例
34	油呼吸器		50	事故配压阀	
35	过滤器（油、气）		51	进水阀	
36	油水分离器（气水分离器）		52	滤水器	
37	冷却器（油、气、水）		53	油泵	
38	油罐（户内、户外）		54	手压油泵	MO
39	卧式油罐		55	空气压缩机	
40	油（水）箱		56	真空泵	
41	移动油箱		57	离心水泵	
42	压力油罐		58	真空滤油机	V
43	储气罐		59	离心滤油机	
44	潜水电泵	M	60	压力滤油机	P
45	深井水泵	M	61	移动油泵	
46	射流泵		62	柜、箱（装置）	
47	制动器		63	剪断销信号器	B
48	液动滑阀（二位四通）		64	压差信号器	D
49	液动配压阀				

序号	名称	图例	序号	名称	图例
65	单向示流信号器	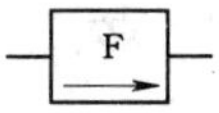 F →	78	水位传感器	
66	双向示流信号器	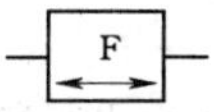 F ↔	79	指示型水位传感器	
67	浮子式液位信号器	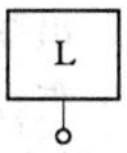 L	80	二次显示仪表	
68	油水混合信号器	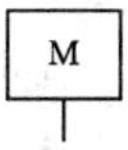 M	81	远传式压力表	
69	转速信号器	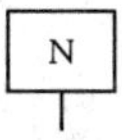 N	82	压力表	
70	压力信号器	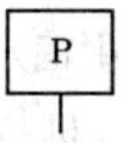 P	83	触点压力表	
71	位置信号器	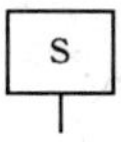 S	84	真空表	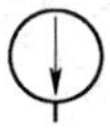
72	温度信号器	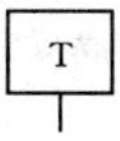 T	85	压力真空表	
73	电极式水位信号器	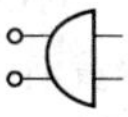	86	流量计	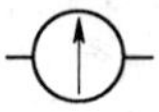
74	示流器	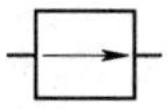	87	压差流量计	
75	压力传感器	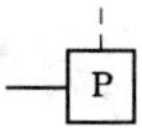 P	88	温度计	
76	压差传感器	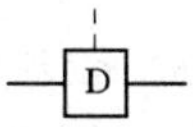 D	89	机组效率测量装置	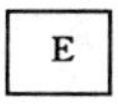 E
77	水位计				

说明：

本图例符号引自中华人民共和国电力行业标准《水利水电工程水力机械制图标准》（DL/T 5349—2006）。

参 考 文 献

［1］　范华秀．水力机组辅助设备［M］．2版．北京：水利电力出版社，1987．

［2］　全铃琴．水轮机及其辅助设备［M］．北京：中国水利水电出版社，1998．

［3］　陈存祖，等．水力机组辅助设备［M］．北京：水利电力出版社，1995．

［4］　高武．水电站辅助设备与监测习题集［M］．北京：水利电力出版社，1992．

［5］　肖志怀，蔡天富．中小型水电站辅助设备及自动化［M］．北京：中国电力出版社，2006．

［6］　邬承玉，等．水轮发电机组辅助设备与测试技术［M］．北京：中国水利水电出版社，1999．

［7］　单文培．水电站机电设备的安装、运行与检修［M］．北京：中国水利水电出版社，2005．

［8］　《中国水力发电工程》编审委员会．中国水力发电工程（机电卷）［M］．北京：中国电力出版社，2000．

［9］　陈锡芳．水轮发电机结构运行监测与维修［M］．北京：中国水利水电出版社，2008．

［10］　水电站机电设计手册编写组．水电站机电设计手册水力机械分册［M］．北京：水利电力出版社，1983．

［11］　金宗朝．水力控制阀［M］．北京：中国标准出版社，2005．

［12］　温念珠．电力用油实用技术［M］．北京：中国水利水电出版社，1998．

［13］　能源部、水利部水利水电规划设计总院、公安部消防局．水利水电工程设计防火规范，SDJ 278—90．

［14］　刘晓亭，李维藩．水力机组现场测试手册［M］．北京：水利电力出版社，1993．

［15］　陈德新．传感器、仪表与发电厂监测技术［M］．郑州：黄河水利出版社，2006．